U0939855

测绘地理信息科技出版资金资助

空间数据质量定性评价

Qualitative Evaluation of Spatial Data Quality

肖本林　胡圣武 著

测绘出版社

·北京·

©肖本林　胡圣武　2019
所有权利(含信息网络传播权)保留,未经许可,不得以任何方式使用。

内容简介

本书系统、完整、全面地研究了空间数据质量定性评价的基本理论和方法。全书共分9章。主要内容包括空间数据质量评价指标体系构建的原则和衡量空间数据指标的函数模型,确定语言、不确定语言和多粒度语言的二元语义评价的原理、步骤和方法,传统模糊语言、直觉模糊语言和犹豫模糊语言等语言形式的空间数据质量评价的方法,评价语言信息转化为模糊数,运用模糊理论进行空间数据质量评价。本书主要研究了利用三角模糊数、梯形模糊数、Vague集等模糊数进行空间数据质量评价的方法,以及直觉语言数、直觉不确定语言数、区间直觉语言数和区间直觉不确定语言数等用于空间数据质量评价的原理和方法。

本书既可以作为高等院校管理科学、信息科学、系统工程和测绘工程等专业本科、研究生和博士生的教材和教学参考书,也可作为科研院所、生产单位的科学技术人员和企业管理人员的参考用书。

图书在版编目(CIP)数据

空间数据质量定性评价/肖本林,胡圣武著. —北京:测绘出版社,2019.11
ISBN 978-7-5030-4282-9

Ⅰ.①空…　Ⅱ.①肖…　②胡…　Ⅲ.①空间信息系统—数据处理—质量评价　Ⅳ.①P208

中国版本图书馆CIP数据核字(2019)第258713号

责任编辑	王佳嘉	**封面设计**	李伟	**责任校对**	孙立新	**责任印制**	吴芸

出版发行	测绘出版社	**电　　话**	010—83543965(发行部)
地　　址	北京市西城区三里河路50号		010—68531609(门市部)
邮政编码	100045		010—68531363(编辑部)
电子信箱	smp@sinomaps.com	**网　　址**	www.chinasmp.com
印　　刷	北京建筑工业印刷厂	**经　　销**	新华书店
成品规格	169mm×239mm		
印　　张	11.5	**字　　数**	220千字
版　　次	2019年11月第1版	**印　　次**	2019年11月第1次印刷
印　　数	001—800	**定　　价**	58.00元

书　　号　ISBN 978-7-5030-4282-9

本书如有印装质量问题,请与我社门市部联系调换。

前 言

随着空间信息技术的发展，人们获得的空间数据的种类和数量越来越多，其产品也越来越丰富。对这些空间数据及其产品进行质量评价，对于空间数据在国民经济发展中是十分必要的，对促进空间数据及其产品在国民经济中发挥作用有着重要意义。

空间数据质量评价是指为了对空间数据进行全局性和整体性的评价，对空间数据进行指标体系构建，并根据所给出的条件对每个评价空间数据的各指标赋予相应的值，通过相应的评价模型得到综合评价结果，据此择优或排序。因此，空间数据质量评价是各级政府部门和企业决策的基础和依据，是构成科学决策的前提。

在实际空间数据质量评价过程中，由于空间数据的属性众多或彼此关联、评价者相关知识匮乏或需要隐藏个人观点等诸多因素，评价者在对空间数据质量评价时往往无法或不愿意采用精确的数值，而是代之以常用的语言形式进行评价，如“极好”“一般”“良好”等。近年来，这一类含有语言评价信息的语言型评价问题受到越来越多的关注。

全书分为9章。第1章绪论，主要研究了空间数据质量定性评价的研究现状和存在的问题及本书所要研究的内容；第2章基本理论，主要介绍了本书所用到的基本理论，主要包括语言标度、语言信息集成算子、三角模糊数、梯形模糊数、犹豫模糊数和空间数据不确定性；第3章空间数据质量评价指标体系理论，系统地阐述了空间数据质量评价指标的构建原则及衡量评价指标的函数模型；第4章二元语义的空间数据质量评价，主要研究了确定语言、不确定语言和多粒度语言等情况下进行空间数据质量评价的方法；第5章模糊语言的空间数据质量评价，主要研究了利用传统模糊语言、直觉模糊语言和犹豫模糊语言等模糊语言进行空间数据质量评价的方法；第6章模糊数的空间数据质量评价，主要研究了三角模糊数、梯形模糊数等对空间数据质量语言评价的方法；第7章 Vague 集的空间数据质量评价，主要研究了 Vague 集在三种类型的属性及权重以语言值给出的空间地图质量的综合评价方法；第8章直觉语言数的空间数据质量评价，研究了直觉语言数在语言评价中的应用，重点研究了直觉语言数、直觉不确定语言数、区间直觉语言数和区间直觉不确定语言数等在空间数据质量语言评价中的应用；第9章结论，主要总结了本书研究成果和需要进一步研究的内容。

本书的特色是从模糊语言、二元语义、模糊数及模糊语言和模糊数相结合等四个方面进行空间数据质量语言评价的研究，内容比较广泛，对空间数据质量语言评价的研究比较系统。

本书由湖北工业大学肖本林教授和河南理工大学胡圣武博士在十多年教学和科研的基础上撰写。

本书以加强基础理论、注重基本方法和培养能力为出发点，撰写时参考了国内外有关空间数据评价的著作及文献，未及一一注明，请有关作者见谅。

本书在写作过程中得到多方支持和帮助，在此感谢测绘出版社的编辑们为本书的出版所付出的辛勤劳动。

笔者在书中阐述的某些观点，可能仅为一家之言，欢迎读者争鸣。书中疏漏与欠妥之处，恳请读者批评指正。

目　录

Contents

第1章 绪 论

1.1 研究意义

空间数据质量评价是空间信息科学的重要基础理论，是目前空间数据研究的热点和难点之一。因此，对空间数据质量评价进行研究是非常重要和有意义的。其意义总结如下：

(1)可以提高各级政府部门和企业的决策能力，从而促进空间数据在国民经济中发挥重要作用。

(2)能确定空间数据录入的质量标准，改善空间数据处理方法，对减少空间数据产品设计与开发的盲目性等方面有深远影响。

(3) 可以给出空间数据一个正确的评价，从而促进空间数据产品进一步商业化和产业化。

(4)可以给出空间数据质量的具体指标，从而提高空间数据的可信性。

(5)提高语言型空间数据质量评价的有效性和合理性。

(6)丰富和完善空间数据质量评价的理论和方法。

本书主要从四个方面研究空间数据质量的语言评价：

(1)二元语义的空间数据质量评价。主要研究确定语言、不确定语言和多粒度语言的二元语义评价的原理、步骤和方法。

(2)模糊语言的空间数据质量评价。主要研究传统模糊语言、直觉模糊语言和犹豫模糊语言等语言形式的空间数据质量评价的方法。

(3)模糊数的空间数据质量评价。主要是把语言信息转化为模糊数，运用模糊理论进行空间数据质量评价。主要研究了三角模糊数、梯形模糊数、Vague 集等进行空间数据质量评价的方法。

(4)直觉语言数的空间数据质量评价。这种方法利用语言信息和模糊理论，把二者相结合起来，对空间数据质量进行评价。主要研究了直觉语言数、直觉不确定语言数、区间直觉语言数和区间直觉不确定语言数等用于空间数据质量评价的原理和方法。

1.2 空间数据质量评价

评价是人们判断事物价值的一种实践活动。评价作为人类生产生活实际需求的产物，与人类历史一样悠久。从 20 世纪 50 年代以来，社会经济的发展和决策科学化的需要促进了各个领域评价活动的开展，从工程项目评价、科技项目评价、产业发展评价、生态环境评价、高等院校学科建设评价、企业竞争力评价、人员素质评价，到科技、经济发展水平评价及综合国力评价，乃至政府政策评价等，评价活动涉及生产生活的方方面面。与此同时，随着人们对自然界和人类社会活动认识的不断深化，对复杂事物评价的现实需求促进了评价方法的迅速发展，从单一指标、单一准则评价发展到多指标、多准则评价，从静态评价发展到动态评价，从确定性评价发展到不确定性评价，从个人评价发展到群组评价，从定量评价发展到定性评价[1-5]。目前，多种数学理论已应用到评价之中，如模糊数学、证据理论、区间数、直觉模糊集、熵理论等[6-15]。

空间数据作为一种产品，对其质量进行评价是非常重要的。质量是空间数据的生命，它反映了空间数据的优劣程度[16]。如何对其综合质量做出全面、有效、科学的评估，就显得尤其重要。目前，用于空间数据质量评估的理论主要有信息理论、概率论、统计理论、模糊集合理论、直觉模糊集、模糊综合评判方法、粗集理论、缺陷扣分法、层次分析法等。信息理论来源于通信领域，是以不确定性表示信息，在空间信息处理，特别是在量化含糊、模糊等不同类型的不确定性处理方面有很大潜力；研究随机现象的主要工具是概率理论，概率论和统计理论有着坚实的理论基础，能很好地表示和处理事物的随机不确定性；自从 Zadeh 博士 1965 年发表了模糊集合的开创性论文后，模糊集合理论成为处理模糊不确定性的主要工具，已成功地应用于空间数据质量综合评估领域。如何宗宜、赵书茂、王烯等[16-18]用模糊综合评判方法对地图质量进行综合评价；鲁铁定、李大军等[19-20]用模糊理论对数字矢量地图(DLG)产品质量进行评价；李爱国等[21]用直觉模糊集对空间数据进行质量评价；刘慧敏等[22]对地图信息进行度量，从而对地图质量进行评价；罗胜等[23]利用模糊综合评判方法对影像地图质量进行评价；史文中[24]就空间数据质量评价元素进行了研究；刘大杰、刘春、Hunter 等[25-28]基于抽样检验在测量数据精度分析中的思想，提出基于抽样的缺陷扣分法，对空间数据质量进行分析和控制；Dan[29]利用时态空间数据挖掘对空间数据质量进行评价；陈静[30]探讨了用有序加权平均(OWA)算子结合地理信息系统(GIS)对地图质量进行多属性评价；黄崇福[31]用模糊数学对自然灾害进行评价；张朝忙等[32]对我国航天飞机雷达地形测绘任务(SRTM3)中数字高程模型(DEM)精度质量分地区进行评价研究；单杰等[33]对众源地理空间数据的质量评价方法进行了研究，提出了其质量元素和影响质量的三个因素；侯丽娜[34]分析了航测数字化数据质量的根源及质量控制方法，对影响质量元素进行了分析，探讨了质量控制和评价方法；李卉等[35]对投影变换的空间数据进行了质量评价，并提出了不同的质量元素；曾衍伟等[36]以 DLG 为例，研究了空间数据质量评价方法及其质量元素。孙雅荣[37]采用缺陷扣分法和缺陷度量法对空间数据质量进行了评价；胡小静[38]在探讨空间数据模糊性基础上，利用模糊综合评判法对空间数据质量进行评价；李兴东[39]利用直觉模糊集对空间数据质量进行评价；谢歆[40]利用区间直觉模糊集对空间数据质量评价进行研究；胡圣武、王庆国等[41-42]用多层次模糊综合评判方法对 GIS 产品进行评价；李大军[43]用模糊综合评判方法对 DLG 的质量进行评价。

对空间数据质量评价的研究大致可分为两个方面。第一个方面主要是基于空间数据随机不确定性的评价。目前主要是采用数理统计学的原理对空间数据质量与精度进行分析。如刘大杰、Goodchild、刘春、史文中等对研究空间数据产品进行抽样检查，实现对空间数据质量的评价[44-46]。另外对于空间数据质量评价还采用打分法，如缺陷扣分法、加权平均方法。第二个方面主要是基于空间数据模糊性的评价。随着人们对空间数据不确定性的认识，人们发现空间数据不仅具有随机不确定性，而且还具有十分复杂的模糊性，因而对于空间数据质量评价也应考虑模糊性。因此，模糊数学已经应用到了空间数据质量评价。现在，有一些学者从质量的模糊属性出发，特别是许多质量评价因素很难区分出严格的数值界限，具有很大的模糊性，考虑到空间数据质量评价因子的多样性和相互关系的复杂性，部分学者讨论了利用模糊综合评判法对数字地图产品的质量进行评价的可行性，并进行了一些研究。研究证明，模糊综合评判法是对模糊事物或现象做综合评价后，进行定量描述的一种新的科学方法。它可以充分考虑各种可利用的信息，并对它的模糊性进行量化分析和区分，在考虑的因素较多且大多数因素又无法用固定的数学模型来描述时，的确是一种行之有效的方法。

1.3　空间数据质量语言评价

由于空间数据的属性众多或彼此关联，在空间数据质量评价时，有时用语言作为评价值更加方便，更加符合人们的心理。人们在评估空间数据质量时，事先很难明确给出属性权重。这时，在给出的评估表中，属性的权重都是未知的。属性权重未知并不意味着在评估者心目中这些属性的权重是相同的，只不过是难以用准确的数值表达，评估者的主观偏好依然存在。同时，与精确的数值不同，属性语言值所特有的内涵使得评价者能在一定程度上推断出评估者对于不同属性的偏好和侧重。因此，这一类评价问题的关键是尽可能根据属性语言值，合理确定属性的权重。

对空间数据质量评价有时也用不确定语言进行定性评价，如“好到很好”。因此，当评价者在对空间数据质量进行综合评估时，面对的经常是一部分或者全部以语言形式定性给出的质量属性特征值及属性权重值，这一类含有语言信息的空间数据质量评价问题受到越来越多的关注。如何把定性评价转化为定量评价，目前对此研究还很少。

语言评价目前在人工智能、医疗诊断、市场营销、生物技术、信息科学、模式识别、经济学、管理学、机械制造等学科领域引起了国内外学者的重视，并取得了一些研究成果，主要集中在以下几个方面。

1.3.1 语言信息的一致性分析

评价者在评价过程中根据方案两两比较的结果给出语言偏好信息，即语言判断矩阵。与一般矩阵一样，同样存在不一致问题，因此，研究此问题是处理其他问题的前提。评价过程达成共识或一致也称为群体意见寻求一致过程，可以看成是评价意见的综合或收敛，有时也称为群体意见寻求一致过程。一致性分析问题主要包括专家个体判断矩阵一致性分析和专家群体判断一致性分析。徐泽水、姜艳萍等[47-48]研究了语言判断矩阵一致性的判定，并提出了一些判断准则。

1.3.2 不同粒度语言信息的一致化

在群评价过程中，评价者在评价各备选方案时，他们所选择的自然语言术语集在短语的数目及短语的语义等方面都可能有所不同。这类评价者根据自己的评价习惯，针对同一评价问题，选择不同的短语集作为对备选方案的评价依据，称之为不同粒度语言的语言信息[49-51]。张震、彭定洪、尤天慧、卫贵武等[52-56]利用二元语义或梯形模糊数、直觉模糊数等将不同的短语集转换到同一平台上，然后对方案进行排序。

语言信息集结算子是语言多属性评价问题的重要方面。通过构建语言信息集结算子，对评价信息进行集结，进而提出基于这些算子的多属性群评价的方法或途径。

在多属性评价问题中，通过什么样的集结方式对评价信息集结是问题的关键。Yager 提出有序加权平均(OWA)法及有序加权平均算子[57]。在此基础上，徐泽水提出了有序加权几何(OWG)算子，并对 OWA 和 OWG 两种算子进行了比较，详细研究了两种算子之间的关系[58]。考虑不确定性信息因素存在，徐泽水、张震、汪新凡等提出了不确定有序加权平均(UOWA)算子，基于该算子的评价方法能很好解决不确定信息下的多属性评价问题[47,52,59-61]。

然而，在现实生活的许多评价问题中，属性值一般很难用定量的数值来表示，而是用定性的术语即语言评估信息来表示。因此，以上的集结算子和集结方法就很难适用。那么如何集结这些语言信息，以及如何给出这些语言信息集结算子的多属性评价方法就是近年来的一个研究热点问题。学者们对语言信息的相关问题进行了研究，提出了一些语言集结算子[47,62-71]，如语言取大和取小算子、语言中值算子、语言加权中值算子、语言取大取小加权平均算子、基于符号的语言集结算子、基于拓展原理的语言集结算子、语言加权分离算子、语言加权联合算子、语言加权平均算子、双序的语言集结算子、双序的混合集结算子、语言有序加权平均算子、逆语言有序加权平均算子、语言混合集结算子、导出的语言有序加权平均算子、不确定语言有序加权平均算子、导出的不确定语言有序加权平均算子、不确定语言混合集结算子、语言有序加权几何平均算子、不确定语言有序加权几何平均算子、不确定语言混合几何平均算子、有序加权平均算子、不确定纯语言混合调和平均算子。

1.3.3 语言信息处理方法

目前对语言信息处理主要有三种方法。

1. 基于扩展原则的处理方法

基于扩展原则的处理方法是将语言信息化成三角模糊数、梯形模糊数、正态模糊数等形式，或者是区间数、直觉模糊数、区间模糊数，再利用模糊数的性质及规则进行处理。张震、彭定洪、李鹏、陶志富、赵萌等将多粒度语言变量转换成梯形模糊函数，通过采用逼近于理想解的排序技术(TOPSIS)方法和建立选择模型进行评价分析[52-53,72-74]。

2. 符号转移法

符号转移法根据语言信息性质直接对语言信息进行运算和分析。彭勃在纯语言加权几何平均(PLWGA)算子和推广的有序加权平均(EOWA)算子基础上给出了纯语言混合几何平均(PLHGA)算子，提出了一种语言信息多属性评价方法[59]。张震在对多粒度语言信息进行变换和同一化后，通过利用语言加权几何算子解决语言信息环境下的多属性评价问题[52]。王坚强运用云模型将不确定语言值转化为综合云，采用生成浮动云的方法进行偏好集结[50]；姜艳萍等利用 Yager 提出的有序加权平均算子，对不确定语言信息进行集结[48]；卫贵武提出了一种基于不确定语言加权几何平均(ULWGM)和依赖性的不确定语言有序加权几何(DULOWG)算子的群评价方法[55-56]。

3. 二元语义方法

2000 年 Herrera 等提出用于语言集结的二元语义分析法[75]，同时还提出二元语义有序加权平均(T-OWA)算子[76]。在过去的十多年，二元语义分析法由于其准确性、有效性、可解释性和简易性而被广泛运用[59,77]。

在二元语义分析法和 T-OWA 算子基础上，针对语言信息，徐泽水、彭勃等提出二元语义 power 平均(2TLPA)和二元语义 power 有序加权平均(2TLPOWA)算子[58-59]；姜艳萍等针对残缺不确定语言信息，利用推广的二元语义 power 有序加权平均(2ETOWA)算子，对备选方案进行排序[48]；张震等使用不确定二元语义变量的有序加权平均(2UTOWA)算子，处理权重信息不完全、属性值为多粒度不确定语言的多属性群评价问题[52]。

1.3.4 混合型多属性评价

通常将属性值同时包含两种或两种以上不同类型的多属性评价问题称为混合型多属性评价问题。

针对该类问题，相关研究可以分为两类。一类是将混合型评价矩阵转换成数据统一（如确定数、三角模糊数、梯形模糊数、直觉模糊数、区间直觉模糊数、语言信息）的评价矩阵，再利用投影法、TOPSIS、灰色关联分析、前景理论及其他各类信息集结算子来确定备选策略的优劣次序[78-82]。王翯华等针对属性值为确定数、区间数和三角模糊数的多属性评价问题，将混合型数据规范成确定数，采用TOPSIS法确定备选策略的优劣次序[83]。赵萌等针对属性值为语言信息和直觉模糊数、区间直觉模糊数的混合型多属性群评价问题，将语言信息转换成直觉模糊数、区间直觉模糊数，利用IFWA算子将个体评价矩阵集结为群体评价矩阵，再利用TOPSIS法进行方案排序[74]。另一类则是将不同类型的数据转化成评价过程中所需的评价信息（如关联度、损益值、距离、偏序度）。徐泽水、雷英杰、王伟、张丽媛、周庆健、周礼刚、郝晶晶等针对属性值为确定数、语言信息、区间数、直觉模糊数和区间直觉模糊数的多属性评价问题，提出了一种基于偏序程度的评价方法[47,66-67,84-88]。姜艳萍、尤天慧等针对属性值为确定数、区间数、语言信息和三角模糊数的混合多属性评价问题，给出不同属性值的损益值的计算方法，以此形成基于前景理论的评价方法[48,54]。

语言评价在空间数据质量评价方面还处于起步阶段。孙卫星、胡圣武等[89-90]用Vague集把语言信息定量化，分别对地图质量进行评价，得到了较为满意的结果。但还迫切需要解决以下问题：

(1)语言信息的定量化。

(2)不同粒度语言的集成。

(3)语言变量计算的封闭性。

(4)语言变量与定量变量的混合处理。

(5)动态语言评价。

(6)权重的确定。

(7)空间数据质量指标体系的确定。

(8)语言标度的选择。

(9)残缺语言信息的完善。

第 2 章 基本理论

本章就本书所用到的基本理论加以简单介绍。

2.1 语言评估标度

由于客观事物的复杂性和不确定性，以及人类思维的模糊性，专家在对空间数据质量评价时，有时会直接用“优”“良”“中”“差”等语言形式给出。评价者在对评价对象进行语言评价时，语言评估标度是语言评价的基础。因此，一般事先需要定义适当的语言评估标度。

本节给出两种在语言多属性评价中常用的语言评估标度——加性语言评估标度和积性语言评估标度。

2.1.1 加性语言评估标度

1. 基本概念

语言术语下标以零为中心对称，且语言个数为奇数的语言评估标度，称为加性语言评估标度，即

$$\overline{S}_1 = \{s_\alpha \mid \alpha = -\tau, \cdots, -1, 0, 1, \cdots, \tau\} \tag{2-1}$$

式中，s_α 为语言术语；$s_{-\tau}$ 和 s_τ 分别为评价者实际使用的语言术语的下限和上限；τ 为正整数。其中术语的个数称为该语言术语集的粒度，其粒度为 $2\tau+1$。

$\overline{S}_1$ 满足下列条件：

(1)有序性：若 $\alpha > \beta$，则 $s_\alpha > s_\beta$。

(2)存在逆运算：$neg(s_\alpha) = s_{-\alpha}$；特别地，$neg(s_0) = s_0$。

(3)存在最大值：$s_\alpha \geqslant s_\beta$，$\max(s_\alpha, s_\beta) = s_\alpha$。

(4)存在最小值：$s_\alpha \leqslant s_\beta$，$\min(s_\alpha, s_\beta) = s_\alpha$。

例如，当 $\tau=3$ 时，$\overline{S}_1 = \{s_{-3}=$极差，$s_{-2}=$很差，$s_{-1}=$差，$s_0=$一般，$s_1=$好，$s_2=$很好，$s_3=$极好$\}$。

在语言评价中语言术语集的粒度通常为 7 或者 9，且它的上限是 11。这主要是依据人类心理学角度发现人类能正常判断的逻辑是 7 个左右，这也与著名的层次分析法的 9 标原理一致。但需要注意的是：语言术语集的粒度不能过多或过少。如果粒度过多，将给评价者在时间上或专业知识方面提出过高的要求，从而增加评价者的评价负担；如果粒度过少，即对语言评估标度划分得太粗略，从而得到的语

言信息也很粗略，会对评价方案之间的比较和排序产生影响。

在对语言信息的集结过程中，往往会出现集结结果与事先给定的语言评估标度 $\bar{S}_1$ 中的术语不相匹配的情况。为了避免评价信息丢失，可在原语言评估标度 $\bar{S}_1$ 的基础上定义一个拓展标度，即

$$\tilde{S}_1 = \{s_\alpha \mid \alpha \in [-q, q]\} \tag{2-2}$$

式中，$q(q > \tau)$ 为一个充分大的自然数。若 $s_\alpha \in \tilde{S}_1$，则称 s_α 为本原术语；否则，称 s_α 为拓展术语（或称虚拟术语）。拓展后的标度仍满足上述条件。一般而言，评价者运用原术语评估评价方案，而拓展术语只在语言计算和评价方案排序过程中出现。

2. 运算法则

设 s_α、$s_\beta \in \bar{S}_1$，$\lambda \in [0,1]$，则有：

(1) $s_\alpha \oplus s_\beta = s_\beta \oplus s_\alpha = s_{\alpha+\beta}$。

(2) $\lambda s_\alpha = s_{\lambda\alpha}$。

(3) $I(s_\alpha) = \alpha$。

(4) $I(s_\alpha \oplus s_\beta) = I(s_\beta \oplus s_\alpha) = \alpha + \beta$。

运算法则(3)和(4)表示取下标运算。

2.1.2 积性语言评估标度

1. 基本概念

积性语言评估标度为

$$S_2 = \{s_\alpha \mid \alpha = 1/\tau, \cdots, 1/2, 1, 2, \cdots, \tau\} \tag{2-3}$$

式中，s_α 为语言术语；$s_{1/\tau}$ 和 s_τ 分别为评价者实际使用的语言术语的下限和上限；τ 为正整数。其中术语的个数称为该语言术语集的粒度，其粒度为 $2\tau - 1$。

S_2 满足下列条件：

(1)有序性：若 $\alpha > \beta$，则 $s_\alpha > s_\beta$。

(2)存在互反运算：$rec(s_\alpha) = s_\beta$，使得 $\alpha\beta = 1$；特别地，$rec(s_1) = s_1$。

(3)存在最大值：$s_\alpha \geqslant s_\beta$，$\max(s_\alpha, s_\beta) = s_\alpha$。

(4)存在最小值：$s_\alpha \leqslant s_\beta$，$\min(s_\alpha, s_\beta) = s_\alpha$。

例如，当 $\tau=4$ 时，$S_2 = \{s_{1/4}=$极差，$s_{1/3}=$很差，$s_{1/2}=$差，$s_1=$一般，$s_2=$好，$s_3=$很好，$s_4=$极好$\}$。

2. 运算法则

设 s_α、$s_\beta \in S_2$，$\lambda \in [0,1]$，则有

(1) $s_\alpha \otimes s_\beta = s_\beta \otimes s_\alpha = s_{\alpha\beta}$。

(2) $s_\alpha^\mu = s_{\alpha^\mu}$。

(3) $I(s_\alpha)=\alpha$。

(4) $I(s_\alpha \otimes s_\beta)=I(s_\beta \otimes s_\alpha)=\alpha \times \beta$。

运算法则(3)和(4)表示取下标运算。

2.2　语言信息集成算子

本节从算术平均和几何平均两方面给出一些常用的语言信息集成算子。

定义 2-1　对于加性语言评估标度 $S_1=\{s_\alpha \mid \alpha=-\tau,\cdots,-1,0,1,\cdots,\tau\}$ 和在此基础上定义的拓展语言标度 $\bar{S}_1=\{s_\alpha \mid \alpha \in [-q,q]\}$，$q>\tau$，有映射 $LWA:\bar{S}_1^n \to \bar{S}_1$，若

$$LWA_\omega(s_{\alpha_1},s_{\alpha_2},\cdots,s_{\alpha_n})=\omega_1 s_{\alpha_1} \oplus \omega_2 s_{\alpha_2} \oplus \cdots \oplus \omega_n s_{\alpha_n}=s_{\bar{\alpha}} \tag{2-4}$$

式中，$\bar{\alpha}=\sum_{j=1}^{n}\omega_j\alpha_j$，$\boldsymbol{\omega}=[\omega_1\ \ \omega_2\ \ \cdots\ \ \omega_n]^{\mathrm{T}}$ 为 $(s_{\alpha_1},s_{\alpha_2},\cdots,s_{\alpha_n})$ 的加权向量，$\omega_j \in [0,1]$，$\sum_{j=1}^{n}\omega_j=1$，$s_{\alpha_j} \in \bar{S}_1$，则称 $LWA_w(\ \ )$ 为 n 维语言加权算术平均(LWA)算子。

定义 2-2　对于加性语言评估标度 $S_1=\{s_\alpha \mid \alpha=-\tau,\cdots,-1,0,1,\cdots,\tau\}$ 和在此基础上定义的拓展语言标度 $\bar{S}_1=\{s_\alpha \mid \alpha \in [-q,q]\}$，$q>\tau$，设 $LOWA:\bar{S}_1^n \to \bar{S}_1$，若

$$LOWA_w(s_{\alpha_1},s_{\alpha_2},\cdots,s_{\alpha_n})=w_1 s_{\beta_1} \oplus w_2 s_{\beta_2} \oplus \cdots \oplus w_n s_{\beta_n}=s_{\bar{\beta}} \tag{2-5}$$

式中，$\bar{\beta}=\sum_{j=1}^{n}w_j\beta_j$，$\boldsymbol{w}=[w_1\ \ w_2\ \ \cdots\ \ w_n]^{\mathrm{T}}$ 是与该算子相关联的加权向量，$w_j \in [0,1]$，$\sum_{j=1}^{n}w_j=1$，s_{β_j} 为 $(s_{\alpha_1},s_{\alpha_2},\cdots,s_{\alpha_n})$ 中第 j 大的元素，则称 $LOWA_w(\ \ )$ 为 n 维语言有序加权算术平均(LOWA)算子。

可以看出，LOWA 算子在集成过程中需要对语言数据进行排序，并对每个数据所在的位置进行赋权，进而进行加权算术集结。

定义 2-3　对于加性语言评估标度 $S_1=\{s_\alpha \mid \alpha=-\tau,\cdots,-1,0,1,\cdots,\tau\}$ 和在此基础上定义的拓展语言标度 $\bar{S}_1=\{s_\alpha \mid \alpha \in [-q,q]\}$，$q>\tau$，设 $LHA:\bar{S}_1^n \to \bar{S}_1$，若

$$LHA_w(s_{\alpha_1},s_{\alpha_2},\cdots,s_{\alpha_n})=w_1 s_{\beta_1} \oplus w_2 s_{\beta_2} \oplus \cdots \oplus w_n s_{\beta_n}=s_{\bar{\gamma}} \tag{2-6}$$

式中，$\bar{\gamma}=\sum_{j=1}^{n}w_j\beta_j$，$s_{\beta_j}$ 为 $(\bar{s}_{\alpha_1},\bar{s}_{\alpha_2},\cdots,\bar{s}_{\alpha_n})$ 中第 j 大的语言加权数据，$\bar{s}_{\alpha_i}=n\omega_i s_{\alpha_i}(i=1,2,\cdots,n)$，$n$ 为平衡系数，且 $\boldsymbol{\omega}=[\omega_1\ \ \omega_2\ \ \cdots\ \ \omega_n]^{\mathrm{T}}$ 为 $(s_{\alpha_1},s_{\alpha_2},\cdots,s_{\alpha_n})$

的加权向量，$\omega_j \in [0,1]$，$\sum_{j=1}^{n}\omega_j=1$，$s_{\alpha_j} \in \bar{S}_1$，则称 $LHA_w(\ )$ 为 n 维语言混合平均(LHA)算子。

对比可以看出，相对于LWA算子和LOWA算子，LHA算子不仅能反映数据本身的重要性，还能体现数据所在位置的重要性。

定义 2-4 对于积性语言评估标度 $S_2=\{s_\alpha \mid \alpha=1/\tau,\cdots,1/2,1,2,\cdots,\tau\}$ 和在此基础上定义的拓展语言标度 $\bar{S}_2=\{s_\alpha \mid \alpha \in [1/q,q]\}$，$q>\tau$，有映射 $LWGA$：$\bar{S}_2^n \rightarrow \bar{S}_2$，若

$$LWGA_\omega(s_{\alpha_1},s_{\alpha_2},\cdots,s_{\alpha_n})=(s_{\alpha_1})^{\omega_1}\otimes(s_{\alpha_2})^{\omega_2}\otimes\cdots\otimes(s_{\alpha_n})^{\omega_n}=s_{\bar{\alpha}} \quad (2\text{-}7)$$

式中，$\bar{\alpha}=\prod_{j=1}^{n}(a_j)^{\omega_j}$，$\boldsymbol{\omega}=[\omega_1\ \ \omega_2\ \ \cdots\ \ \omega_n]^{\mathrm{T}}$ 为$(s_{\alpha_1},s_{\alpha_2},\cdots,s_{\alpha_n})$的加权向量，$\omega_j \in [0,1]$，$\sum_{j=1}^{n}\omega_j=1$，$s_{\alpha_j} \in \bar{S}_2$，则称 $LWGA_w(\ )$ 为 n 维语言加权几何平均(LWGA)算子。

定义 2-5 对于积性语言评估标度 $S_2=\{s_\alpha \mid \alpha=1/\tau,\cdots,1/2,1,2,\cdots,\tau\}$ 和在此基础上定义的拓展语言标度 $\bar{S}_2=\{s_\alpha \mid \alpha \in [1/q,q]\}$，$q>\tau$，有映射 $LOWGA$：$\bar{S}_2^n \rightarrow \bar{S}_2$，若

$$LOWGA_w(s_{\alpha_1},s_{\alpha_2},\cdots,s_{\alpha_n})=(s_{\beta_1})^{w_1}\otimes(s_{\beta_2})^{w_2}\otimes\cdots\otimes(s_{\beta_n})^{w_n}=s_{\bar{\beta}} \quad (2\text{-}8)$$

式中，$\bar{\beta}=\prod_{j=1}^{n}(\beta_j)^{w_j}$，$\boldsymbol{w}=[w_1\ \ w_2\ \ \cdots\ \ w_n]^{\mathrm{T}}$ 是与该算子相关联的加权向量，且 $w_j \in [0,1]$，$\sum_{j=1}^{n}w_j=1$，s_{β_j} 为$(s_{\alpha_1},s_{\alpha_2},\cdots,s_{\alpha_n})$中第 j 大的元素，$s_{\alpha_j} \in \bar{S}_2$，则称 $LOWGA_w(\ )$ 为 n 维语言有序加权几何平均(LOWGA)算子。

定义 2-6 对于积性语言评估标度 $S_2=\{s_\alpha \mid \alpha=1/\tau,\cdots,1/2,1,2,\cdots,\tau\}$ 和在此基础上定义的拓展语言标度 $\bar{S}_2=\{s_\alpha \mid \alpha \in [1/q,q]\}$，$q>\tau$，有映射 $LHGA$：$\bar{S}_2^n \rightarrow \bar{S}_2$，若

$$LHGA_w(s_{\alpha_1},s_{\alpha_2},\cdots,s_{\alpha_n})=(s_{\beta_1})^{w_1}\otimes(s_{\beta_2})^{w_2}\otimes\cdots\otimes(s_{\beta_n})^{w_n}=s_{\bar{\gamma}} \quad (2\text{-}9)$$

式中，$\bar{\gamma}=\prod_{j=1}^{n}(\beta_j)^{w_j}$，且 s_{β_j} 为$(\bar{s}_{\alpha_1},\bar{s}_{\alpha_2},\cdots,\bar{s}_{\alpha_n})$中第 j 大的语言加权数据，$\bar{s}_{\alpha_i}=s_{\alpha_i}^{n\omega_i}(i=1,2,\cdots,n)$，$n$ 为平衡系数，且 $\boldsymbol{\omega}=[\omega_1\ \ \omega_2\ \ \cdots\ \ \omega_n]^{\mathrm{T}}$ 为$(s_{\alpha_1},s_{\alpha_2},\cdots,s_{\alpha_n})$的指数加权向量，$\omega_j \in [0,1]$，$\sum_{j=1}^{n}\omega_j=1$，$s_{\alpha_j} \in \bar{S}_2$，则称 $LHGA_\omega(\ )$ 为 n 维语言混合几何平均(LHGA)算子。

更多有关语言信息方面的集结算子可参阅相关文献[47]。

2.3　三角模糊数

定义 2-7　若 $\hat{a}=[a^L,a^M,a^U]$，其中 $0<a^L\leqslant a^M\leqslant a^U$，则称 $\hat{a}$ 为一个三角模糊数，其特征函数(隶属函数)可表示为

$$\mu_{\hat{a}}(x)=\begin{cases}(x-a^L)/(a^M-a^L), & a^L\leqslant x\leqslant a^M\\(x-a^U)/(a^M-a^U), & a^M\leqslant x\leqslant a^U\\0, & \text{其他}\end{cases}\tag{2-10}$$

式中，a^L 和 a^U 分别为 $\hat{a}$ 所支撑的下界和上界；a^M 为 $\hat{a}$ 的中值。

三角模糊数的运算法则[91]，设 $\hat{a}=[a^L,a^M,a^U]$ 和 $\hat{b}=[b^L,b^M,b^U]$ 为两个任意的三角模糊数，k 为任意的正整数，则有：

(1) $\hat{a}+\hat{b}=[a^L,a^M,a^U]+[b^L,b^M,b^U]=[a^L+b^L,a^M+b^M,a^U+b^U]$。

(2) $\hat{a}\times\hat{b}=[a^L,a^M,a^U]\times[b^L,b^M,b^U]=[a^L\times b^L,a^M\times b^M,a^U\times b^U]$。

(3) $k\times\hat{b}=[k\times b^L,k\times b^M,k\times b^U]$。

(4) $\hat{a}^{-1}=[1/a^U,1/a^M,1/a^L]$。

为了对三角模糊数进行比较，给出两个三角模糊数比较的可能度概念。

定义 2-8　设 $\hat{a}=[a^L,a^M,a^U]$ 和 $\hat{b}=[b^L,b^M,b^U]$ 为两个三角模糊数，则称

$$\begin{aligned}p(\hat{a}\geqslant\hat{b})=&\lambda\max\left(1-\max\left(\frac{b^M-a^L}{a^M-a^L+b^M-b^L},0\right),0\right)+\\&(1-\lambda)\max\left(1-\max\left(\frac{b^U-a^U}{a^U-a^M+b^U-b^M},0\right),0\right)\end{aligned}\tag{2-11}$$

为 $\hat{a}\geqslant\hat{b}$ 的可能度，其中 $\lambda\in[0,1]$。

这里，λ 值的选择取决于评价者的风险态度。当 $\lambda>0.5$ 时，称评价者是追求风险的；当 $\lambda=0.5$ 时，称评价者是风险中立的；当 $\lambda<0.5$ 时，称评价者是厌恶风险的。特别地，当 $\lambda=1$ 时，称 $p(\hat{a}\geqslant\hat{b})$ 为 $\hat{a}\geqslant\hat{b}$ 的悲观可能度；当 $\lambda=0$ 时，称 $p(\hat{a}\geqslant\hat{b})$ 为 $\hat{a}\geqslant\hat{b}$ 的乐观可能度。

根据上述定义可证明下列结论成立。

定理 2-1　设 $\hat{a}=[a^L,a^M,a^U]$ 和 $\hat{b}=[b^L,b^M,b^U]$ 为两个三角模糊数，则：

(1) $0\leqslant p(\hat{a}\geqslant\hat{b})\leqslant 1$。

(2)若 $b^U\leqslant a^L$，则 $p(\hat{a}\geqslant\hat{b})=1$。

(3)若 $a^U\leqslant b^L$，则 $p(\hat{a}\geqslant\hat{b})=0$。

(4) $p(\hat{a}\geqslant\hat{b})+p(\hat{b}\geqslant\hat{a})=1$。特别地，$p(\hat{a}=\hat{b})=0.5$。

若 m 个三角模糊数两两进行比较，由定理可知，得到的可能度矩阵 $\boldsymbol{P}=(p_{ij})_{m\times m}$ 是一个模糊互补判断矩阵。

下面给出三角模糊数的距离公式。

定义 2-9 设 $\hat{a}=[a^L,a^M,a^U]$ 和 $\hat{b}=[b^L,b^M,b^U]$ 为两个任意的三角模糊数，则称

$$\Delta(\hat{a},\hat{b})=\sqrt{\frac{1}{3}((a^L-b^L)^2+(a^M-b^M)^2+(a^U-b^U)^2)} \tag{2-12}$$

为三角模糊数 $\hat{a}$ 与 $\hat{b}$ 的距离。

2.4 梯形模糊数

2.4.1 梯形模糊数的定义

设有

$$\mu_{\widetilde{A}}(x)=\begin{cases}(x-a)/(b-a), & a\leqslant x\leqslant b\\ 1, & b\leqslant x\leqslant c\\ (d-x)/(d-c), & c\leqslant x\leqslant d\\ 0, & 其他\end{cases} \tag{2-13}$$

则称四元组 $\widetilde{A}=(a,b,c,d)$ 为梯形模糊数(TFN)[52,92]，$a\leqslant b\leqslant c\leqslant d$，$a$、$b$、$c\in\mathbf{R}$。

2.4.2 梯形模糊数的运算法则

设有 $\widetilde{A}_1=(a_1,b_1,c_1,d_1)$，$\widetilde{A}_2=(a_2,b_2,c_2,d_2)$，$\lambda\in R$，则有：

(1) $\widetilde{A}_1\oplus\widetilde{A}_2=(a_1+a_2,b_1+b_2,c_1+c_2,d_1+d_2)$。

(2) $\lambda\otimes\widetilde{A}=(\lambda a,\lambda b,\lambda c,\lambda d)$。

定义 2-10 设两个梯形模糊数 $\widetilde{A}_1=(a_1,b_1,c_1,d_1)$ 和 $\widetilde{A}_2=(a_2,b_2,c_2,d_2)$ 之间的距离为

$$D_p(\widetilde{A}_1,\widetilde{A}_2)=\left(\frac{|a_1-a_2|^p+2|b_1-b_2|^p+2|c_1-c_2|^p+|d_1-d_2|^p}{6}\right)^{1/p} \tag{2-14}$$

式中，$p\geqslant 1$ 为距离参数。

当 $p=1$ 时，则式(2-14)称作加权曼哈顿距离，即

$$D_1(\widetilde{A}_1,\widetilde{A}_2)=\frac{|a_1-a_2|+2|b_1-b_2|+2|c_1-c_2|+|d_1-d_2|}{6} \tag{2-15}$$

当 $p=2$ 时，则式(2-14)称作加权欧氏距离，即

$$D_2(\widetilde{A}_1,\widetilde{A}_2)=\sqrt{\frac{|a_1-a_2|^2+2|b_1-b_2|^2+2|c_1-c_2|^2+|d_1-d_2|^2}{6}} \tag{2-16}$$

2.5　犹豫模糊数

模糊集理论在处理不确定性时是一种很好的工具，它主要用区间[0,1]中的某一个值来刻画一个元素属于一个集合的隶属度。随着理论研究的深入及应用领域的不断扩大，模糊集在处理问题上逐渐地产生了一些弊端。Torra 等[93-94]将其拓展，提出了犹豫模糊集。

定义 2-11　设 T 为一个给定的非空集合，定义在集合 T 上的犹豫模糊集 H 是从 T 到区间[0,1]上的一个子集的映射函数。

犹豫模糊集的数学形式为

$$H=\{< t,h_H(t) > | t \in T\} \tag{2-17}$$

式中，$h_H(t)$ 是区间[0,1]中几个不同的实数值的集合，表达意思是 $t \in T$ 属于犹豫模糊集 H 的几种可能程度，它是犹豫模糊集 H 的基本元素。

$h_H(t)$ 为犹豫模糊数，为了简便，将其记为 $h=h_H(t)$。犹豫模糊数 h 可更详细地表示为

$$h=H\{\gamma^1,\gamma^2,\cdots,\gamma^{\#h}\} \quad (\gamma^\lambda \in [0,1],\lambda=1,2,\cdots,\#h) \tag{2-18}$$

式中，$\#h$ 为犹豫模糊数 h 中元素个数。如果 $\#h=1$，即犹豫模糊数 h 中只包含单一的值，则犹豫模糊集 H 退化为一个传统的模糊集，即模糊集是犹豫模糊集的一种特殊形式，称为单值犹豫模糊集。

例 2-1　设 $T=\{t_1,t_2,t_3\}$ 为一个非空集合，犹豫模糊数 $h_H(t_1)=H\{0.5,0.4,0.7\}$、$h_H(t_2)=H\{0.4,0.6\}$ 和 $h_H(t_3)=H\{0.6,0.5,0.4,0.8\}$，分别为 $t_i(i=1,2,3)$ 属于集合 H 的隶属度，则称 H 为犹豫模糊集，即

$$H=\{< t_1,H\{0.5,0.4,0.7\} >,< t_2,H\{0.4,0.6\} >,\\ < t_3,H\{0.6,0.5,0.4,0.8\} >\}$$

在实际评价过程中，人们通常使用犹豫模糊数代替犹豫模糊集来表达他们对空间数据质量评价的信息。例 2-1 中的犹豫模糊数 $h_H(t_2)=H\{0.4,0.6\}$，它表达的信息是 t_2 属于犹豫模糊集 H 的隶属度可能是 0.4，也可能是 0.6。在现实的评价过程中，也可以认为评价者对评价对象 x_i 满足属性 a_j 的程度 $a_j(x_i)$ 在评估值 0.4 和 0.6 两者中犹豫不决，认为对象 x_i 满足属性 a_j 的程度可能是 0.4，也可能是 0.6。显然，对于犹豫情形下的评价问题，采用犹豫模糊数 $a_j(x_i)=H\{0.4,0.6\}$ 表达评价者的信息是十分恰当的。

定义 2-12　对于任意的三个犹豫模糊数 h、h_1 和 h_2，它们的基本运算法则定义如下：

(1) $h_1 \cup h_2=H\{\max(\gamma_1,\gamma_2) | \gamma_1 \in h_1,\gamma_2 \in h_2\}$。

(2) $h_1 \cap h_2=H\{\min(\gamma_1,\gamma_2) | \gamma_1 \in h_1,\gamma_2 \in h_2\}$。

(3) $\theta h = H\{1-(1-\gamma)^{\theta} \mid \gamma \in h\}(\theta > 0)$。

(4) $h^{\theta} = H\{\gamma^{\theta} \mid \gamma \in h\}(\theta > 0)$。

(5) $h^{c} = H\{(1-\gamma) \mid \gamma \in h\}$。

(6) $h_1 \oplus h_2 = H\{(\gamma_1 + \gamma_2 - \gamma_1\gamma_2) \mid \gamma_1 \in h_1, \gamma_2 \in h_2\}$。

(7) $h_1 \otimes h_2 = H\{\gamma_1\gamma_2 \mid \gamma_1 \in h_1, \gamma_2 \in h_2\}$。

由于在现实评价过程中,评价者给定的犹豫模糊数的元素(一些可能的隶属度值)通常是无序的,且不同的犹豫模糊数中元素个数通常是不同的。如例 2-1 中的犹豫模糊数 $h_H(t_1)=H\{0.5,0.4,0.7\}$ 和 $h_H(t_3)=H\{0.6,0.5,0.4,0.8\}$,它们内部的元素是无序的,且元素个数也是不同的,即犹豫模糊数 $h_H(t_1)$ 中元素个数是 3,而 $h_H(t_3)$ 中元素个数为 4。显然,处理这样两个犹豫模糊数,如比较它们的大小或者估计计算它们之间的距离,是十分困难的。

为了计算方便且不失一般性,Xu 等[95]建议首先将犹豫模糊数内部所有元素按增序进行排列,即 $h_H(t_1)=H\{0.4,0.5,0.7\}$ 和 $h_H(t_3)=H\{0.4,0.5,0.6,0.8\}$。其次,对于任意两个犹豫模糊数 h_1 和 h_2,如果它们的元素个数不相同,即 $\# h_1 \neq \# h_2$,则应该拓展元素个数相对少的犹豫模糊数,使得它们具有相同的元素个数,具体规则如下:

(1)如果评价者是风险厌恶型,也就是说该评价者对结果预期一般比较悲观,则重复添加元素个数相对较少的犹豫模糊数中最小的元素,直到该犹豫模糊数内元素个数和另一个犹豫模糊数的个数相同。

如例 2-1 中,犹豫模糊数 $h_H(t_1)$ 和 $h_H(t_3)$,对 $h_H(t_1)$ 重复添加它的最小元素 0.4,使得 $h_H(t_1)=H\{0.4,0.4,0.5,0.7\}$,这样 $\# h_H(t_1)=\# h_H(t_3)=4$。

(2)如果评价者是风险偏好型,也就是说该评价者对结果预期一般比较乐观,则重复添加元素个数相对较少的犹豫模糊数中最大的元素,直到该犹豫模糊数内元素个数和另一个犹豫模糊数的个数相同。

如例 2-1 中,犹豫模糊数 $h_H(t_1)$ 和 $h_H(t_3)$,对 $h_H(t_1)$ 重复添加它的最大元素 0.7,使得 $h_H(t_1)=H\{0.4,0.5,0.7,0.7\}$,这样 $\# h_H(t_1)=\# h_H(t_3)=4$。

注意到,上述规则只考虑评价者是风险偏好型或风险厌恶型的情形,但并未考虑到评价者是风险中性的情形。为此,介绍一种带有参数的拓展方法,该方法考虑到了评价者的所有风险偏好,即风险偏好、风险中性和风险厌恶。它的定义如下:

定义 2-13 对于犹豫模糊数 $h=H\{\gamma^{\lambda} \mid \lambda=1,2,\cdots,\# h\}$,设 γ^{+} 和 γ^{-} 分别为犹豫模糊数 h 中最大元素和最小元素,则称 $\bar{\gamma}=\theta\gamma^{+}+(1-\theta)\gamma^{-}$ 为一个带参数的拓展值。其中,参数 $\theta(0 \leqslant \theta \leqslant 1)$ 由评价值根据自身的风险偏好事先给定[96]。

根据定义 2-13,评价者可以根据自身的风险偏好改变参数 θ 的取值,进而添加不同的元素值拓展犹豫模糊数。如果 $\theta=1$,则拓展值为 $\bar{\gamma}=\gamma^{+}$,即添加犹豫模糊数内最大的元素,这表示评价者是风险偏好型;如果 $\theta=0$,则拓展值为 $\bar{\gamma}=\gamma^{-}$,即添加犹豫模糊数内最小的元素，这表示评价者是风险厌恶型；如果 $\theta=1/2$，则拓展值为 $\bar{\gamma}=(\gamma^{+}+\gamma^{-})/2$，即添加犹豫模糊数内所有元素的平均数，这表示评价者是风险中性的。

为了比较两个犹豫模糊数的大小，定义一种简单的比较方法：

定义 2-14　对于两个犹豫模糊数 $h_1=H\{\gamma_1^{\lambda}|\lambda=1,2,\cdots,\#h_1\}$ 和 $h_2=H\{\gamma_2^{\lambda}|\lambda=1,2,\cdots,\#h_2\}$，假设它们内的元素是按增序排列且元素个数相同的，即 $\#h=\#h_1=\#h_2$，且 γ_1^{λ}、γ_2^{λ} 分别为犹豫模糊数 h_1 和 h_2 中第 λ 小的值，则有 $h_1\leqslant h_2$ 当且仅当 $\gamma_1^{\lambda}\leqslant\gamma_2^{\lambda}(\lambda=1,2,\cdots,\#h)$。

借鉴于经典的曼哈顿距离和欧几里得距离，则有如下两类犹豫模糊数距离测度。

犹豫模糊曼哈顿距离测度为

$$d_{\mathrm{H}}(h_1,h_2)=\frac{1}{\#h}\sum_{\lambda=1}^{\#h}|\gamma_1^{\lambda}-\gamma_2^{\lambda}| \tag{2-19}$$

犹豫模糊欧几里得距离测度为

$$d_{\mathrm{E}}(h_1,h_2)=\sqrt{\frac{1}{\#h}\sum_{\lambda=1}^{\#h}(\gamma_1^{\lambda}-\gamma_2^{\lambda})^2} \tag{2-20}$$

式中，h_1 和 h_2 为两个犹豫模糊数；γ_1^{λ} 和 γ_2^{λ} 分别为 h_1 和 h_2 中第 λ 小的值，且 $\#h=\#h_1=\#h_2$。

2.6　空间数据不确定性

自 20 世纪 60 年代加拿大学者 Tomlinson 建立世界上第一个地理信息系统起[97]，对于空间数据不确定性的研究就一直是 GIS 研究的一项重要内容。特别是 20 世纪 90 年代以来，随着遥感技术和航天航空技术的发展，获得空间数据的种类和数量是越来越多，多源的、海量的空间数据必然存在着各种误差，即不确定性，因此，研究空间数据及其产品的不确定性越来越重要。有关空间数据不确定性的国际会议也频频召开，如国际空间数据处理会议、欧洲地理信息系统会议、美国地理信息系统年会、亚洲 GIS 年会、自然资源数据库空间数据不确定性会议。堪萨斯大学、华盛顿大学、武汉大学、香港理工大学、同济大学、中科院遥感所及北大遥感与 GIS 研究院等就空间数据不确定性问题做了大量研究，美国 GIS 的 19 个研究方向中就有空间数据不确定性的研究[24]。

2.6.1　空间数据随机不确定性

空间数据随机不确定性是目前空间数据不确定性的主要研究方向，其研究理论主要有概率论、数理统计、证据理论、地统计学。

1. **空间数据随机不确定性基本理论**

(1)空间数据随机不确定性来源。空间数据的不确定性的大小是一个累积的量,数据从最初的采集、输入到存储、处理和输出,最后到存档使用,每一步都可能引入不确定性。把数据转换和处理误差分为数字化误差、格式转换误差和不同GIS系统之间数据转换误差。Ahlqvist、Altman、Liu、Cheung、邬伦、陶本藻、胡圣武、李大军等[98-105]就空间数据的误差来源进行了分析。空间数据随机不确定性来源有:空间现象自身存在的不稳定性、空间现象表达、空间数据处理、空间数据使用、测量仪器的误差、观测误差、计算机的计算操作、操作平台选择。史文中[97]研究空间数据应用分析时的误差,并把其误差分为空间数据层叠加时的冗余多边形误差和应用模型误差。冯弟飞等[106]研究了高斯正算即大地坐标转换成平面坐标的误差大小和规律。易俐娜[107]对遥感影像分类的不确定性进行了分析,研究了遥感影像分类不确定性的来源及控制方法。雷伟刚[108]分析了曲线综合所引起的误差大小,并建立了该误差大小的模型。胡圣武等[109]分析了各种曲线所引起的误差大小。徐丰等[110]研究了不同空间数据尺度所引起不确定性的度量方法。李晓印等[111]研究了面状实体在矢量与栅格数据转换中所引起的不确定性及其度量方法。朱庆等[112]探讨了多波束测深数据的误差来源,并研究了采用的误差模型。李德仁等[113]分析了GIS中面元素的不确定性因素及其大小。杨元喜[114]研究了卫星导航存在多种不确定性,并对其进行分类,对不同类的不确定性采用不同的标准进行度量。

(2)空间数据随机不确定性的传播。Goodchild等[115]基于数理统计原理,研究了全球数据集的随机不确定性模型,并认为随机不确定性模型的准确性主要受空间数据质量、空间数据处理方法及用户对数据质量接受程度等三方面的约束。史文中、刘大杰等[116-117]完善了圆曲线、缓和曲线的误差模型。张海荣[118]从理论和实践两个方面给出了数字地形模型(DTM)精度的估计方法,其主要研究了误差识别、误差量测、误差传播、误差管理和减少误差的方法。赵耀龙等[119]研究了在开发地籍信息系统时建立高质量空间数据集的方法。Liu、Alesheikh和胡圣武等[100,120-121]总结了空间数据不确定性的主要问题,并建立了空间数据不确定性的框架原型和不确定性大小的度量规律。胡圣武等[122]分析了系统误差的传播规律。薛洁[123]探讨了GIS中长度、面积、特殊点等误差大小的规律。杨铁利[124]研究了空间数据中地图产品不确定性,主要利用不确定性传播律研究了新图元的不确定性。目前不确定性传播主要还是依据测量平差的协方差传播率来进行研究,即

$$\sigma_Z=\sqrt{\sigma_1^2+\sigma_2^2+\cdots+\sigma_n^2} \tag{2-21}$$

式中,σ_i 表示引起不确定性的因素的中误差,σ_Z 表示不确定中误差。

(3)空间数据应用中的不确定性。史文中采用统计学方法估计地理实体、地形

测量、合并等的精度,并用遗传算法对地理学中涉及的流向问题进行空间建模[24]。王桥等[125]采用分形分析的方法来获取地理空间峡谷的 DEM,并分析由此引起的不确定性。包黎莉等[126]研究了 DEM 误差对滑坡危险性评价的影响,并分析了不同误差对评价结果的影响。肖宇鹏等[127]利用于模糊 C-均值研究不确定空间数据的分类。

(4)空间数据随机不确定性的可视化。就是采用直观的二维、三维图形或其他灵活的形式将不确定性表现出来。这方面的研究目前主要有空间矢量数据误差模型的可视化表示、影像分类不确定性的可视化表示、GIS 应用系统中不确定性的可视化等[128-129]。童小华、刘文宝、戴洪磊等[130-132]对空间数据中点、线、面的不确定性模型给出了可视化表示方法。梁敏中等[133]用误差椭圆研究了遥感图像点线元位置不确定性的可视化。阿依姑丽·托合提等[134]用 Matlab 研究了遥感信息专题分类不确定性的可视化。

2. 空间随机不确定性种类

(1)位置不确定性。该方面的研究主要着重于空间数据源的不确定性,即点、线和面特征的不确定性。点、线和面特征的不确定性是目前主要的研究工作,并且取得了丰富的成果。而且这方面的工作都是由 Perkal 提出,后经 Chrisman、Blakemore、Yoeli 等研究,进一步形成了线元不确定性度量的“ε 带”指标[97]。后来的研究工作都在此基础上进行的,Zhang 等研究了线元各点误差的分布情况,发现“ε 带”不是简单的香肠形状,而是“哑铃”形状,并正式提出“E 带”的概念[24],Caspary、Scheuring 导出了线段上任意点的方差公式,计算了“E 带”的面积[24]。由史文中提出的“S 带”可以描述端点独立线段内各点在线段垂直方向上的误差概率密度分布函数,能同时处理线元的位置不确定性和属性不确定性[24]。刘文宝[135]用随机过程理论推导了线元指标,统一了以往关于线元指标带的讨论,提出了“De 带”,也称“g 带”,提出了置信度带“C 带”和可靠度带“R 带”的概念。戴洪磊[136]详细讨论了“De 带”的概率分布、几何形状,并推导出了“De 带”的边界线方程。“H 带”是李大军基于最大熵原理确立的围绕线状目标的封闭区域,“H 带”中所包含的不确定性信息量最大[105]。游扬声[137]探讨了一般分布模式下的空间数据位置不确定性,进一步对误差带进行了拓宽,提出了线元的整体误差带。张菊清[138]就空间数据的几何误差纠正和空间数据插值的相关理论与算法进行了研究,提出了改善几何精度的方法。靳燕[139]用区间数理论研究了位置不确定性的大小,并分析了用区间数的优势。已有面元不确定性指标的讨论是基于点元和线元不确定性模型上的。Maffini[140]提出“公共误差界”概念,以及利用概率度量“点与目标间”关系的思想。刘文宝等[141]提出了面位误差环的概念,并详细讨论了面位误差环的整体分布函数,给出了面位误差环的解析表达式。刘二永[142]对数字高程模型不同的随机误差模型所带来误差的大小进行了研究。李大军等[143]利用熵理论研究了线元目标的不确定性。杨元喜[144]研究了点位误差的不同度量标准，并对不同标准进行比较。

(2)属性不确定性。史文中等总结了属性不确定性的研究现状、内容和方法及发展趋势，并分析了用于属性精度研究的理论有概率论、证据理论、空间统计、模糊集、敏感度分析和粗集等[145]。刘文宝等通过研究得出属性数据不确定性主要由源数据、数据建模和分析的不确定性组成[146]。刘大春、刘春等[147-148]基于抽样检验在测量数据精度分析中的思想，以及抽样的缺陷率方法，对空间数据的属性数据的精度进行度量、分析和控制。Hunter 等[149]对属性数据不确定性进行了研究，并对属性数据用编码表示时如何控制不确定性提出了一些措施。竞霞等用粗糙集和熵理论研究遥感数据分类的不确定性，并对其进行评价[150]。史玉峰等用熵理论来研究空间数据不确定性，分析了熵与不确定性的关系，用熵对不确定性进行表达[151]。

(3)模型不确定性。选择不同的模型对相同的初始条件进行模拟，将得到不同的结果。可以依据可靠性原则和模型收敛原则，采用"总体平均可靠性评价"方法，计算模型的平均不确定性范围，从而评价各模型不确定性[152]。利用蒙特卡罗误差传播技术可以定量评价模型本身的不确定性和模型参数的不确定性[153]。Voudouris[154]探讨了空间数据在不确定性条件下建模的方法与特点以及语言的实现。胡圣武[155]探讨了模型误差中参数个数和定权正确与否对平差结果及其精度的影响规律。杨元喜[156]研究了 Kalman 滤波模型误差与静态模型误差对平差结果影响的区别。

(4)时域不确定性。自 Langran 和 Chrisman 于 1988 年提出时空地理信息系统的概念以来，时域数据得到了广泛研究[157]。Peuquet[158]提出并讨论了时间数据库模型。唐新明等[159]对时空数据库的时间问题进行了较为深刻研究。张保钢[160]提出了空间数据现势度的概念，研究了现势度的四个性质及现势度的影响因素。Salsh[161]探讨了时域空间数据的随机不确定性，并对水域中的应用进行了探讨。高蒙[162]基于传播函数泰勒展开式的非线性逼近表达式，研究基于二阶泰勒展开式的时空不确定性传播的解析算法，并与 Monte Carlo 随机模拟法进行对比分析，通过模拟试验验证模型的有效性。

2.6.2 空间数据模糊性

随着科学技术的发展，许多学者已经意识到了空间数据不仅存在随机不确定性，而且还存在复杂的模糊性。近几年来对于空间数据模糊性的研究已经展开，并取得了一定的成绩。

1. 空间数据模糊性的来源和性质

国外有 Altman、Burrough、Wang 等学者对空间数据模糊性进行了研究，研究了空间数据模糊性来源[99,163-164]；国内也有许多学者在这方面做了不少研究，如张景雄、邓敏、刘文宝、胡圣武、唐新明，杜世宏等，研究了空间数据模糊性的来源[165-172]。空间数据模糊性来源主要有：①空间数据获取过程中产生的空间数据模糊性；②模糊概念产生的空间数据模糊性；③空间关系描述产生的空间数据模糊性；④空间分析过程产生的空间数据模糊性；⑤空间地理实体本身的过渡变化所引起的空间数据模糊性。肖平等[173]分析了栅格数据的模糊性，并对隶属度的计算方法进行了研究。梁洪有等[174]对 GIS 产品的模糊不确定性进行了探讨。胡圣武[175]对空间数据产品在不确定性下用模糊数学理论对其精度分配进行了研究 。

2. 空间数据模糊表示

由于空间实体具有模糊性，如何表达对于认识和研究其模糊性就非常重要。国内外都有一些学者进行了研究，并把含有模糊性的空间实体称为模糊点、模糊线、模糊面和模糊体。目前主要研究是模糊点、模糊线和模糊面[85-87]，如图 2-1 至图 2-3 所示。

模糊点实体 A 表示分为 3 个部分：内部 $\underline{A}$、边界 ∂A 和外部 A^0（图 2-1）。

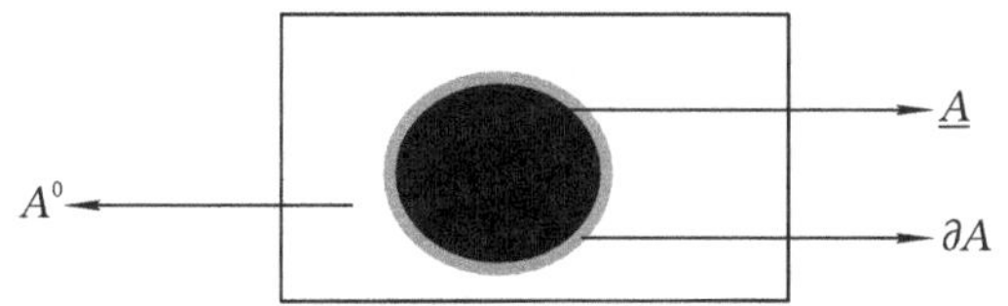

图 2-1　点实体的模糊表示

模糊线实体 B 把其分成 3 个部分：内部 $\underline{B}$、边界 ∂B 和外部 B^0（图 2-2）。

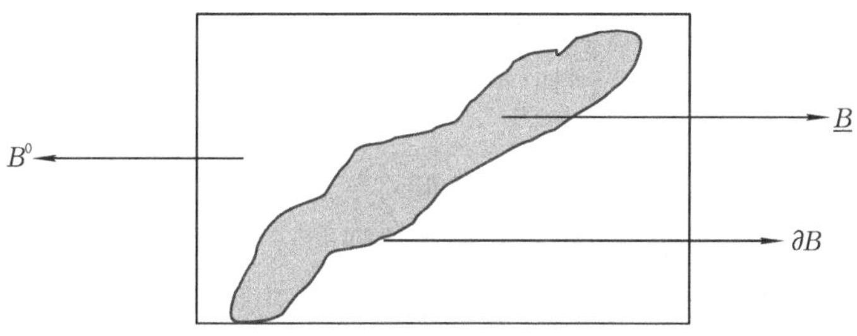

图 2-2　线实体的模糊表示

模糊面实体 C 被划分为 5 个部分：内部 C^1、外部 $\underline{C}$、内边界 ∂C^1、外边界 ∂C^0 和外部 C^0（图 2-3）。

3. 空间数据模糊性处理方法

对于空间数据模糊性处理主要是利用模糊数学，如三角模糊数、梯形模糊数、LR 模糊数、直觉模糊数、区间直觉模糊数、粗集和 Vague 集等理论。胡圣武、程涛、杜世宏等用此方法对空间模糊性处理进行了研究[176-178]，并取得了一定成果。在基于目标的空间数据中对于模糊目标的研究较少，邓敏、Goodchild 等在模糊目标的度量方面做了一些研究[166,179]，张景雄用基于模糊场的概念统一了栅格和矢量模型中的不确定性的表达[165]。不过用模糊数学等理论来处理模糊性存在几个问题：①计算简单；②计算结果具有一定主观性；③计算缺乏封闭性。

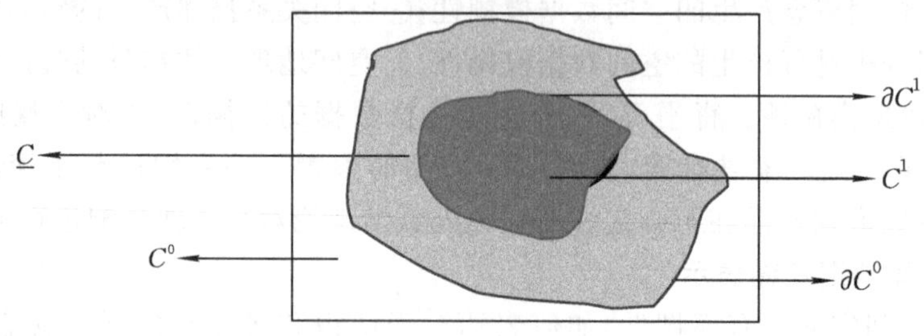

图 2-3 面实体的模糊表示

2.6.3 存在的问题

从上述可以知道，空间数据不确定性的研究取得了丰富的成果，但还存在一些问题需要进一步研究[180]。

(1)空间数据不确定性的理论基础主要是基于随机不确定性，空间数据不确定性的处理方法主要是基于概率统计理论进行的，还没有方法既能处理随机不确定性也能处理模糊性。

(2)空间数据随机不确定性研究主要是位置不确定性，且大部分是建立在测量平差的基础之上来进行研究的。对于属性数据不确定性的研究比较少，而空间数据的复杂性主要是由属性数据来体现和决定的。

(3)对于空间数据模糊性虽然有所研究，但研究还比较肤浅，没有进行系统研究，有很多问题还没有解决。例如，空间数据的位置数据存不存在模糊性，如何定义模糊点、模糊线和模糊面等。

(4)属性数据存在着复杂的模糊性，但对于属性数据模糊性的研究比较少，即使研究属性数据模糊性也是由位置数据来体现的。空间数据随机不确定性的处理方法研究比较成熟，而对空间数据模糊性处理方法还刚刚起步。

(5)模糊点、线、面目标如何在地图和影像上获取。

(6)空间数据模糊性的表达和传播。

(7)空间数据逻辑一致性和完整性的研究还未引起重视，没有得到大力研究。

第3章　空间数据质量评价指标体系理论

评价是根据确定的目的来测定对象系统的属性，并将这种属性转化为客观定量的数值或者主观效用的行为。评价也是从各种角度估量研究对象的相应价值，即满足主体给定要求的程度，并对这些价值以一个综合价值来描述的行为。

综合评价，指对以指标体系描述的对象系统做出全局性、整体性的评价，即对评价对象的全体，根据所给的条件，采用一定的方法给每个评价对象赋予一个评价值，再据此择优或排序[181]。实际上，综合评价也就是按照给定目标，对研究对象进行全面的分类和排序的过程。综合评价根据评价对象和评价目的，从不同的侧面选取刻画系统某种特征的评价指标，建立指标体系，并通过一定的数学模型将多个评价指标值合成为一个整体性的综合评价值。

综合评价系统主要由评价者、评价目标、评价对象、评价指标、评价标准、指标权重和评价模型这几类要素组成。综合评价的过程实际上就是系统组成要素间指标信息交换、流动、组合的过程，是一个集成主、客观信息的复杂过程[1]。

指标体系的建立是综合评价的关键，建立科学的指标体系是对评价对象进行较准确的排序或分类的基础和前提。然而，在建立指标体系的过程中，经常会出现不同程度的不合理，如指标体系的结构不合理、指标冗余度过高、指标全面性不足等。因而，系统研究综合空间数据质量评价指标体系的理论，对指标体系建立的全过程展开具体而深入的理论探索具有一定的指导意义，有助于提高指标体系的合理性和综合评价的科学性。

3.1　指标体系构建的原则及总体思路

3.1.1　指标体系构建原则

指标体系的构建是一个“仁者见仁，智者见智”的工作。不同的评价者，从不同的角度出发，会得到不一样的指标体系。从长期的评价实践中，总结出了几条指标体系构建的重要原则：

(1)指标体系必须充分反映评价者所关注的焦点内容。因为指标体系的构建是为科学决策服务的，因此，指标体系必须充分刻画评价者关于评价对象和评价目的所关注的最重要内容，这样的指标体系才具有时效性和焦点性，也才能真正指导评价。

(2)指标体系的构建要具有情境性。要切实根据评价对象和评价目的选择最关键的指标，构建指标体系。同一个评价对象，不同的评价目的，构建的指标体系也不相同；相同的评价目的，不同的评价对象，也会得到不一样的指标体系。根据具体情况构建指标体系。例如，同样是地图质量评价，房地产部门与其他行业的要求就不一样，需要对面积有较高精度要求，其评价指标与别的行业就不同。

(3)指标体系的构建要具有动态性。评价对象在不同的发展时期，评价者所关注的焦点发生变化，评价的内容也会与时俱进地发生变化，相应的指标体系也需要变化和调整。

除了满足前面几条指标体系构建的重要原则之外，还有些基本的指标选取原则和层次逻辑性原则要遵循：

(1)指标选取要遵循目的性、全面性、可行性、稳定性、协调性、结合性等基本原则[182]。①目的性原则。指标的选取要从评价目的出发，选取能客观反映评价对象、关于评价目标的特性指标。②全面性原则。指标的选取要尽可能全面且具有代表性，涵盖评价对象的各方面特性。③可行性原则。指标数据应可以保质保量地获取，来源可靠。④稳定性原则。所选取的指标应当不易受到偶然因素的干扰，具有鲁棒性。⑤协调性原则。指标应与所选择的评价方法相协调，不同评价方法的机理要求指标具有不同的特性。⑥结合性原则。指标体系的构建应当将定量分析与定性分析有机结合。

然而，指标体系的全面性不可避免地会造成指标重叠，指标的个数越多，能反映的信息量就越大，但是，指标间信息重叠的程度可能就越高，且指标个数越多，会使一些非重要的指标被纳入指标体系，使得真正反映指标体系特征的重要指标对评价对象的刻画程度下降，从而影响指标体系的评价精度。因此，需要在指标体系的全面性和独立性及评价精度之间进行综合权衡。此外，指标体系在反映评价目的的必要性、指标数据获取的可行性、指标体系的稳定性等方面都需要进行客观的测度。

(2)指标体系整体逻辑层次性原则。对于指标体系整体而言，应当具有一定的逻辑层次结构。指标体系是由评价目标及衡量这些目标的指标，按照其内在的相互关系结合而成的递阶层次结构。建立指标体系的过程中，不仅要考虑指标对评价对象的刻画，同时还要考虑指标体系的整体逻辑层次关系。

因此，在建立指标体系时，应当运用系统分析方法，遵循指标体系内部各要素之间的逻辑关系，从不同层面进行指标挖掘[183]。确定评价的总目标，对各种影响因素及其相互之间的逻辑关系做深入分析，将总目标逐层分解，得到各级子目标。子目标由多个具体指标构成，用来评价对象某一方面目标实现的程度。

3.1.2 指标体系构建的总体思路

指标体系的构建，是一个“具体—抽象—具体”的逻辑思维过程，是人们对评价对象本质特征的认识逐步深化、逐步精细、逐步完善、逐步系统化的过程。可分为以下几个环节：

(1)理论准备。指标体系的设计者必须对评价对象和评价目的有清楚的认识，并对相关的基础理论有一定深度和广度的了解，深刻理解评价内容。如要制定4D产品(数字线划图、数字正射影像、数字高程模型、数字栅格地图)评价指标体系，评价者必须对4D产品的基础理论有较深的认识。只有在概念清晰的基础上，才能构建与评价对象的评价目的相符的指标体系。

(2)指标体系初建。

(3)指标筛选。

(4)指标体系结构优化。

(5)指标体系应用。通过实际应用指标体系，分析评价结果的合理性，寻找导致评价结论出现不合理的原因，修正指标体系。

指标体系的构建有多种顺序，既可以“自顶向下”由总目标细化到基础指标，也可以“自下而上”由基础指标聚合为总目标，还可以两个方向同时进行。构造一个综合评价指标体系，就是要构造一个系统，这个系统的构造既包括系统元素的选择，也包括整体结构的安排。因此，综合评价指标体系的构建离不开具体指标的选择和指标体系整体结构的设计。

1. 具体指标的选取

具体指标应具有以下特性：①可操作性，要求指标易于获取和简洁明了；②透明性，指标含义明确、公正客观；③完整性，指标设置要有代表性和全面性；④无冗余性，设置指标要有独立性和无重复。

每一个具体指标都必须定义科学、内涵清晰、符合形式逻辑、外延明确，且尽量可以量化。每一个评价指标都是评价对象某个或某些属性的概括，因此，必须在质和量上都可以明确界定。

在选取具体指标的时候，要明确指标的内涵、计算范围和内容、计算方法、计量单位等。有些指标需要专门构造。任何一个指标的构造过程都是一个逻辑思维过程，包括明确指标目的、给出理论定义、选择待构指标的标志、给出指标的操作性定义、设计指标计算内容和计算方法、实施指标测验等基本步骤。

2. 指标体系整体构造

指标体系的整体构造，即明确指标体系中所有指标之间的相互关系和层次结构。指标体系可以以最简单的双层结构形式出现，即总目标层和指标层；或者分成三层结构，即总目标、子目标层和指标层。

而对于指标体系的整体构造，应具备以下特性：①系统性，应从多侧面揭示评价对象内部各因素之间的联系；②尽量做到定性与定量结合，主观与客观相结合；③针对性，依据对评价对象的要求和期望来建立指标体系；④揭示和预警功能，指标体系能反映评价对象的现状、监测评价对象的发展,并对评价对象的发展趋势进行预警;⑤可比性,即指标体系对评价对象的评价是否有可比性。

一般来说,评价专家在设立了指标体系后应该采用一定方法对其进行评价,并根据评价结果对单个指标的设置和整体指标体系的结构进行调整,反复数次,以获得一个较为满意的指标体系。

对象系统的评价指标体系常具有递阶结构,尤其是复杂对象系统,具有系统规模大、子系统多、系统内部各种关系复杂等特点,因而这类系统的指标体系呈现多目标、多层次的结构。我们应当按照人类认识和解决复杂问题的从粗到细、从整体到局部的分层递阶方法,明确评价的目标系统,选用合适的指标体系,厘清指标间的隶属关系。

综合评价指标体系的整体结构类型大致可以分为两类:目标层次式和因素分解式。前者主要用于对现象进行水平评价,后者主要用于对评价对象的因素分析。

3.1.3 指标体系的数学表达

指标体系的建立是综合评价的重要内容和基础工作,它将抽象的研究对象按照其本质属性和特征分解成为具有行为化、可操作化的结构,并对指标体系中每个指标赋予相应权重的过程,也是对客观事物认识的继续深化和发展。任何综合评价指标体系都包括指标、指标层次结构、指标权重及映射关系等四个基本要素。

如果用 E 代表指标值,S 代表层次结构,W 代表指标权重,f 代表映射关系,则指标体系可以表示为 $Z=f(E,S,W)$。也就是说,指标体系是由 E、S、W 等三元数组相互联系、相互作用而构成的有机整体。

根据 $Z=f(E,S,W)$ 的映射关系,可以由指标值 E 和权重 W,通过合成得到综合评价结果。多指标综合评价的过程实际上就是按照评价目标和规则,集成主客观因素的过程。将评价指标与权重相结合形成一定的价值函数,再与理想值进行对比,或者对多个评价对象进行优劣排序,最后得出评价结论[184]。

3.2 指标体系构建

指标体系构建一般分为指标体系初建、指标筛选和指标体系结构优化三个步骤。指标体系初建方法包括定性和定量两种。定性选取评价指标体系的五条基本原则,即目的性、全面性、可行性、稳定性与评价方法的协调性[185]。

3.2.1 指标体系初建

指标体系的初建,可以分为以下几个环节。

(1)明确评价对象和评价目的。评价对象和评价目的直接决定了指标体系的构建和评价方法的选择，也确定了评价子系统。评价子系统要具有一定的独立性，能反映系统某一方面的特征，同时合在一起又能全面反映评价目的。

(2)选择指标体系初建方法。如系统法、分析法，或者采用多种方法的结合，得到综合评价指标集，并确定指标间的结构和相互制约关系[186]。无论是采用“自顶向下”还是“自下而上”的指标体系构建顺序，在选取指标和设计指标体系整体结构时都需要注意：在选取指标时，要充分考虑各指标内涵、计算方法、计量单位等；在选取指标的过程中，需要明确指标在评价体系中的作用、标志、操作性定义及计算方法等；指标体系结构的设计也就是指标间相互关系的设计，与评价目的有关。一般来说，对评价对象的水平评价，采用目标层次式结构；对评价对象的因素分析，采用因素分解式结构，如杜邦指标体系[187]。评价问题的复杂性决定了指标体系层次结构的复杂性。

综合评价指标体系初建的方法主要有 5 种，即综合法、分析法、目标层次法、交叉法和指标属性分组法，每种方法都有其适用范围和特点，具体可参阅文献[187]。

3.2.2　指标筛选

初建指标体系之后，得到关于评价对象和评价目的的“指标可能全集”，需要进一步进行筛选，以得到指标的“充分必要集合”。

指标筛选需要定性分析与定量分析相结合，降低指标冗余度。

定性分析筛选指标，主要着眼于指标可获取性、指标计算方法及内容的科学性，以及指标之间的协调性、必要性和完备性等。

定量分析筛选指标，比较典型的是通过统计方法来筛选指标，将大量指标缩减成具有显著统计特征的一组。这种方法对于线性问题及一些特定的非线性问题很容易找出相关变量，但是对于复杂的非线性问题，则需要借助神经网络、粗糙集等知识挖掘方法。很多学者在定量方法筛选指标上做了大量研究，提出了一系列的思想和方法[188-195]。神经网络凭借其非线性映射能力和泛化能力[190]，无须先验假设，能避免主观因素对指标选择的干扰，建模过程简化且精度较高，为非线性系统的指标体系筛选提供了有效的方法；而粗糙集属性约简方法可以减少冗余和关联指标，在剔除不相关或不重要的指标时，并不影响评价的效果[192-194]。为了更好地融入专家知识和经验，专家法、Vague 集方法都能更好地借助专家知识，Vague 集方法还能表示专家支持、反对和弃权的情况，从而使得关键指标体系的建立过程更为流畅和简单易行[194-195]。神经网络方法、粗糙集方法、Vague 集方法等新型方法应用于初建指标体系的筛选时，较之传统的统计方法，原理更科学、模型更简洁、精度更高，将成为未来指标体系筛选算法研究的重要方向。

在对指标进行筛选以后，得到了最简洁的指标体系，接着就需要对指标体系的整体结构进行优化。

3.2.3 指标体系结构优化

指标体系结构优化首先需要进行定性分析，检查评价目标的分解是否完备，避免目标交叉而导致指标体系结构混乱，以及分析指标体系内部各层元素的重叠性与独立性。若出现了子目标之间的相互包含，则应当将重叠的子目标进行合并，或是将重叠的部分从指标体系中剥离。

指标体系结构优化的方法中，经纬法、编网法、最大树法等适用于人工处理。最大树法是以图论中的最大树算法为其理论基础，但却只能处理树型指标体系，适用范围有限。张于心等[186]提出了一种优化指标体系结构的方法，按顶点的入度排序，从小到大依次处理，对指标进行分级。苏为华[187]给出了层次深度与出度之间的关系，如对于出度为M、层次为L、指标总数为P的指标体系，粗略地满足$P=M^{L-1}$的关系式，而且指标出度以4～6、层次以3～6为宜。

指标体系的结构优化方法离不开图论和信息系统的相关理论，同时也需要系统理论辅助指标体系的功能聚合分析，检验各子系统划分的合理性。良好的指标体系结构应当是聚合度高、深度和出度合理、无回路的树形结构，可以仿效数据结构理论中的层次型数据库技术，使指标体系变成树形结构。

更好地结合图论、系统论、信息系统论等多方面的理论，融合现有的结构优化方法，提出更具有系统性且功能强大的指标体系结构优化方向，将是进一步研究的方向。

3.3 综合评价指标权重理论

确定综合评价指标权重的方法概括起来可以分为三类，即主观赋权法、客观赋权法和组合赋权法。

3.3.1 主观赋权法

主观赋权法主要是利用专家的知识和经验，对实际问题做出判断而主观给出权重。主观赋权法能吸收本领域专家的丰富知识和经验，反映各个指标的不同重要性程度。但是，主观赋权法是以人的主观判断作为赋权的基础，主观性强。

主观赋权法主要包括Delphi法、层次分析法（AHP）、相对比较法、连环比率法等。主观赋权法过于依赖专家的主观判断，具有较强的主观性和随意性。因此，人们采取多种途径来改进主观赋权法，包括在遴选专家时注重专家的知识和经验背景，注意专家判断的一致性，增加专家的数量，考虑专家的代表性，给不同的专家赋予不同的权重。

3.3.2 客观赋权法

客观赋权法是根据评价对象的实际数据，通过数学处理来赋权。一般是根据指标变异程度或各指标间相关关系来确定指标的重要性，所得权重具有客观性。因此，这种由评价对象数据信息所确定的权重又被称为信息量权重。但是，客观赋权法没有考虑综合评价中人的因素，过分强调从数据中挖掘信息。

客观赋权法中比较常用的有变异系数法、复相关系数法、熵值法等。多元统计中的主成分分析法、因子分析法在做综合评价时也给出了指标的权重。客观赋权法虽然具有赋权客观、不受人为因素影响等优点，但是，由于其绝对的客观性，从数据中挖掘指标的重要度信息很可能违背指标的实际意义，以致指标权重不能完全体现各指标自身的实际意义和在指标体系中的重要性。同时，样本的变化会带来权重的变化，致使结果具有不稳定性。

3.3.3 组合赋权法

组合赋权法的产生是为了克服主观赋权法和客观赋权法的弊端，在实际确定权重时采用主客观相结合的方法。组合赋权法是对单一赋权法所得的权重结果进行组合的方法。主观赋权法体现了指标的价值量，客观赋权法体现了指标的信息量，主客观赋权组合法，两者的特点兼而有之。

比较典型的组合赋权法有基于简单平均的指标组合赋权法[196]、基于加权平均的指标组合赋权法、基于主客观权重乘积的归一化方法[197]、基于最小二乘的主客观赋权组合法[198]、非线性规划的指标组合赋权法[199]等。

3.4 指标体系构建存在的问题

3.4.1 缺乏规范性的指导

指标体系的构建是一个较复杂的问题。一般来说，指标范围越广，指标内容越全面，指标数量越多，则反映出的评价对象的差异越明显，有利于判断和评价，但是这样确定指标大类和指标重要程度就越困难，指标处理和构建评价模型的过程也越复杂，歪曲评价对象本质特征的可能性也就越大。

因此，评价指标体系要全面、客观、科学、合理地反映评价对象的各项目标要求，并能为有关部门和人员所接受。制定评价指标体系，需要在系统分析的基础上，拟订指标体系草案，经过广泛征求专家意见，反复交换信息、统计处理和综合归纳，综合运用定量和定性分析方法，最终才能确定指标体系。

对于构建的指标体系，怎样衡量它的优度，怎样进行优选，目前并没有一套指标体系优度评价的标准。而且,不同的研究者根据自身的知识和经验,从不同的角度出发,往往会得到不一样的指标体系,无法对各指标体系进行科学、公正、客观的评判,这就给科学规范的综合评价研究带来了难题。

3.4.2 指标体系构建的冗余性问题

在实际的评价研究中发现,指标体系的构建往往出现不精练的问题,即指标的全面性与代表性和精练性之间的矛盾。指标体系的构建者往往希望指标体系能涵盖评价问题的各方面要素,但这样会导致指标数量过多,出现指标冗余现象,这就需要对指标进行约简。对于不同类型的指标体系而言,在选择约简指标体系的方法时,也有差异。

(1)有统计数据的可量化指标体系。对于量化的、有统计数据的指标体系,可采用统计方法,如条件广义方差极小法、极大不相关法、选取典型指标法等[200]。这类有统计数据的可量化指标体系,可以挖掘指标之间的差异性和相关性等,去除区分能力弱、相关性强的指标,具有一定的客观性。但该类方法会受到所选取样本数据的影响,而且过于强调从统计数据中挖掘指标特性,忽略了人的思维的作用,常会得到与事实不相符的指标特性,出现误筛或者漏筛指标的现象。因此,必须主客观相结合、定性与定量相结合,通过人的思维和定性分析,克服纯粹定量方法的局限性。

(2)定量指标和定性指标并存的指标体系(定量指标有统计数据)。当指标体系中既存在定量指标,也存在定性指标时,定量指标的评价可以依据统计数据,而定性指标的评价则由专家根据知识和经验来主观评价。

(3)无统计数据或者统计数据非常有限的指标体系(特别是对于新建系统)。当指标体系不能获得统计数据,如对于新建系统的评价,或者所能获得的统计数据非常有限,需要依靠专家知识来进行指标的筛选和约简,可以采用 Vague 集方法。

建立从原始指标集到约简指标集 X' 的 Vague 集关系 R,指标 x_i 的重要程度可以表示为$(t_{X'}(x_i),1-f_{X'}(x_i))$。$t_{X'}(x_i)$ 表示 x_i 隶属于约简指标集X' 的真隶属函数值,$f_{X'}(x_i)$ 表示 x_i 隶属于约简指标集 X' 的假隶属函数值,$0\leqslant t_{X'}(x_i)+f_{X'}(x_i)\leqslant 1$。核函数 $S_{X'}(x_i)=t_{X'}(x_i)-f_{X'}(x_i)$,若 $S_{X'}(x_i)>\alpha$(α 为重要性标准),则 x_i 入选约简指标集。

Vague 集方法充分利用专家知识,表示专家支持、反对和弃权的情况,且方法简单易行。

(4)复杂非线性系统的指标体系(难以通过统计数据来刻画相关性)。当评价对象为复杂非线性系统时,难以通过统计数据找出指标间存在的相关性,可以利用神经网络的映射和泛化能力。

基于神经网络的权值谱分析方法,将指标值作为神经网络的输入,指标到各个

隐层神经元的平均权值即为指标的谱值，$\bar{w}=\frac{1}{m}\left[\sum\left|w_i^m\right|\right]$反映指标对输出结果的影响，各指标对于输出结果的贡献率为 $c_i=y_{x\mathrm{var}}^i/\sum_{i=1}^{m}y_{x\mathrm{var}}^i$，其中 $y_{x\mathrm{var}}^i=y_{\mathrm{var}}^i/\bar{y}$，即指标对输出结果的相对变化量，最后选取对输出结果相对贡献率大的指标，相对贡献率小的指标略去。用神经网络进行指标筛选，建模过程简化且精度较高。

因此，应根据指标体系的特性定量或定性指标、定量指标的统计数据等，以及评价对象的特点是否为新建系统、是否为复杂非线性系统等，选择相应的指标约简的方法[15]。

3.4.3　指标体系有效性难测度问题

不同的评价者基于不同的知识、经验和思维，会构建不一样的指标体系。究竟哪个指标体系更科学，得到的评价结论更有效，没有客观的标准来衡量。这就需要建立指标体系有效性的测度方法。

如果评价者用某一指标体系对评价对象进行评价时，认识的偏离程度越小，得出评价结果的差异越小，说明对该指标体系所具备的评价作用的认识越一致，该指标体系有效性越强。

用得较多的测度指标体系有效性的方法是效度系数法，新兴的方法是结构方程模型(SEM)法。

(1)通过效度系数测度指标体系有效性。设指标体系为 $C=\{c_1,c_2,\cdots,c_n\}$，参加对该指标体系进行评价的专家人数为 s，若专家 j 对各指标的评分集为 $X_j=\{x_{1j},x_{2j},\cdots,x_{nj}\}$，指标体系的效度系数为

$$\alpha=\left(\sum_{i=1}^{n}\sqrt{\sum_{j=1}^{s}(\bar{x}_i-x_{ij})^2/(s\cdot q)}\right)/n \tag{3-1}$$

式中，$\bar{x}_i=\sum_{j=1}^{s}x_{ij}/s$，$q$ 为指标 c_i 的评分集中的评分最优值。

效度系数法反映了在用同一指标体系进行评价时不同专家认识的偏离程度，效度系数值越小，则指标体系的有效性越高。当指标体系的效度系数小于 0.1 时，则该指标体系的有效性较高[201]。这一方法可从多个评价者所建立的指标体系中选取最有效的。

(2)通过建立结构方程模型测度指标体系有效性。当有条件进行抽样问卷调查时，可采用结构方程模型来测度指标体系有效性。结构方程模型是一种实证分析模型方法，通过寻找变量间内在的结构关系，以验证某种结构关系或者模型。这一方法可以用于指标体系有效性的测度，并且体现出了主客观相结合构建指标体系的思想。

3.4.4 指标体系稳定性难测度问题

不同的评价专家由于对指标的理解不同，特别是某些定性指标易受主观因素的影响，致使评价结果差异较大。需要对评价数据进行差异度分析，差异度越小，指标体系的稳定性和可靠性系数就越高。

对指标体系的稳定性和可靠性检验，重在考查对某一指标体系的多次评价结果之间的差异度或评价结果与理想值的贴近度。如某指标体系得到的评价数据与“理想数据”越接近，则该指标体系反映评价对象的能力就越强，该指标体系的稳定性和可靠性就更高。

(1)通过稳定性系数检验指标体系的稳定性和可靠性。若专家组评分的平均数据组为$Y=\{y_1,y_2,\cdots,y_n\}$，$y_i=\sum_{j=1}^{s}x_{ij}/s(i=1,2,\cdots,n)$，则指标体系的稳定性系数为

$$\rho=\left(\sum_{j=1}^{s}\sum_{i=1}^{n}(x_{ij}-\bar{x}_j)\Big/\sqrt{\sum_{i=1}^{n}(x_{ij}-\bar{x}_j)^2\sum_{i=1}^{n}(y_i-\bar{y})^2}\right)/s \tag{3-2}$$

式中，$\bar{x}_j=\sum_{i=1}^{n}x_{ij}/n$，$\bar{y}=\sum_{i=1}^{n}y_i/n$。

计算 s 次评价数据与其平均值的差异程度，从而反映出对同一指标体系 s 次评价数据的差异性[202]，差异越小，则该指标体系稳定性和可靠性越高[203]。

(2)通过贴近度检验指标体系的稳定性和可靠性。由多位专家用某个指标体系对评价对象进行评价，用贴近度反映评价数据与“理想数据”之间的接近程度，接近程度越高，贴近度越大。

以指标 s 次评价结果的均值作为理想值，若专家评分的平均数据组为$Y=\{y_1,y_2,\cdots,y_n\}$，$y_i=\sum_{j=1}^{s}x_{ij}/s(i=1,2,\cdots,n)$，指标体系贴近度为

$$\eta_j=\frac{1}{n}\sum_{i=1}^{n}\frac{\min\limits_{i}\min\limits_{j}|x_{ij}-y_i|+0.5\max\limits_{i}\max\limits_{j}|x_{ij}-y_i|}{|x_{ij}-y_i|+0.5\max\limits_{i}\max\limits_{j}|x_{ij}-y_i|} \tag{3-3}$$

如果依据指标体系所得到的评价数据与理想数据的贴近度大于设定的阈值，则该指标体系具有较好的稳定性和可靠性。

在进行指标约简时，应当根据指标体系和评价对象的不同特征选择适用的方法。在测度指标体系的有效性时，可应用经典的效度系数法，也可采用结构方程模型法测度指标体系的有效性；通过模型拟合找出最佳指标体系检验指标体系的稳定性和可靠性时，可应用经典的稳定性系数法，也可通过测度评价结果与理想值间的贴近度来反映稳定性和可靠性。

3.5　指标体系构建评价指标

为了提出一套规范指标体系构建的优度评价标准，根据指标体系构建的基本原则，综合考虑指标体系构建中的常见问题，对指标体系构建的优度评价应当从以下 7 个方面进行：

(1)指标体系必要度 (E_1)。即根据评价目的所选取的评价指标的必要性程度，反映指标体系的目的性，可以通过专家评议结果的集中度(R_{11})、离散度(R_{12})和协调度(R_{13}) 来刻画。如果就一个指标体系的各指标的必要度征求专家意见，所得的综合结果相对集中、偏差较小、较为协调[204]，则所建立的指标体系必要度较高。

(2)指标体系覆盖率 (E_2)。即所选取的评价指标占所有评价要素的比例，反映指标体系的全面性。根据评价目的，将所需要评价的全部内容构成评价要素集合，指标体系是从评价要素集合中选取的有限个要素或者要素组合所构成的集合。

(3)指标体系重复率 (E_3)。刻画指标间信息重叠的程度，反映指标的相对独立性。评价要素重复的次数越多，指标体系的重复率就越高。

(4)指标获取难度 (E_4)。可以用指标体系的平均难度因数(R_4) 来度量[205]，根据各指标的获取难度因数求算术平均。指标获取的难度因数由专家进行评定，划分成不同级别。指标获取难度反映指标体系的可行性。

(5)指标体系稳定性 (E_5)。如果专家用某指标体系进行评价时，所得的评价数据与评价真实值越接近，越能完全、真实地反映评价目标的本质，则该指标体系的稳定性就越高[206]。指标体系稳定性可以用稳定性系数(R_5) 来量度。

(6)指标体系协调性。一般来说，都是根据指标体系的特性来选择相应的综合评价方法，因此，这一逻辑顺序能保证指标体系与综合评价方法的协调性。

(7)指标体系结合性。对于不同的评价对象和评价目的，选取定量或者定性指标进行刻画，究竟定量指标与定性指标所占的比重为多少比较合理，视评价对象的特性而定，无须用确定的数值标准进行衡量。

3.6　指标体系构建评价指标的计算方法

3.6.1　指标体系必要度

指标体系必要度是检测各指标存在的目的性，一般用德尔菲法将各指标的重要度划分成多个等级，并赋予不同的量值，由专家对各指标的必要性进行匿名评议。综合考察专家对各指标必要性的意见，从集中度、离散度和协调度 3 个方面评价。

若指标体系中有 m 个指标，请 p 个专家对指标必要性进行评议，将指标的必要度分成5个等级($j=1,2,3,4,5$)，分别代表指标的必要性“极高”“很高”“高”“一般”“低”。

(1)集中度。其计算式为

$$F_i=\frac{1}{p}\sum_{j=1}^{5}E_j n_{ij} \tag{3-4}$$

式中，F_i 是专家对第 i 个指标必要性的评价意见的集中度，E_j 是第 i 个指标第 j 级必要度的量值(分为 5 个等级)，n_{ij} 表示将第 i 个指标评为第 j 级必要度的专家人数。因此，F_i 即为 p 个专家对第 i 个指标必要度的评价期望值，反映了该指标必要度的大小。则指标体系专家意见的整体集中度 F 为 m 个指标必要度的算术平均值

$$F=\frac{1}{m}\sum_{i=1}^{m}F_i=\frac{1}{mp}\sum_{i=1}^{m}\sum_{j=1}^{5}E_j n_{ij} \tag{3-5}$$

(2)离散度。通过指标体系的离散度能反映出专家对指标体系必要性评价时所产生的认识的偏差程度。离散度越低，说明指标体系的必要度越高。可以采用标准差 δ 来刻画离散度的大小，即

$$D_i=\delta_i=\sqrt{\frac{1}{p-1}\sum_{j=1}^{5}n_{ij}(E_j-F_i)^2} \tag{3-6}$$

式中，$D_i=\delta_i$ 表示专家对第 i 个指标重要程度评价的分散程度，一般若 $\delta_i>0.63$，则可进行下一轮咨询[207]。

此外，离散度除了能用标准差来考量之外，还可以用式(3-7)进行描述，即

$$D_i=\sum_{j=1}^{p}|\bar{x}_i-x_{ij}|/p\times M_i \tag{3-7}$$

式中，参加评价的专家人数为 p，专家 j 对所有评价指标的必要度等级所构成的评分集为 $X_j=\{x_{1j},x_{2j},\cdots,x_{nj}\}(j=1,2,\cdots,p)$，$M_i$ 为第 i 个评价指标的评分集中的最优值，$\bar{x}_i$ 是第 i 个评价指标评语等级的平均值。

$$\bar{x}_i=\sum_{j=1}^{p}x_{ij}/p \tag{3-8}$$

则整个指标体系的离散度 D 为

$$D=\sum_{i=1}^{m}D_i/m \tag{3-9}$$

(3)协调度。指标体系的协调度可以反映整个专家组对指标体系整体评价的协调性程度。指标体系的协调度用变异系数 V 和协调系数 K 表示。第 i 个指标的变异系数 V_i 为

$$V_i = \delta_i / F_i \tag{3-10}$$

式中，F_i 越大说明专家认为指标越重要，δ_i 越小说明专家意见越集中。这两个指标都是平均指标，有时这两者表示的结果可能不完全一致，这时，就可以用 V_i 判别[208]。F_i 越大，δ_i 越小，V_i 越小，则指标必要度越高。V_i 反映专家对第 i 个指标评价的协调程度。

协调系数 K 为

$$K = \frac{12}{p^2(m^3 - m)} \sum_{i=1}^{m} (F_i - F)^2 \tag{3-11}$$

式中，K 反映了专家对指标体系整体评价的协调程度，F 是全部指标集中度的均值。V_i 越小，K 越大，则专家意见越协调。由 F_i、δ_i、V_i 和 K 综合分析，决定是否需要进行下一轮咨询。若已满足要求，则以最后一轮各指标的 F_i、δ_i 的大小为判据，决定保留哪些指标，删除哪些指标，最后把指标体系确定下来。

3.6.2　指标体系覆盖率

指标体系的覆盖率是反映指标体系全面性的重要度量指标[205]。

假定根据评价内容所分析出来的评价要素为 n 个，则评价要素集为 $A = \{A_1, A_2, \cdots, A_n\}$，现有 m 个指标构成的指标体系 I，则指标集 $I = \{I_1, I_2, \cdots, I_n\}$，指标集所反映的评价要素集为 $A' = \{A'_1, A'_2, \cdots, A'_n\}$。若 $n = m$，且指标不重复，则表明评价指标集与评价要素集是一一对应的关系，否则是非一一对应的关系。

(1)各评价要素的重要性相同，则评价要素的覆盖率为

$$S_e = k/n \tag{3-12}$$

式中，k 为评价要素的个数。

(2)若各评价要素的重要性不同，则可以为各评价要素设定相应的权重，设评价要素集所对应的权重集为 $W = \{w_1, w_2, \cdots, w_n\}$，其中 w_i 为第 i 个要素的权重。而指标集所反映的评价要素集的权重集为 $W' = \{w'_1, w'_2, \cdots, w'_n\}$，其中 w'_i 为评价要素集 E' 中第 j 个要素的权重，则评价要素覆盖率为

$$S_u = \sum_{j=1}^{k} w'_j / \sum_{i=1}^{n} w_i \tag{3-13}$$

根据式(3-12)和式(3-13)可知：$0 \leqslant S_e \leqslant 1, 0 \leqslant S_u \leqslant 1$。若 $S_e = 0$ 或 $S_u = 0$，则指标集为 ϕ；若 $S_e = 1$ 或 $S_u = 1$，则指标集是绝对全面的。因此，根据指标全面性原则，S_e 或 S_u 应当尽可能接近。

下面给出三个定义：

(1)变量 $x_j (j = 1, 2, \cdots, m)$ 表示是否选取第 j 个指标。取值为 0 时，表示未选取第 j 个指标；取值为 1 时，表示选择了第 j 项指标。

(2)变量 g_{ij} 表示第 j 项指标是否反映了第 i 个评价要素。取值为 0 时，第 j 个

指标未反映第 i 个评价要素；取值为 1 时，第 j 项指标反映了第 i 个评价要素。

(3)变量 AI_i 表示指标体系是否反映了第 i 个评价要素。取值为 0 时，表示指标体系未反映第 i 个评价要素；取值为 1 时，表示指标体系反映了第 i 个评价要素。

当评价要素的重要程度相同时

$$S_e = \frac{1}{m}\sum_{i=1}^{m} AI_i \tag{3-14}$$

当评价要素的重要程度不同时

$$S_u = \frac{1}{m}\sum_{i=1}^{m} w_i AI_i \tag{3-15}$$

3.6.3 指标体系重复率

指标体系的独立性可以用指标体系的重复率来度量。用 T_i 表示评价要素集的第 i 个评价要素被重复的次数，则评价要素集被给定评价指标集重复的次数集为 $T = \{T_1, T_2, \cdots, T_n\}$。

(1)若各评价要素的重要程度相同，则评价要素重复率为

$$R_e = \frac{1}{n}\sum_{i=1}^{n} T_i \tag{3-16}$$

(2)若各评价要素的重要程度不同，评价要素集对应的权重集为 $W = \{w_1, w_2, \cdots, w_n\}$，则评价要素重复率为

$$R_u = \frac{1}{n}\sum_{i=1}^{n} T_i \times w_i / \sum_{i=1}^{n} w_i \tag{3-17}$$

则有 $R_u \geqslant 0, R_e \geqslant 0$。若 $R_e = 0$ 或 $R_u = 0$，则指标集中各指标不存在重叠或交叉，R_e 或 R_u 越大，各指标重叠交叉现象越严重。因此，根据较少重叠性原则，R_e 或 R_u 应尽可能接近 0。

变量 $x_j (j = 1, 2, \cdots, m)$ 表示是否选取第 j 个指标。取值为 0 时，表示未选取第 j 个指标；取值为 1 时，表示选择了第 j 个指标。

变量 g_{ij} 表示第 j 个指标对第 i 个评价要素的反映状况。取值为 0 时，表示第 j 个指标未反映第 i 个评价要素；取值为 1 时，表示第 j 个指标反映了第 i 个评价要素。

RI_i 表示第 i 项指标的重复次数。若 $\sum_{j=1}^{m} g_{ij} x_j > 1$，则 $RI_i = \sum_{j=1}^{m} g_{ij} x_j - 1$；若 $\sum_{j=1}^{m} g_{ij} x_j < 1$，则 $RI_i = 0$。

若评价要素重要程度相同，则

$$R_e = \frac{1}{m}\sum_{i=1}^{m} RI_i \tag{3-18}$$

若评价要素重要程度不同,则

$$R_u = \frac{1}{m}\sum_{i=1}^{m} w_i RI_i \tag{3-19}$$

3.6.4　指标获取难度

指标获取难度用指标获取的平均难度因数来度量。指标获取的难度因数可以分为 4 个等级,分别代表“容易”、“较易”、“较难”和“困难”。由专家对指标获取的难度进行评定。一般说来,定量指标比定性指标容易获取,具体指标比综合指标容易获取。

评价指标集的获取难易程度用指标集的平均难度因数来度量,若用 H_i 表示第 i 项指标获取的难度因数,则指标集的平均难度因数为

$$\overline{H} = \frac{1}{n}\sum_{i=1}^{n} H_i \tag{3-20}$$

若变量 $x_j (j=1,2,\cdots,m)$ 表示是否选取第 j 个指标,取值为 0,表示未选取第 j 个指标;取值为 1,表示选择了第 j 项指标。$H_j (j=1,2,\cdots,m)$ 为第 j 项指标的难度因数。则指标体系的平均难度因数也可以写为

$$\overline{H} = \sum_{j=1}^{m} H_j x_j \Big/ \sum_{j=1}^{m} x_j \tag{3-21}$$

3.6.5　指标体系稳定性

假设存在一组量化且判断出的数据可以完全、真实反映指标本质,如果通过专家量化、判断指标体系得出的数据与该组数据越相似,则可以认为该组由专家量化、判断指标体系得出的数据越能反映指标的本质[209]。可以计算出专家对指标体系量化的稳定性系数来反映指标体系的稳定性。

设参加判断、量化的专家人数为 S,专家 j 对指标的评分集为 $X_j = \{x_{1j}, x_{2j}, \cdots, x_{nj}\}$。计算出专家组评分的平均数据组 $Y = \{y_1, y_2, \cdots, y_n\}$ 作为理想数据组,其中 y_i 为

$$y_i = \sum_{j=1}^{S} x_{ij} / S \tag{3-22}$$

然后计算每一个专家给出的成组数据与该组理想数据的差异程度 ρ_j,即

$$\rho_j = \sum_{i=1}^{n} (x_{ij} - \bar{x})(y_i - \bar{y}) \Big/ \sqrt{\sum_{i=1}^{n} (x_{ij} - \bar{x}_i)^2 \sum_{i=1}^{n} (y_i - \bar{y})^2} \quad (j=1,2,\cdots,S) \tag{3-23}$$

式中,$\bar{x}_i = \sum_{j=1}^{S} x_{ij} / S$,$\bar{y} = \sum_{i=1}^{n} y_i / n$。

则指标体系的稳定性系数为 ρ 为

$$\rho = \sum_{j=1}^{S} \rho_j / S \tag{3-24}$$

以上稳定性系数计算方法的统计学含义是以专家组量化、判断指标的 S 组预测结果的均值作为理想值，计算 S 组数据与其平均值的差异程度，反映专家组采用同一指标体系 S 次量化、判断数据的差异性。ρ 越大，表明采用该组量化、判断数据对于同一指标体系得出的数据差异性就越小，其稳定性越高；反之，ρ 越小，指标体系量化、判断的稳定性就越差。

通常情况下，当 $\rho \in (0.90, 0.95]$ 时，认为该指标体系的稳定性较高；当 $\rho \in (0.80, 0.90]$ 时，认为该指标体系的稳定性高；当 $\rho \in (0, 0.80]$ 时，认为该指标体系的稳定性较差。

此外，也可以用贴近度法判断指标体系的稳定性，贴近度计算式为

$$\eta_j = \frac{1}{n} \sum_{i=1}^{n} \frac{\min\limits_{i} \min\limits_{j} |x_{ij} - y_i| + 0.5 \max\limits_{i} \max\limits_{j} |x_{ij} - y_i|}{|x_{ij} - y_i| + 0.5 \max\limits_{i} \max\limits_{j} |x_{ij} - y_i|} \tag{3-25}$$

如果依据指标体系所得到的贴近度数值大于设定的阈值，则该指标体系具有较好的稳定性。

测定指标体系稳定性的另一个思路，是判断评价结果的变化幅度，也就是了解各指标的变化对评价结果的综合影响程度，即通过对各指标的敏感性分析，得出指标体系的综合敏感度。

敏感性分析是系统分析中分析系统稳定性的一种方法。在系统优化当中，定量研究目标函数、约束函数对变量的敏感程度称为敏感性分析。目前，国内外很多学者都对敏感性分析做了大量研究，Sobieski 等研究了几何规划法的灵敏度分析法，李盛阳等用正交试验法研究了基于灵敏度分析的动态指标选取方法，用评价指标对评价结果影响程度的大小来选取指标。但是，这些方法一般需要确定的函数或大量数据，在实际应用中存在一定困难，侯鹏等[210]选定一种利用直线斜率的大小来判定每个参数影响程度的大小的方法。可以借鉴此方法用于判定指标体系的稳定性。

记指标体系为 $X = \{x_1, x_2, \cdots, x_n\}$，综合评价函数为 $F = f(x_1, x_2, \cdots, x_n)$，指标体系的基准状态理想值为 $X^{\cdot} = \{x_1^{\cdot}, x_2^{\cdot}, \cdots, x_n^{\cdot}\}$，$F^{\cdot} = f(x_1^{\cdot}, x_2^{\cdot}, \cdots, x_n^{\cdot})$，通过参数敏感性分析，从而得到 $\Delta F / F^{\cdot} \sim \Delta x_i / x_i^{\cdot}$ $(i = 1, 2, \cdots, n)$ 曲线和稳定性系数值，即

$$a_i = |\Delta F / F^{\cdot}| / |\Delta x_i / x_i^{\cdot}| \quad (i = 1, 2, \cdots, n) \tag{3-26}$$

则指标体系的稳定性系数为

$$a = \sum_{i=1}^{n} a_i / n \tag{3-27}$$

3.6.6 优度合成函数

根据前面所分析的评价内容，建立指标体系构建优度评价的目标函数为

$$Z_{\max} = w_1 E_1 + w_2 E_2 + w_3 E_3 + w_4 E_4 + w_5 E_5 \tag{3-28}$$

式中，$E_1 \sim E_5$ 为指标体系必要度、指标体系覆盖率、指标体系重复率、指标获取难度因数、指标体系稳定性系数这 5 个指标的数值，$w_1 \sim w_5$ 为各指标所对应的权重。

其中，指标体系必要度指标被分解为专家评议结果集中度、离散度和协调度这 3 个基础指标。因此，指标体系必要度的值 E_1 为

$$E_1 = w_{11} R_{11} - w_{12} R_{12} + w_{13} R_{13} \tag{3-29}$$

式中，$R_{11} \sim R_{13}$ 为专家评议结果集中度、离散度和协调度的指标数值，$w_{11} \sim w_{13}$ 为 3 个基础指标所对应的权重。离散度指标值越小越好，是个负指标，因此在离散度指标值前面乘以“-1”。各级指标的权重根据评价目的和评价组织的要求来设定。

若一个指标体系构建优度评价的目标函数值最大，则该指标体系为最佳。

3.6.7 最优指标体系获取流程

循着这样的思路，根据指标体系构建优度评价体系，最优指标体系可按如下流程获取：

(1)确定评价目标。对于同一评价对象，由于评价目标不同，需要考查不同的评价要素。

(2)分解评价目标，建立评价要素集。把要评价的综合属性分解成小的、具体的评价要素。

(3)确定评价要素的必要度、评价要素的覆盖率和评价要素的重复率，对评价要素进行初步的筛选，剔除不必要的要素，添加遗漏的要素，对重叠的要素进行剥离。

(4)根据评价要素收集相关的指标，根据指标与要素之间的关系，建立指标—要素关系矩阵，建立多个待选择的指标体系。

(5)对各个指标体系，计算指标体系必要度(包括集中度、离散度和协调度)、指标体系覆盖率、指标体系重复率、指标获取平均难度因数，以及指标体系稳定性系数，并以此计算出指标体系的优度函数值。

(6)比较各指标体系的优度值，并加以定性分析，最终确定最优指标体系。

总而言之，基于指标体系构建优度的最优指标体系获取过程，就是在分析评价指标体系与评价要素之间关系的基础上，对指标体系的构建原则进行量化研究，依据指标体系构建的优度评价的量化指标，得出指标体系优选模型和最优指标体系。利用指标体系构建的优度评价模型，可以得到一个总体上最优的指标体系。

第4章　二元语义的空间数据质量评价

本章主要探讨用二元语义表示方式及其运算算子对空间数据质量语言评价信息进行处理。二元语义表示模型是 Herrera 提出来的一种信息处理方法[211]，它的特点是采用二元组表示语言评价信息并进行运算，可有效避免语言评价信息集成和运算过程中出现的信息损失和扭曲问题，从而使语言信息的计算结果更为精确。

4.1　二元语义基本概念

二元语义最基本的概念是符号平移，下面首先介绍这一概念，然后给出二元语义的表示模型，并定义几个与二元语义有关的运算算子[212-213]。

定义 4-1　设 $S=\{s_{-\tau},\cdots,-1,0,1,\cdots,s_{\tau}\}$ 是一个自然语言术语集，β 是 S 中的元素集成运算的结果，$\beta\in[-\tau,\tau]$，设 $i=round(\beta)$（$round()$ 指四舍五入运算），$\alpha=\beta-i$，$i\in[-\tau,\tau]$，$\alpha\in[-0.5,0.5)$，则称 α 为 s_i 的符号平移。

从定义 4-1 可以得出，符号平移指的是位于 $[-0.5,0.5)$ 中的一个数值，它表示对 S 中的元素集成运算后得到的 β 与初始语言术语集 S 中最贴近元素 s_i 之间的差别。因此，可以用二元语义 (s_i,α_i) 来表示语言信息，$s_i\in S$，$\alpha_i\in[-0.5,0.5)$。

定义 4-2　设 $S=\{s_{-\tau},\cdots,-1,0,1,\cdots,s_{\tau}\}$ 是一个自然语言术语集，β 是一个位于 $[-\tau,\tau]$ 中的数，它是 S 中的元素集成运算的结果，则与 β 对应的二元语义为

$$\Delta:[-\tau,\tau]\rightarrow S\times[-0.5,0.5)$$

$$\Delta(\beta)=(s_i,\alpha)\begin{cases}s_i, i=round(\beta)\\ \alpha=\beta-i, \alpha\in[-0.5,0.5)\end{cases}\tag{4-1}$$

命题 1　设 $S=\{s_{-\tau},\cdots,-1,0,1,\cdots,s_{\tau}\}$ 是一个自然语言术语集，(s_i,α) 是一个二元语义，则存在逆函数 Δ^{-1} 将二元语义转换成相应的数值 $\beta\in[-\tau,\tau]$，即

$$\begin{aligned}&\Delta^{-1}:S\times[-0.5,0.5)\rightarrow[-\tau,\tau]\\&\Delta^{-1}(s_i,\alpha)=i+\alpha=\beta\end{aligned}\tag{4-2}$$

由定义 4-1、定义 4-2 和命题 1 可以得出，对应于 $s_i(i=-\tau,\cdots,-1,0,1,\cdots,\tau)$ 的二元语义为 $(s_i,0)$。并且很容易给出二元语义的计算模型，包括二元语义的比较算子、逆算子和集成算子。

1. 二元语义的比较

设 (s_i,α_i) 和 (s_j,α_j) 是任意两个二元语义，如果 $i>j$，那么 (s_i,α_i) 优于 $(s_j,$

α_j)，记为$(s_i,\alpha_i) > (s_j,\alpha_j)$。如果 $i=j$，当 $\alpha_i > \alpha_j$ 时，有(s_i,α_i) 优于(s_j,α_j)，记为$(s_i,\alpha_i) > (s_j,\alpha_j)$；当 $\alpha_i = \alpha_j$ 时，有(s_i,α_i) 与(s_j,α_j) 相同，记为$(s_i,\alpha_i) = (s_j,\alpha_j)$；当 $\alpha_i < \alpha_j$ 时，有(s_i,α_i) 劣于(s_j,α_j)，记为$(s_i,\alpha_i) < (s_j,\alpha_j)$。

2. 二元语义的逆算子

$$neg((s_i,\alpha_i)) = \Delta(-(\Delta^{-1}(s_i,\alpha_i))) \tag{4-3}$$

定义 4-3　两个二元语义 (s_i,α_i) 和(s_j,α_j) 之间的距离(d,α) 定义为

$$(d,\alpha) = \Delta(|\Delta^{-1}(s_i,\alpha_i) - \Delta^{-1}(s_j,\alpha_j)|) \tag{4-4}$$

式中，$d \in S$，α、α_i、$\alpha_j \in [-0.5,0.5)$。

3. 二元语义的集成算子

定义 4-4　设 $x=\{(r_1,\alpha_1),(r_2,\alpha_2),\cdots,(r_n,\alpha_n)\}$ 是一组要集成的二元语义，$\boldsymbol{W}=[w_1\ \ w_2\ \ \cdots\ \ w_n]^{\mathrm{T}}$ 是相应的权重向量，则二元语义加权平均(2TWA)算子为

$$TWA((r_1,\alpha_1),(r_2,\alpha_2),\cdots,(r_n,\alpha_n)) = \Delta\left(\frac{\sum_{i=1}^{n}\Delta^{-1}(r_i,\alpha_i)w_i}{\sum_{i=1}^{n}w_i}\right) = \Delta\left(\frac{\sum_{i=1}^{n}\beta_i w_i}{\sum_{i=1}^{n}w_i}\right) \tag{4-5}$$

4.2　确定语言的空间数据质量评价

4.2.1　评价方法与步骤

为了数学描述的方便，备选方案个数集合定义为 $N=\{1,2,\cdots,n\}$，属性个数集合记为 $M=\{1,2,\cdots,m\}$，专家群体中专家个数集合定义为 $Q=\{1,2,\cdots,q\}$，自然语言术语集中元素的下标记为 $G=\{-\tau,\cdots,-1,0,1,\cdots,\tau\}$。

考虑一个对多个空间数据或其产品进行优劣排序的评价问题。设有限评价方案集为 $X=\{x_i|i \in N\}$，其中 x_i 表示第 i 个方案；属性集合表示为 $U=\{u_j|j \in M\}$，其中 u_j 表示第 j 个评价属性；评价群体集合设为 $E=\{e_k|k \in Q\}$，其中 e_k 表示第 k 个评价者，评价者的权重向量为 $\boldsymbol{W}^E=[w_1^e\ \ w_2^e\ \ \cdots\ \ w_q^e]^{\mathrm{T}}$，且满足 $\sum_{k=1}^{q} w_k^e = 1$，$w_k^e \in [0,1]$。

假设属性集 U 的属性权重向量为 $\boldsymbol{W}=[w_1\ \ w_2\ \ \cdots\ \ w_m]^{\mathrm{T}}$，且满足 $\sum_{i=1}^{m} w_i = 1$，$w_i \in [0,1]$。

评价者 e_k 给出的具有语言形式的评价矩阵记为 $\boldsymbol{A}^k=(a_{ij}^k)_{n\times m}$，其中 a_{ij}^k 为评价者 e_k 从预先定义好的语言短语集 S 中选择一个元素作为方案 x_i 对应于属性 u_j 的

评价值。$S=\{s_i \mid i=-\tau,\cdots,-1,0,1,\cdots,\tau\}$。

针对上面描述的具有语言评价信息的评价问题，运用二元语义集成算子求解方案的综合评价值，对备选方案进行优劣排序。具体分析步骤如下：

(1)将评价者给出的初始语言评价矩阵 $\boldsymbol{A}^k=(a_{ij}^k)_{n\times m}$ 转化为规范化语言评价矩阵 $\boldsymbol{R}^k=(r_{ij}^k)_{n\times m}$，即

$$r_{ij}^k=\begin{cases}a_{ij}^k\text{，属性 } u_j \text{ 为效益型}\\ neg(a_{ij}^k)\text{，属性 } u_j \text{ 为成本型}\end{cases} \tag{4-6}$$

(2)将规范化语言评价矩阵 $\boldsymbol{R}^k=(r_{ij}^k)_{n\times m}$ 中的元素 r_{ij}^k 转换成二元语义形式$(r_{ij}^k,0)$。

(3)按式(4-5)计算每个专家对备选方案的综合评价值，即

$$z_i^k=(r_i^k,a_i^k)=\Delta\Big(\sum_{j=1}^{m}w_j\Delta^{-1}(r_{ij}^k,0)\Big)\quad(i=1,2,\cdots,n) \tag{4-7}$$

(4)综合每个专家的评估值，得到 x_i 的综合评价值为

$$z_i=(r_i,a_i)=\Delta\Big(\sum_{k=1}^{q}w_k^e\Delta^{-1}(r_i^k,a_i^k)\Big)\quad(i=1,2,\cdots,n) \tag{4-8}$$

(5)根据方案的综合评价值 z_i 和二元语义的比较规则，对备选方案进行优劣排序。

4.2.2 实例分析

专家 $e_k(k=1,2,3)$ 评价空间数据的质量 $X_i(i=1,2,3)$，其中每个专家的权重向量为 $\boldsymbol{\xi}=[0.3\ \ 0.4\ \ 0.3]^{\mathrm{T}}$。其评价因素有7个，分别为空间数据位置精度($U_1$)、空间数据属性精度($U_2$)、时间精度($U_3$)、逻辑一致性($U_4$)、空间数据完整性($U_5$)、空间数据情况说明($U_6$)及空间数据表达形式的合理性($U_7$)[21]。空间数据质量元素的权向量为 $\boldsymbol{\omega}=[0.25\ \ 0.25\ \ 0.10\ \ 0.15\ \ 0.15\ \ 0.05\ \ 0.05]^{\mathrm{T}}$。专家分别利用确定性语言 $s_{ij}^{(k)}(i=1,2,3;j=1,2,\cdots,7)$ 评价各个空间数据方案 $Y_i(i=1,2,3)$。下面将列出专家给出的确定性语言矩阵 $\boldsymbol{S}_k=(s_{ij}^{(k)})_{3\times7}(k=1,2,3)$，专家都是用7粒度语言进行评价，其语言短语集 $S=\{s_{-3}$:非常差，s_{-2}:差，s_{-1}:有点差，s_0:一般，s_1:有点好，s_2:好，s_3:非常好$\}$，如表4-1至表4-3所示，试用二元语义方法对3个空间数据质量进行评价。

表 4-1 确定性语言矩阵 $\boldsymbol{S}_1$

空间数据	U_1	U_2	U_3	U_4	U_5	U_6	U_7
X_1	s_1	s_3	s_2	s_2	s_0	s_2	s_3
X_2	s_3	s_2	s_1	s_3	s_1	s_2	s_3
X_3	s_2	s_3	s_2	s_2	s_2	s_3	s_3

表 4-2　确定性语言矩阵 S_2

空间数据	U_1	U_2	U_3	U_4	U_5	U_6	U_7
X_1	s_2	s_2	s_1	s_1	s_1	s_2	s_3
X_2	s_3	s_2	s_1	s_2	s_1	s_3	s_3
X_3	s_1	s_2	s_2	s_3	s_2	s_3	s_3

表 4-3　确定性语言矩阵 S_3

空间数据	U_1	U_2	U_3	U_4	U_5	U_6	U_7
X_1	s_2	s_3	s_2	s_2	s_{-1}	s_2	s_3
X_2	s_3	s_2	s_1	s_2	s_1	s_2	s_3
X_3	s_2	s_3	s_2	s_1	s_2	s_2	s_3

因为 7 个属性均为效益型，因此，不需要对初始语言矩阵进行规范化处理。直接将初始语言矩阵转化为二元语义形式，如表 4-4 至表 4-6 所示。

表 4-4　二元语义矩阵 S_1

空间数据	U_1	U_2	U_3	U_4	U_5	U_6	U_7
X_1	$(s_1,0)$	$(s_3,0)$	$(s_2,0)$	$(s_2,0)$	$(s_0,0)$	$(s_2,0)$	$(s_3,0)$
X_2	$(s_3,0)$	$(s_2,0)$	$(s_1,0)$	$(s_3,0)$	$(s_1,0)$	$(s_2,0)$	$(s_3,0)$
X_3	$(s_2,0)$	$(s_3,0)$	$(s_2,0)$	$(s_2,0)$	$(s_2,0)$	$(s_3,0)$	$(s_3,0)$

表 4-5　二元语义矩阵 S_2

空间数据	U_1	U_2	U_3	U_4	U_5	U_6	U_7
X_1	$(s_2,0)$	$(s_2,0)$	$(s_1,0)$	$(s_1,0)$	$(s_1,0)$	$(s_2,0)$	$(s_3,0)$
X_2	$(s_3,0)$	$(s_2,0)$	$(s_1,0)$	$(s_2,0)$	$(s_1,0)$	$(s_3,0)$	$(s_3,0)$
X_3	$(s_1,0)$	$(s_2,0)$	$(s_2,0)$	$(s_3,0)$	$(s_2,0)$	$(s_3,0)$	$(s_3,0)$

表 4-6　二元语义矩阵 S_3

空间数据	U_1	U_2	U_3	U_4	U_5	U_6	U_7
X_1	$(s_2,0)$	$(s_3,0)$	$(s_2,0)$	$(s_2,0)$	$(s_{-1},0)$	$(s_2,0)$	$(s_3,0)$
X_2	$(s_3,0)$	$(s_2,0)$	$(s_1,0)$	$(s_2,0)$	$(s_1,0)$	$(s_2,0)$	$(s_3,0)$
X_3	$(s_2,0)$	$(s_3,0)$	$(s_2,0)$	$(s_1,0)$	$(s_2,0)$	$(s_2,0)$	$(s_3,0)$

按式(4-5)计算每个专家的对空间数据方案的评价值

$$z_1^1=(s_2,-0.25),\ z_2^1=(s_2,0.25),\ z_3^1=(s_2,0.35)$$

$$z_1^2=(s_2,-0.35),\ z_2^2=(s_2,0.10),\ z_3^2=(s_2,0.00)$$

$$z_1^3=(s_2,-0.15),\ z_2^3=(s_2,0.15),\ z_3^3=(s_2,0.15)$$

根据专家的权重，计算每个方案的综合评价值为

$$z_1=(s_2,-0.26),\ z_2=(s_2,0.16),\ z_3=(s_2,0.15)$$

根据二元数的大小比较可知 $z_2>z_3>z_1$，因此，空间数据 2 最好。

4.3 不确定语言的空间数据质量评价

由于客观事物的复杂性和不确定性，以及人类思维的模糊性，且当专家受一些主、客观因素制约时，如时间紧迫、专业知识结构和水平不足，对某些评估不感兴趣，或者对某些比较敏感的问题不想发表意见等，他们所给出的评估信息往往可用一些语言区间值，如[中，好]、[好，很好]等，即评价矩阵中的元素是以不确定语言变量形式给出的。因此，对此类问题的研究有着重要的理论意义和实践价值。

4.3.1 不确定语言变量

1. 基本概念

定义 4-5 设 $\tilde{s}=(s_\alpha,s_\beta)$，其中 s_α、$s_\beta \in S$，S 为自然语言术语集，s_α 和 s_β 分别为 $\tilde{s}$ 的下限和上限，则称 $\tilde{s}$ 为不确定语言变量。

将不确定语言变量 $\tilde{s}$ 转化为二元语义形式，给出下面定义。

定义 4-6 设两个二元语义 (s_i,a_i)、(s_j,a_j)，$\tilde{\tilde{s}}=((s_i,a_i),(s_j,a_j))$，其中 s_i、$s_j \in S$，S 为自然语言术语集，a_i、$a_j \in [-0.5,0.5)$，(s_i,a_i) 和 (s_j,a_j) 分别为 $\tilde{\tilde{s}}$ 的下限和上限，则称 $\tilde{\tilde{s}}$ 为不确定二元语义变量或区间二元语义变量。

2. 不确定语言比较

为对任意两个不确定语言变量 $\tilde{s}_1=(s_{\alpha_1},s_{\beta_1})$ 和 $\tilde{s}_2=(s_{\alpha_2},s_{\beta_2})$ 进行比较，可根据如下公式

$$p(\tilde{s}_1 \geqslant \tilde{s}_2)=\min\left(\max\left(\frac{\beta_1-\alpha_2}{len(\tilde{s}_1)+len(\tilde{s}_2)},0\right),1\right) \tag{4-9}$$

式中，$len(\tilde{s}_1)=\beta_1-\alpha_1$，$len(\tilde{s}_2)=\beta_2-\alpha_2$，$p(\tilde{s}_1 \geqslant \tilde{s}_2)$ 为 $\tilde{s}_1 \geqslant \tilde{s}_2$ 的可能度。

为了对不确定语言数据 $\tilde{s}_i(i=1,2,\cdots,n)$ 进行排序，首先利用式(4-9)对 $\tilde{s}_i$ 和 $\tilde{s}_j$ 进行比较，且设 $p_{ij}=p(\tilde{s}_i \geqslant \tilde{s}_j)$，则可构成可能度矩阵 $\boldsymbol{P}=(p_{ij})_{n\times n}$，其中

$$p_{ij} \geqslant 0;p_{ij}+p_{ji}=1;p_{ii}=1/2 \quad (i、j=1,2,\cdots,n) \tag{4-10}$$

显然，可能度矩阵 $\boldsymbol{P}=(p_{ij})_{n\times n}$ 是一个互补判断矩阵。

然后，对 $\boldsymbol{P}=(p_{ij})_{n\times n}$ 计算每行之和，分别为

$$p_i=\sum_{j=1}^{n}p_{ij} \tag{4-11}$$

根据 p_i 大小，可得相应不确定语言的大小，p_i 大，则 $\tilde{s}_i$ 也大。

4.3.2 不确定语言集成算子

定义 4-7 令 $\tilde{\tilde{S}}=\{\tilde{\tilde{s}}_1,\tilde{\tilde{s}}_2\cdots,\tilde{\tilde{s}}_m\}$ 为 m 个不确定二元语义变量的集合，其中 $\tilde{\tilde{s}}_i=$

$((r_i^-,a_i^-),(r_i^+,a_i^+))(i=1,2,\cdots,m)$，$\boldsymbol{W}=[w_1\ \ w_2\ \ \cdots\ \ w_n]^{\mathrm{T}}$ 是相应的权重向量，则不确定二元语义变量的加权平均(2ULWA)算子为

$$ULWA\{\tilde{\tilde{s}}_1,\tilde{\tilde{s}}_2,\cdots,\tilde{\tilde{s}}_n\}=\left(\Delta\left(\frac{\sum_{i=1}^{n}\Delta^{-1}(r_i^-,\alpha_i^-)w_i}{\sum_{i=1}^{n}w_i}\right),\Delta\left(\frac{\sum_{i=1}^{n}\Delta^{-1}(r_i^+,\alpha_i^+)w_i}{\sum_{i=1}^{n}w_i}\right)\right) \tag{4-12}$$

4.3.3 评价方法与步骤

为了数学描述的方便，备选方案个数集合定义为 $N=\{1,2,\cdots,n\}$，属性个数集合记为 $M=\{1,2,\cdots,m\}$，专家群体中专家个数集合定义为 $Q=\{1,2,\cdots,q\}$，自然语言术语集中元素的下标记为 $G=\{-\tau,\cdots,-1,0,1,\cdots,\tau\}$。

考虑一个对多个空间数据或其产品进行优劣排序的评价问题。设有限评价方案集为 $X=\{x_i\mid i\in N\}$，其中 x_i 表示第 i 个方案；属性集合为 $U=\{u_j\mid j\in M\}$，其中 u_j 表示第 j 个评价属性；评价群体集合为 $E=\{e_k\mid k\in Q\}$，其中 e_k 表示第 k 个评价者，评价者的权重向量为 $\boldsymbol{W}^E=[w_1^e\ \ w_2^e\ \ \cdots\ \ w_q^e]^{\mathrm{T}}$，且满足 $\sum_{k=1}^{q}w_k^e=1$，$w_k^e\in[0,1]$。

假设属性集 U 的属性权重向量为 $\boldsymbol{W}=[w_1\ \ w_2\ \ \cdots\ \ w_m]^{\mathrm{T}}$，且满足 $\sum_{i=1}^{m}w_i=1$，$w_i\in[0,1]$。评价者 e_k 给出的具有不确定语言形式的评价矩阵记为 $\tilde{\boldsymbol{A}}^k=(\tilde{r}_{ij}^k)_{n\times m}$，其中 $\tilde{r}_{ij}^k$ 为评价者 e_k 给出的不确定二元语义数 $\tilde{r}_{ij}^k=(s_{ijk}^l,s_{ijk}^u)$，其中 s_{ijk}^l、$s_{ijk}^u\in S$，S 为自然语言术语集，$S=\{s_i\mid i=-\tau,\cdots,-1,0,1,\cdots,\tau\}$。

针对上面描述的具有不确定语言评价信息的评价问题，运用二元语义集成算子求解方案的综合评价值，从而对备选方案进行优劣排序。具体分析步骤如下：

(1)将评价者给出的初始不确定语言决策矩阵 $\tilde{\boldsymbol{A}}^k=(\tilde{a}_{ij}^k)_{n\times m}$ 转化为规范化语言决策矩阵 $\tilde{\boldsymbol{R}}^k=(\tilde{r}_{ij}^k)_{n\times m}$，即

$$\tilde{r}_{ij}^k=\begin{cases}\tilde{a}_{ij}^k, & \text{属性 } u_j \text{ 为效益型}\\ neg(\tilde{a}_{ij}^k), & \text{属性 } u_j \text{ 为成本型}\end{cases} \tag{4-13}$$

式中，$neg(\tilde{a}_{ij}^k)=neg(s_{ijk}^l,s_{ijk}^u)=neg(s_\alpha,s_\beta)=neg(s_{-\beta},s_{-\alpha})$。

(2)将规范化语言决策矩阵 $\tilde{\boldsymbol{R}}^k=(\tilde{r}_{ij}^k)_{n\times m}$ 中的元素 r_{ij}^k 转换成二元语义形式 $((s_{ijk}^l,a_{ijk}^l),(s_{ijk}^u,a_{ijk}^u))$。

(3)按式(4-12)计算每个专家对备选方案的综合评价值，即

$$z_i^k=((r_i^{-k},a_i^{-k}),(r_i^{+k},a_i^{+k}))$$

$$=\left(\Delta\left(\frac{\sum_{j=1}^{n}\Delta^{-1}(r_{ij}^{-k},\alpha_{ij}^{-k})w_j}{\sum_{j=1}^{n}w_j}\right),\Delta\left(\frac{\sum_{j=1}^{n}\Delta^{-1}(r_{ij}^{+k},\alpha_{ij}^{+k})w_j}{\sum_{j=1}^{n}w_j}\right)\right)\quad(i=1,2,\cdots,n)$$

(4)综合每个专家的评估值,得到 x_i 的综合评价值为

$$z_i=((r_i^-,a_i^-),(r_i^+,a_i^+))$$

$$=\left(\Delta\left(\sum_{k=1}^{q}w_k^e\Delta^{-1}(r_i^{-k},a_i^{-k})\right),\Delta\left(\sum_{k=1}^{q}w_k^e\Delta^{-1}(r_i^{+k},a_i^{+k})\right)\right)\quad(i=1,2,\cdots,n)\tag{4-14}$$

(5)把方案的综合评价值 z_i 转化为不确定语言。

(6)对不确定语言进行排序,得到最佳方案。

4.3.4 实例分析

专家 $e_k(k=1,2,3)$ 评价空间数据的质量 $X_i(i=1,2,3)$,其中每个专家的权重向量为 $\boldsymbol{\xi}=[0.3\ \ 0.4\ \ 0.3]^{\mathrm{T}}$。其评价因素有 7 个,分别为空间数据位置精度($U_1$)、空间数据属性精度($U_2$)、时间精度($U_3$)、逻辑一致性($U_4$)、空间数据完整性($U_5$)、空间数据情况说明($U_6$)及空间数据表达形式的合理性($U_7$)[21]。空间数据质量元素的权向量为 $\boldsymbol{\omega}=[0.25\ \ 0.25\ \ 0.10\ \ 0.15\ \ 0.15\ \ 0.05\ \ 0.05]^{\mathrm{T}}$。专家分别利用不确定性语言 $\tilde{s}_{ij}^{(k)}(i=1,2,3;j=1,2,\cdots,7)$ 评价各个空间数据方案 $Y_i(i=1,2,3)$。下面将列出专家给出的确定性语言矩阵 $\boldsymbol{S}_k=(s_{ij}^{(k)})_{3\times7}(k=1,2,3)$,专家都是用 7 粒度语言术语集进行评价,其语言短语集 $S=\{s_{-3}$:非常差,s_{-2}:差,s_{-1}:有点差,s_0:一般,s_1:有点好,s_2:好,s_3:非常好$\}$,如表 4-7 至表 4-9 所示,试用二元语义方法对 3 个空间数据质量进行评价。

表 4-7 不确定性语言矩阵 $\tilde{S}_1$

空间数据	U_1	U_2	U_3	U_4	U_5	U_6	U_7
X_1	(s_1,s_2)	(s_2,s_3)	(s_1,s_3)	(s_2,s_3)	(s_0,s_1)	(s_2,s_3)	(s_3,s_3)
X_2	(s_2,s_3)	(s_1,s_3)	(s_0,s_1)	(s_2,s_3)	(s_1,s_2)	(s_2,s_3)	(s_3,s_3)
X_3	(s_1,s_3)	(s_2,s_3)	(s_2,s_3)	(s_1,s_3)	(s_2,s_3)	(s_3,s_3)	(s_3,s_3)

表 4-8 不确定性语言矩阵 $\tilde{S}_2$

空间数据	U_1	U_2	U_3	U_4	U_5	U_6	U_7
X_1	(s_2,s_3)	(s_1,s_2)	(s_0,s_2)	(s_0,s_1)	(s_1,s_2)	(s_2,s_3)	(s_3,s_3)
X_2	(s_3,s_3)	(s_1,s_3)	(s_1,s_2)	(s_2,s_3)	(s_0,s_2)	(s_3,s_3)	(s_3,s_3)
X_3	(s_0,s_2)	(s_1,s_3)	(s_2,s_3)	(s_3,s_3)	(s_1,s_2)	(s_3,s_3)	(s_3,s_3)

表 4-9　不确定性语言矩阵 $\tilde{S}_3$

空间数据	U_1	U_2	U_3	U_4	U_5	U_6	U_7
X_1	(s_2,s_3)	(s_3,s_3)	(s_2,s_3)	(s_1,s_2)	(s_{-1},s_0)	(s_2,s_3)	(s_3,s_3)
X_2	(s_3,s_3)	(s_1,s_2)	(s_1,s_2)	(s_1,s_2)	(s_0,s_2)	(s_2,s_3)	(s_3,s_3)
X_3	(s_2,s_3)	(s_2,s_3)	(s_2,s_3)	(s_1,s_2)	(s_2,s_3)	(s_2,s_3)	(s_3,s_3)

因为 7 个属性均为效益型，因此，不需要对初始语言矩阵进行规范化处理。直接将初始语言矩阵转化为二元语义形式，如表 4-10 至表 4-12 所示。

表 4-10　二元语义矩阵 $\tilde{S}_1$

空间数据	U_1	U_2	U_3	U_4
X_1	$((s_1,0),(s_2,0))$	$((s_2,0),(s_3,0))$	$((s_1,0),(s_3,0))$	$((s_2,0),(s_3,0))$
X_2	$((s_2,0),(s_3,0))$	$((s_1,0),(s_3,0))$	$((s_0,0),(s_1,0))$	$((s_2,0),(s_3,0))$
X_3	$((s_1,0),(s_3,0))$	$((s_2,0),(s_3,0))$	$((s_2,0),(s_3,0))$	$((s_1,0),(s_3,0))$
空间数据	U_5	U_6	U_7	
X_1	$((s_0,0),(s_1,0))$	$((s_2,0),(s_3,0))$	$((s_3,0),(s_3,0))$	
X_2	$((s_1,0),(s_2,0))$	$((s_2,0),(s_3,0))$	$((s_3,0),(s_3,0))$	
X_3	$((s_2,0),(s_3,0))$	$((s_3,0),(s_3,0))$	$((s_3,0),(s_3,0))$	

表 4-11　二元语义矩阵 $\tilde{S}_2$

空间数据	U_1	U_2	U_3	U_4
X_1	$((s_2,0),(s_3,0))$	$((s_1,0),(s_2,0))$	$((s_0,0),(s_2,0))$	$((s_0,0),(s_1,0))$
X_2	$((s_3,0),(s_3,0))$	$((s_1,0),(s_3,0))$	$((s_1,0),(s_2,0))$	$((s_2,0),(s_3,0))$
X_3	$((s_0,0),(s_2,0))$	$((s_1,0),(s_3,0))$	$((s_2,0),(s_3,0))$	$((s_3,0),(s_3,0))$
空间数据	U_5	U_6	U_7	
X_1	$((s_1,0),(s_2,0))$	$((s_2,0),(s_3,0))$	$((s_3,0),(s_3,0))$	
X_2	$((s_0,0),(s_2,0))$	$((s_3,0),(s_3,0))$	$((s_3,0),(s_3,0))$	
X_3	$((s_1,0),(s_2,0))$	$((s_3,0),(s_3,0))$	$((s_3,0),(s_3,0))$	

表 4-12　二元语义矩阵 $\tilde{S}_3$

空间数据	U_1	U_2	U_3	U_4
X_1	$((s_2,0),(s_3,0))$	$((s_3,0),(s_3,0))$	$((s_2,0),(s_3,0))$	$((s_1,0),(s_2,0))$
X_2	$((s_3,0),(s_3,0))$	$((s_1,0),(s_2,0))$	$((s_1,0),(s_2,0))$	$((s_1,0),(s_2,0))$
X_3	$((s_2,0),(s_3,0))$	$((s_2,0),(s_3,0))$	$((s_2,0),(s_3,0))$	$((s_1,0),(s_2,0))$
空间数据	U_5	U_6	U_7	
X_1	$((s_{-1},0),(s_0,0))$	$((s_2,0),(s_3,0))$	$((s_3,0),(s_3,0))$	
X_2	$((s_0,0),(s_2,0))$	$((s_2,0),(s_3,0))$	$((s_3,0),(s_3,0))$	
X_3	$((s_2,0),(s_3,0))$	$((s_2,0),(s_3,0))$	$((s_3,0),(s_3,0))$	

按式(4-12)计算每个专家的对空间数据方案的评价值为

$z_1^1=((s_1,0.15),(s_2,0.2))$，$z_2^1=((s_1,0.45),(s_3,-0.35))$

$z_3^1=((s_2,-0.30),(s_3,0))$

$z_1^2=((s_1,0.15),(s_2,-0.3))$，$z_2^2=((s_2,-0.30),(s_3,-0.25))$

$z_3^2=((s_1,0.35),(s_3,-0.4))$

$z_1^3=((s_1,0.20),(s_2,0.40))$，$z_2^3=((s_2,-0.50),(s_2,0.35))$

$z_3^3=((s_2,-0.10),(s_3,-0.15))$

根据专家的权重，计算每个方案的综合评价值为

$z_1=((s_1,0.165),(s_2,0.060))$，$z_2=((s_2,-0.435),(s_3,-0.400))$

$z_3=((s_2,-0.380),(s_3,-0.205))$

把二元语义值转化为不确定语言，为

$$z_1=(s_{1.165},s_{2.060}),\ z_2=(s_{1.565},s_{2.600}),\ z_3=(s_{1.620},s_{2.795})$$

根据式(4-9)计算可能度矩阵为

$$\boldsymbol{P}=\begin{bmatrix}0.5 & 0.258 & 0.212\\0.742 & 0.5 & 0.443\\0.788 & 0.567 & 0.5\end{bmatrix}$$

对每行求和分别得：$p_1=0.97, p_2=1.685, p_3=1.855$。因此，空间数据3最好。

4.4 多粒度语言的空间数据质量评价

具有不同粒度的语言评价信息是指在评价过程中评价者依据个人习惯选择各异的语言术语集合中的语言元素来表达个人偏好的信息。这些语言偏好信息通常由不同语言术语数目(简称粒度)表示。由于评价者的个人经验和知识不同，所用语言评价集的组成可能不一样。例如，某个评价者比较习惯用某个语言集合进行评价，这个语言集合包括“很好、好、较好、一般、较差、差、很差”等七个语言元素；另一位评价者则习惯用另一个语言集合进行评价，包括“好、一般、差”。对同一指标，不同的评价者依据不同的语言评价集，给出各自的评价信息。此时，如果两位评价者给出了同样的评价“好”，显然语义的含义是不一样的。因此，如何把粒度不同的语言评价信息融合在一起，是一个值得关注的问题。

本节在不同粒度语言信息一致化方法基础上，研究基于二元语义的一致化融合方法，针对一类属性值为多粒度不确定语言型的多属性群评价问题，给出一种解决此类评价问题的方法和步骤。

4.4.1 基于二元语义的不同粒度语言信息的一致化方法

设有L个不同粒度的自然语言术语集合为S^1、S^2、…、S^L，其中S^l表示第l个自然语言术语集，$l\in L$。记$S^l=\{s_{-g_l}^l,\cdots,s_{-1}^l,s_0^l,s_1^l,\cdots,s_{g_l}^l\}$，其中$s_i^l(i=-g_l,\cdots,-1,0,1\cdots,g_l)$表示语言术语集$S^l$中的第$i$个语言元素。

在多属性群评价过程中，为了对决策者给出的不同粒度语言评价信息进行集结，通常需要将不同的粒度语言评价信息进行一致化处理，理想的一致化方法应具有以下特征：

(1)转换后的语言评价信息与初始语言评价信息相比，具有等价性，不会产生信息失真。当一种粒度语言评价集合中的最小元素转换到另一种粒度语言评价集合中时，转换后的元素在新的集合中仍然是最小元素；当一种粒度语言评价集合中的中间元素转换到另一种粒度语言评价集合中时，转换后的元素在新的集合中仍然是中间元素；当一种粒度语言评价集合中的最大元素转换到另一种粒度语言评价集合中时，转换后的元素在新的集合中仍然是最大元素。一般地，一种粒度语言集合中的任何元素转换成另一种粒度语言元素时，转化后的元素所处的位置应与初始元素在原集合中的位置相对应，才能保证转换过程中信息不丢失。

(2)转换后的语言评价信息与初始语言评价信息相比，应具有唯一性。一种粒度语言评价集合中的元素在另一种粒度语言评价集中只有一个语言元素与之对应，反之依然。

(3)转换可以双向进行，具有可逆性。可以从一种粒度语言信息转换成另一种粒度语言信息，也可以将转换后的语言信息转换回原先的语言信息，即从一种粒度语言信息转换成另一种粒度语言信息后，再将转换后的语言信息转换回原先的语言信息时，应该与原信息在集合中地位相同，转换过程具有可逆性。

下面给出符合上述准则的基于二元语义的不同粒度语言信息的一致化方法。

对于不同粒度的自然语言术语集合 $S^l=\{s^l_{-g_l},\cdots,s^l_{-1},s^l_0,s^l_1,\cdots,s^l_{g_l}\}$，其语言粒度为 $l=2\tau+1$。为了对不同粒度的语言评价信息进行运算和处理，需要将不同粒度的语言评价信息转换到一个统一的自然语言短语集合中，称这个统一的自然语言短语集为基本语言术语集(BLTS)[105]，定义为 S^T。

选择基本语言术语集 S^T 的原则和方法如下：

(1)当多个不同粒度的语言短语集合中仅有一个语言短语集的粒度最大，则选它作为基本语言评价集。

(2)当多个不同粒度的语言短语集合中具有两个或两个以上粒度最大的语言短语集时，则根据这些语言短语集中元素的语义来确定基本语言术语集：①若所有最大粒度的语言短语集合中的元素都具有相同的语义，则任意选取其中之一作为基本语言术语集；②若粒度最大的语言短语集中的元素具有不同的语义，则选取粒度更大的语言短语集作为基本语言术语集。

设基本语言术语集 $S^T=\{s^T_{-g_T},\cdots,s^T_{-1},s^T_0,s^T_1,\cdots,s^T_{g_T}\}$，可以将 S^l 中的任意元素 $s^l_i(i=-g_l,\cdots,-1,0,1,\cdots,g_l)$ 转化到 S^T 上。设 S^l 中元素 s^l_i 转化到 S^T 的元素为 s^T_j，其二元语义形式为(s^l_i,a^l_i) 和(s^T_j,a^T_j)，其转换函数为

$$\left.\begin{aligned}&TF_{s^l s^T}: S^l \times [-0.5,0.5) \rightarrow S^T \times [-0.5,0.5)\\&TF_{s^l s^T}(s_i^l, a_i^l) = \Delta\left(\frac{\Delta^{-1}(s_i^l, a_i^l)\cdot g_T}{g_l}\right) = (s_j^T, a_j^T)\end{aligned}\right\} \tag{4-15}$$

同理,可以将基本语言术语集 S^T 的元素反向转化为决策者给出的不同粒度下的语言术语集 S^l 中的元素。转换函数为

$$\begin{cases}TF_{s^T s^l}: S^T \times [-0.5,0.5) \rightarrow S^l \times [-0.5,0.5)\\TF_{s^T s^l}(s_j^T, a_j^T) = \Delta\left(\dfrac{\Delta^{-1}(s_j^T, a_j^T)\cdot g_l}{g_T}\right) = (s_i^l, a_i^l)\end{cases} \tag{4-16}$$

4.4.2 评价方法与步骤

考虑一个多属性群评价问题。设有限决策方案集为 $X=\{x_i \mid i \in N\}$,其中 x_i 表示第i个评价方案;属性集表示为$U=\{u_j \mid j \in M\}$,其中,u_j 表示第j 个属性;评价群体集合设为 $E=\{e_k \mid k \in Q\}$,其中 e_k 表示第 k 个评价者,评价者的权重向量为 $\boldsymbol{W}^{\mathrm{E}}=[w_1^e \ \ w_2^e \ \ \cdots \ \ w_q^e]^{\mathrm{T}}$,且满足 $\sum_{k=1}^{q} w_k^e = 1, w_k^e \in [0,1]$。

假设属性集 U 的属性权重向量为 $\boldsymbol{W}=[w_1 \ \ w_2 \ \ \cdots \ \ w_m]^{\mathrm{T}}$,且满足 $\sum_{i=1}^{m} w_i = 1$, $w_i \in [0,1]$。设评价者 e_k 给出的具有不确定语言评价形式的决策矩阵为 $\tilde{\boldsymbol{A}}_l^{(k)} = (\tilde{a}_{ijl}^k)_{n\times m}$,其中 $\tilde{a}_{ijl}^k$ 为评价者给出的语言区间数型评价信息,$\tilde{a}_{ijl}^k=(s_\alpha^l, s_\beta^l)$,其中 s_α^l、$s_\beta^l \in S^l$,s_α^l 和 s_β^l 分别为 $\tilde{a}_{ijl}^l$ 的下限和上限。下面考虑在属性值为多粒度不确定语言型的情况下,如何对备选方案进行优劣排序。具体步骤如下:

(1) 将评价者给出的初始不确定语言评价矩阵 $\tilde{\boldsymbol{A}}_l^{(k)} = (\tilde{a}_{ijl}^k)_{n\times m}$ 转化为规范评价矩阵 $\tilde{\boldsymbol{R}}_l^k = (\tilde{r}_{ijl}^k)_{n\times m}$,即

$$\tilde{r}_{ijl}^k = \begin{cases}\tilde{a}_{ijl}^k,\text{属性 } u_j \text{ 为效益型}\\ neg(\tilde{a}_{ijl}^k),\text{属性 } u_j \text{ 为成本型}\end{cases} \tag{4-17}$$

(2)将规范化语言决策矩阵 $\tilde{\boldsymbol{R}}_l^k = (\tilde{r}_{ijl}^k)_{n\times m}$ 中的元素 r_{ijl}^k 转换成二元语义区间数形式,$\approx{\boldsymbol{R}}$ $\widetilde{\widetilde{\boldsymbol{R}}}_l^k = (\widetilde{\widetilde{r}}_{ijl}^k)_{n\times m}$,$\widetilde{\widetilde{r}}_{ijl}^k = ((s_\alpha^l, \alpha^l),(s_\beta^l, \beta^l))$,其中,$s_\alpha^l$、$s_\beta^l \in S^l$,$\alpha^l$,$\beta^l \in [-0.5,0.5)$。

(3)根据给出的不同粒度语言信息的一致化方法,首先选取基本语言术语集 S^T,再利用转化函数 $TF_{s^l s^T}$ 将评价者给出的语言评价矩阵$\widetilde{\widetilde{\boldsymbol{R}}}_l^k$ 中的不同粒度语言评价信息转化到基本语言术语集,构成新的语言评价矩阵$\widetilde{\widetilde{\boldsymbol{R}}}_T^k$,即$\widetilde{\widetilde{\boldsymbol{R}}}_T^k = (\widetilde{\widetilde{r}}_{ijT}^k)_{n\times m}$,$\widetilde{\widetilde{r}}_{ijT}^k = ((s_\alpha^T, \alpha^T),(s_\beta^T, \beta^T))$,$s_\alpha^T$、$s_\beta^T \in S^T$,$\alpha^T$、$\beta^T \in [-0.5,0.5)$。

(4)按式(4-12)计算每个专家对备选方案的综合评价值,即

$$z_i^k=((r_i^{-k},a_i^{-k}),(r_i^{+k},a_i^{+k}))$$
$$=\left(\Delta\left(\frac{\sum_{j=1}^{n}\Delta^{-1}(r_{ij}^{-k},\alpha_{ij}^{-k})w_j}{\sum_{j=1}^{n}w_j}\right),\Delta\left(\frac{\sum_{j=1}^{n}\Delta^{-1}(r_{ij}^{+k},\alpha_{ij}^{+k})w_j}{\sum_{j=1}^{n}w_j}\right)\right)\quad(i=1,2,\cdots,n)\tag{4-18}$$

(5)综合每个专家的评估值,得到 x_i 的综合评价值为

$$z_i=((r_i^-,a_i^-),(r_i^+,a_i^+))$$
$$=\left(\Delta\left(\sum_{k=1}^{q}w_k^e\Delta^{-1}(r_i^{-k},a_i^{-k})\right),\Delta\left(\sum_{k=1}^{q}w_k^e\Delta^{-1}(r_i^{+k},a_i^{+k})\right)\right)\quad(i=1,2,\cdots,n)\tag{4-19}$$

(6)把方案的综合评价值 z_i 转化为不确定语言。

(7)对不确定语言进行排序,得到最佳方案。

4.4.3 实例分析

专家 $e_k(k=1,2,3)$ 评价空间数据的质量 $X_i(i=1,2,3)$,其中每个专家的权重向量为 $\boldsymbol{\xi}$[9] $=[0.3\ \ 0.4\ \ 0.3]^{\mathrm{T}}$。其评价因素有 7 个,分别为空间数据位置精度($U_1$)、空间数据属性精度($U_2$)、时间精度($U_3$)、逻辑一致性($U_4$)、空间数据完整性($U_5$)、空间数据情况说明($U_6$)及空间数据表达形式的合理性($U_7$)[21]。空间数据质量元素的权向量为 $\boldsymbol{\omega}=[0.25\ \ 0.25\ \ 0.10\ \ 0.15\ \ 0.15\ \ 0.05\ \ 0.05]^{\mathrm{T}}$。专家分别利用不确定性语言 $\tilde{s}_{ij}^{(k)}(i=1,2,3;j=1,2,\cdots,7)$ 评价各个空间数据方案 $Y_i(i=1,2,3)$。专家 e_1、e_2 和 e_3 使用的语言短语集分别为 $S^1=\{s_{-2}^1$:差,s_{-1}^1:有点差,s_0^1:一般,s_1^1:有点好,s_2^1:好$\}$、$S^2=\{s_{-3}^2$:非常差,s_{-2}^2:差,s_{-1}^2:有点差,s_0^2:一般,s_1^2:有点好,s_2^1:好,s_3^2:非常好$\}$ 和 $S^3=\{s_{-4}^3$:极差,s_{-3}^3:非常差,s_{-2}^3:差,s_{-1}^3:有点差,s_0^3:一般,s_1^3:有点好,s_2^3:好,s_3^3:非常好,s_4^3:极好$\}$。三位专家给出的多粒度不确定语言评价如表 4-13 至表 4-15 所示,试用二元语义方法对 3 个空间数据质量进行评价。

表 4-13　不确定性语言矩阵 $\tilde{S}_1$

空间数据	U_1	U_2	U_3	U_4	U_5	U_6	U_7
X_1	(s_0^1,s_1^1)	(s_1^1,s_2^1)	(s_0^1,s_2^1)	(s_0^1,s_2^1)	(s_{-1}^1,s_0^1)	(s_1^1,s_2^1)	(s_2^1,s_2^1)
X_2	(s_1^1,s_2^1)	(s_0^1,s_2^1)	(s_{-1}^1,s_0^1)	(s_1^1,s_2^1)	(s_1^1,s_1^1)	(s_1^1,s_2^1)	(s_2^1,s_2^1)
X_3	(s_1^1,s_2^1)	(s_1^1,s_2^1)	(s_1^1,s_2^1)	(s_1^1,s_2^1)	(s_1^1,s_2^1)	(s_2^1,s_2^1)	(s_2^1,s_2^1)

表 4-14 不确定性语言矩阵 $\tilde{S}_2$

空间数据	U_1	U_2	U_3	U_4	U_5	U_6	U_7
X_1	(s_2, s_3^2)	(s_1^2, s_2^2)	(s_0^2, s_2^2)	(s_0^2, s_1^2)	(s_1^2, s_2^2)	(s_2, s_3^2)	(s_3^2, s_3^2)
X_2	(s_3^2, s_3^2)	(s_1^2, s_3^2)	(s_1^2, s_2^2)	(s_2, s_3^2)	(s_0^2, s_2^2)	(s_3^2, s_3^2)	(s_3^2, s_3^2)
X_3	(s_0^2, s_2^2)	(s_1^2, s_3^2)	(s_2, s_3^2)	(s_3^2, s_3^2)	(s_1^2, s_2^2)	(s_3^2, s_3^2)	(s_3^2, s_3^2)

表 4-15 不确定性语言矩阵 $\tilde{S}_3$

空间数据	U_1	U_2	U_3	U_4	U_5	U_6	U_7
X_1	(s_3^4, s_4^3)	(s_4^3, s_4^3)	(s_3^4, s_4^3)	(s_2^3, s_3^3)	(s_{-2}^3, s_0^3)	(s_3^4, s_4^3)	(s_4^3, s_4^3)
X_2	(s_4^3, s_4^3)	(s_2^3, s_3^3)	(s_2^3, s_3^3)	(s_2^3, s_3^3)	(s_0^3, s_3^3)	(s_3^4, s_4^3)	(s_4^3, s_4^3)
X_3	(s_3^4, s_4^3)	(s_3^4, s_4^3)	(s_3^4, s_4^3)	(s_2^3, s_3^3)	(s_3^4, s_4^3)	(s_3^4, s_4^3)	(s_4^3, s_4^3)

因为 7 个属性均为效益型，因此，不需要对初始语言矩阵进行规范化处理。直接将初始语言矩阵转化为二元语义形式，如表 4-16 至表 4-18 所示。

表 4-16 二元语义矩阵 $\tilde{S}_1$

空间数据	U_1	U_2	U_3	U_4
X_1	$((s_0^1, 0), (s_1^1, 0))$	$((s_1^1, 0), (s_2^1, 0))$	$((s_0^1, 0), (s_2^1, 0))$	$((s_0^1, 0), (s_2^1, 0))$
X_2	$((s_1^1, 0), (s_2^1, 0))$	$((s_0^1, 0), (s_2^1, 0))$	$((s_{-1}^1, 0), (s_0^1, 0))$	$((s_1^1, 0), (s_2^1, 0))$
X_3	$((s_1^1, 0), (s_2^1, 0))$	$((s_1^1, 0), (s_2^1, 0))$	$((s_1^1, 0), (s_2^1, 0))$	$((s_1^1, 0), (s_2^1, 0))$
空间数据	U_5	U_6	U_7	
X_1	$((s_{-1}^1, 0), (s_0^1, 0))$	$((s_1^1, 0), (s_2^1, 0))$	$((s_2^1, 0), (s_2^1, 0))$	
X_2	$((s_1^1, 0), (s_1^1, 0))$	$((s_1^1, 0), (s_2^1, 0))$	$((s_2^1, 0), (s_2^1, 0))$	
X_3	$((s_1^1, 0), (s_2^1, 0))$	$((s_2^1, 0), (s_2^1, 0))$	$((s_2^1, 0), (s_2^1, 0))$	

表 4-17 二元语义矩阵 $\tilde{S}_2$

空间数据	U_1	U_2	U_3	U_4
X_1	$((s_2^2, 0), (s_3^2, 0))$	$((s_1^2, 0), (s_2^2, 0))$	$((s_0^2, 0), (s_2^2, 0))$	$((s_0^2, 0), (s_1^2, 0))$
X_2	$((s_3^2, 0), (s_3^2, 0))$	$((s_1^2, 0), (s_3^2, 0))$	$((s_1^2, 0), (s_2^2, 0))$	$((s_2^2, 0), (s_3^2, 0))$
X_3	$((s_0^2, 0), (s_2^2, 0))$	$((s_1^2, 0), (s_3^2, 0))$	$((s_2^2, 0), (s_3^2, 0))$	$((s_3^2, 0), (s_3^2, 0))$
空间数据	U_5	U_6	U_7	
X_1	$((s_1^2, 0), (s_2^2, 0))$	$((s_2^2, 0), (s_3^2, 0))$	$((s_3^2, 0), (s_3^2, 0))$	
X_2	$((s_0^2, 0), (s_2^2, 0))$	$((s_3^2, 0), (s_3^2, 0))$	$((s_3^2, 0), (s_3^2, 0))$	
X_3	$((s_1^2, 0), (s_2^2, 0))$	$((s_3^2, 0), (s_3^2, 0))$	$((s_3^2, 0), (s_3^2, 0))$	

表 4-18 二元语义矩阵 $\tilde{S}_3$

空间数据	U_1	U_2	U_3	U_4
X_1	$((s_3^4, 0), (s_4^3, 0))$	$((s_4^3, 0), (s_4^3, 0))$	$((s_3^4, 0), (s_4^3, 0))$	$((s_2^3, 0), (s_3^3, 0))$
X_2	$((s_4^3, 0), (s_4^3, 0))$	$((s_2^3, 0), (s_3^3,))$	$((s_2^3, 0), (s_3^3,))$	$((s_2^3, 0), (s_3^3,))$
X_3	$((s_3^4, 0), (s_4^3, 0))$	$((s_3^4, 0), (s_4^3, 0))$	$((s_3^4, 0), (s_4^3, 0))$	$((s_2^3, 0), (s_3^3,))$
空间数据	U_5	U_6	U_7	
X_1	$((s_{-2}^3, 0), (s_0^3, 0))$	$((s_3^4, 0), (s_4^3, 0))$	$((s_4^3, 0), (s_4^3, 0))$	
X_2	$((s_0^3, 0), (s_3^3, 0))$	$((s_3^4, 0), (s_4^3, 0))$	$((s_4^3, 0), (s_4^3, 0))$	
X_3	$((s_3^4, 0), (s_4^3, 0))$	$((s_3^4, 0), (s_4^3, 0))$	$((s_4^3, 0), (s_4^3, 0))$	

以 9 粒度语言作为基本语言短语集，则专家 e_1、e_2 的语言信息应按式(4-15)进行处理，结果如表 4-19 和表 4-20 所示。

表 4-19　二元语义矩阵 $\overset{\approx}{S}_1$

空间数据	U_1	U_2	U_3	U_4
X_1	$((s_0^3,0),(s_2^3,0))$	$((s_2^3,0)(s_4^3,0))$	$((s_0^3,0),(s_4^3,0))$	$((s_0^3,0),(s_4^3,0))$
X_2	$((s_2^3,0),(s_4^3,0))$	$((s_0^3,0),(s_4^3,0))$	$((s_{-2}^3,0),(s_0^3,0))$	$((s_2^3,0),(s_4^3,0))$
X_3	$((s_2^3,0),(s_4^3,0))$	$((s_4^3,0),(s_4^3,0))$	$((s_2^3,0),(s_4^3,0))$	$((s_2^3,0),(s_4^3,0))$
空间数据	U_5	U_6	U_7	
X_1	$((s_{-2}^3,0),(s_0^3,0))$	$((s_2^3,0),(s_4^3,0))$	$((s_4^3,0),(s_4^3,0))$	
X_2	$((s_2^3,0),(s_2^3,0))$	$((s_2^3,0),(s_4^3,0))$	$((s_4^3,0),(s_4^3,0))$	
X_3	$((s_2^3,0),(s_4^3,0))$	$((s_4^3,0),(s_4^3,0))$	$((s_4^3,0),(s_4^3,0))$	

表 4-20　二元语义矩阵 $\overset{\approx}{S}_2$

空间数据	U_1	U_2	U_3
X_1	$\left(\left(s_3^3,-\frac{1}{3}\right),(s_4^3,0)\right)$	$\left(\left(s_1^3,\frac{1}{3}\right),\left(s_3^3,-\frac{1}{3}\right)\right)$	$\left((s_0^3,0),\left(s_3^3,-\frac{1}{3}\right)\right)$
X_2	$((s_4^3,0),(s_4^3,0))$	$\left(\left(s_1^3,\frac{1}{3}\right),(s_4^3,0)\right)$	$\left(\left(s_1^3,\frac{1}{3}\right),\left(s_3^3,-\frac{1}{3}\right)\right)$
X_3	$\left((s_0^3,0),\left(s_3^3,-\frac{1}{3}\right)\right)$	$\left(\left(s_1^3,\frac{1}{3}\right),(s_4^3,0)\right)$	$\left(\left(s_3^3,-\frac{1}{3}\right),(s_4^3,0)\right)$
空间数据	U_4	U_5	U_6
X_1	$\left((s_0^3,0),\left(s_1^3,\frac{1}{3}\right)\right)$	$\left(\left(s_1^3,\frac{1}{3}\right),\left(s_3^3,-\frac{1}{3}\right)\right)$	$\left(\left(s_3^3,-\frac{1}{3}\right),(s_4^3,0)\right)$
X_2	$\left(\left(s_3^4,-\frac{1}{3}\right),(s_4^3,0)\right)$	$\left((s_0^3,0),\left(s_3^3,-\frac{1}{3}\right)\right)$	$((s_4^3,0),(s_4^3,0))$
X_3	$((s_4^3,0),(s_4^3,0))$	$\left(\left(s_1^3,\frac{1}{3}\right),\left(s_3^3,-\frac{1}{3}\right)\right)$	$((s_4^3,0),(s_4^3,0))$
空间数据	U_7		
X_1	$((s_4^3,0),(s_4^3,0))$		
X_2	$((s_4^3,0),(s_4^3,0))$		
X_3	$((s_4^3,0),(s_4^3,0))$		

按式(4-12)计算各个专家对每个方案的评价值为

$z_1^1=((s_1,-0.50),(s_3,-0.10))$，$z_2^1=((s_1,0.20),(s_3,0.30))$

$z_3^1=((s_3,-0.30),(s_4,0))$

$z_1^2=((s_2,-0.47),(s_3,-0.07))$，$z_2^2=((s_2,0.27),(s_3,0.47))$

$z_3^2=((s_2,-0.2),(s_3,0.47))$

$z_1^3=((s_2,0.1),(s_3,0.25))$，$z_2^3=((s_2,0.35),(s_3,0.35))$

$z_3^3=((s_3,-0.10),(s_4,-0.15))$

根据专家的权重，计算每个方案的综合评价值为

$z_1=((s_1,0.392),(s_2,0.017)),z_2=((s_2,-0.027),(s_3,0.383))$

$z_3=((s_2,0.400),(s_4,-0.257))$

把二元语义值转化为不确定语言，为

$$z_1=(s_{1.392},s_{2.017}),z_2=(s_{1.973},s_{3.383}),z_3=(s_{2.400},s_{3.743})$$

根据式(4-9)计算可能度矩阵为

$$\boldsymbol{P}=\begin{bmatrix}0.5 & 0.022 & 0\\0.978 & 0.5 & 0.357\\1.000 & 0.643 & 0.5\end{bmatrix}$$

对每行求和分别得：$p_1=0.522,p_2=1.835,p_3=2.143$。因此，空间数据3质量最好。

第 5 章　模糊语言的空间数据质量评价

本章主要研究三角模糊语言、梯形模糊语言等传统模糊语言，以及犹豫模糊语言和直觉模糊语言，并运用这些语言方法进行空间数据质量评价。

5.1　概　述

由于评价环境的复杂性和不确定性，以及人类思维的不精确性和认知的有限性，决定了评价活动的不确定性常态。采用语言形式的信息来描述偏好信息比较符合人类思维的模糊性和不确定性，有利于评价者把握事物的真实状态和减轻评价者的认知压力。因此，基于语言信息的评价研究已成为近年来评价科学界的一个新焦点。

5.1.1　语言评价模式

当评价者表达其观点的信息为语言信息时，其评价方法便是语言评价方法。但语言评价方法较之其他评价方法更关心的是语言信息如何表达、如何处理等问题。纵观目前的语言评价分析体系，它们均由三个核心环节构成。

1. 语言术语集和语言变量的选择

语言术语集是用于表达评价观点的语言信息的集合或取值范围。由于评价者对评价问题的理解程度不同，或评价自身的主观因素等方面存在差异，致使评价可能会采用不同的语言术语集进行判断。此外，评价压力大、评价时间紧迫或者评价者的评价风格不同，也会导致评价所采用的语言信息的变量不同，他们可能采用语言变量、不确定语言变量、三角模糊语言变量，或者采用梯形模糊语言变量等进行观点的表达。

2. 用于集成语言信息的集结算子的选择

语言集结算子将多个语言信息整合成综合语言信息。由于评价问题的不同，评价者的意图也不同，需要选择恰当的语言信息的综合。例如，在选择语言集结算子时，需考虑是否强调准则间的系统性或补偿性，是否需要考虑集结变量间的相互关联性，是否需要考虑集结变量间存在优先级关系等，评价者是持乐观评价态度、中肯的评价态度还是悲观评价态度等主观因素。因此，语言集结算子对评价结果的正确性至关重要。在众多的集结算子中，较为基础的且应用较为广泛的有算数平均，加权算数平均以及取中值、取大、取小等集结算子。其中，取大、取小运算较为极端片面,在集结过程中评价信息损失较为严重;平均型算子则可以中和地补偿或者妥协地考虑所有评价因素,因此得到了深入的研究和广泛的应用。而提出的有序加权平均算子则泛化了取中值、取均值、取大、取小等诸多集结算子,近年来也得到了深入的研究和广泛的应用。

3. 语言信息的集成求解

语言信息的集成求解一般又分为两个子环节。集成语言信息形成反映评价方案的整体语言性能值。利用所选择的语言集结算子,将评价方案的多个准则的性能值集成为反映评价方案的整体性能值;将多个评价者观点集成,从而形成群体观点;或者在多时段动态评价问题中,将各个时段获取的评价信息集成,从而形成整个评价过程的评价信息。根据整体的语言性能值进行择优、分类或者排序。从上述语言评价分析体系的构成来看,易知语言评价实质是在评价观点的准确表示后的集结。下面分别就用于反映评价者观点的语言术语集、语言变量的表示和基本运算,以及语言信息的集结展开必要的分析。

5.1.2 语言评价方法构造

在评价过程中,评价信息的表达是其基础,评价信息的集结是其支柱。评价方法的本质是将评价信息按不同的方式,用不同的信息集结技术,将多个评价者对评价方案的多个侧面的性能值加以融合,形成反映评价方案整体性能情况的过程。构造语言评价方法的过程一般有以下几步:

(1)信源。信源具体指用于评价的信息的来源,如评价方案的指标值、评价者对评价方案的判断值等。由信源获得的评价信息是评价的基础,直接决定着评价结果。由于语言评价过程中参与评价的信息是语言信息且并不是唯一的,它由语言信息的取值域(语言术语集)、语言信息的类型(不确定语言信息、三角模糊语言信息)等决定。

(2)运算规则。指用于指导语言信息的处理规则,它是语言评价得以进行的前提。由于语言信息作为一种新型的信息参与评价,目前它的一些基本规则还尚未完善。因此需要对其进行研究,它是研究语言评价方法不可或缺的一个基础环节。

(3)集结算子。将多个信息源的信息加以整合形成反映系统整体情况。语言信息的集结算子是语言评价的核心。为了反映评价方案的整体性和协调性,常常采用平均型集结算子对其信息进行整合。

(4)评价方法。采用不同的规则和规则形成不同形式的评价方法。在诸多评价方法中基于效用形式(简单线性加权和法)、偏好关系(层次分析法)、距离测度(TOPSIS)的评价方法研究和应用较为深入和广泛。

5.2　传统模糊语言变量及其运算规则

5.2.1　基本运算法则

1. 对于任意两个不确定语言术语

$\tilde{s}_1$、$\tilde{s}_2 \in \bar{S}$，$\mu \in [0,1]$，其基本运算规则有：

(1) $\mu\tilde{s}_1 = \mu[s_{\alpha_1}, s_{\beta_1}] = [s_{\mu\alpha_1}, s_{\mu\beta_1}]$。

(2) $\tilde{s}_1 \oplus \tilde{s}_2 = [s_{\alpha_1}, s_{\beta_1}] + [s_{\alpha_2}, s_{\beta_2}] = [s_{\alpha_1+\alpha_2}, s_{\beta_1+\beta_2}]$。

2. 三角模糊语言变量

定义 5-1　设 $\hat{s} = [s_\alpha, s_\beta, s_\gamma]$，其中 s_α、s_β、$s_\gamma \in \bar{S}$，s_α、s_β、s_γ 分别是 $\hat{s}$ 的下限、中点和上限值，则称 $\hat{s}$ 为三角语言变量，其隶属函数为

$$\mu_{\hat{s}}(\theta) = \begin{cases} \dfrac{d(s_\theta, s_\alpha)}{d(s_\beta, s_\alpha)}, & s_\alpha \leqslant s_\theta \leqslant s_\beta \\ \dfrac{d(s_\theta, s_\gamma)}{d(s_\gamma, s_\beta)}, & s_\beta \leqslant s_\theta \leqslant s_\gamma \\ 0, & \text{其他} \end{cases} \tag{5-1}$$

对于任意两个三角模糊语言术语 $\hat{s}_1$、$\hat{s}_2 \in \bar{S}$，$\mu \in [0,1]$，其基本运算规则有：

(1) $\mu\hat{s}_1 = \mu[s_{\alpha_1}, s_{\beta_1}, s_{\gamma_1}] = [s_{\mu\alpha_1}, s_{\mu\beta_1}, s_{\mu\gamma_1}]$。

(2) $\hat{s}_1 \oplus \hat{s}_2 = [s_{\alpha_1}, s_{\beta_1}, s_{\gamma_1}] + [s_{\alpha_2}, s_{\beta_2}, s_{\gamma_2}] = [s_{\alpha_1+\alpha_2}, s_{\beta_1+\beta_2}, s_{\gamma_1+\gamma_2}]$。

3. 梯形模糊语言变量

定义 5-2　设 $\widehat{s} = [s_\alpha, s_\beta, s_\gamma, s_\eta]$，其中 s_α、s_β、s_γ、$s_\eta \in \bar{S}$，s_β、s_γ 是 $\widehat{s}$ 隶属值为 1 的区间，s_α、s_η 分别是 $\widehat{s}$ 的上下界，则称 $\widehat{s}$ 为梯形语言变量，其隶属函数为

$$\mu_{\widehat{s}}(\theta) = \begin{cases} \dfrac{d(s_\theta, s_\alpha)}{d(s_\beta, s_\alpha)}, & s_\alpha \leqslant s_\theta \leqslant s_\beta \\ 1, & s_\beta \leqslant s_\theta \leqslant s_\gamma \\ \dfrac{d(s_\theta, s_\eta)}{d(s_\gamma, s_\eta)}, & s_\gamma \leqslant s_\theta \leqslant s_\eta \\ 0, & \text{其他} \end{cases} \tag{5-2}$$

对于任意两个梯形模糊语言术语 $\widehat{s}_1$、$\widehat{s}_2 \in \bar{S}$，以及 $\mu \in [0,1]$，其基本运算规则有：

(1) $\mu\widehat{s}_1 = \mu[s_{\alpha_1}, s_{\beta_1}, s_{\gamma_1}, s_{\eta_1}] = [s_{\mu\alpha_1}, s_{\mu\beta_1}, s_{\mu\gamma_1}, s_{\mu\eta_1}]$。

(2) $\widehat{s}_1 \oplus \widehat{s}_2 = [s_{\alpha_1}, s_{\beta_1}, s_{\gamma_1}, s_{\eta_1}] + [s_{\alpha_2}, s_{\beta_2}, s_{\gamma_2}, s_{\eta_2}] = [s_{\alpha_1+\alpha_2}, s_{\beta_1+\beta_2}, s_{\gamma_1+\gamma_2}, s_{\eta_1+\eta_2}]$。

5.2.2 不同类型下的多粒度语言信息运算规则

1. 不同粒度的语言变量运算规则

考虑两个不同语言术语集的语言变量 $s_x \in S^{g_1}$、$s_y \in S^{g_2}$，其中 S^{g_1} 表示粒度为 g_1，即该术语集有 g_1 个语言取值。不失一般性，设 $s_y \in S^{g_2}$ 为基础术语，$s_x \in S^{g_1}$ 为辅助术语，则不同语言术语集的语言运算规则如下：

(1) $\mu s_x = s_{\mu x}, \mu \in [0,1]$。

(2) $s_x \oplus s_y = s_{\frac{g_2-1}{g_1-1}x+y}$。

(3) $s_x \otimes s_y = s_{\frac{g_2-1}{g_1-1}x\times y}$。

2. 不同粒度的不确定语言变量运算规则

考虑两个不同语言术语集的不确定语言变量 $\tilde{s}_x = [s_{\alpha_x}, s_{\beta_x}]$ 和 $\tilde{s}_y = [s_{\alpha_y}, s_{\beta_y}]$，$s_{\alpha_x}$、$s_{\beta_x} \in S^{g_1}$，$s_{\alpha_y}$、$s_{\beta_y} \in S^{g_2}$。其中，$\tilde{s}_y$ 为基础术语，$\tilde{s}_x$ 为辅助术语，则不同语言术语集的不确定语言运算规则如下：

(1) $\mu\tilde{s}_x = [s_{\mu\alpha_x}, s_{\mu\beta_x}], \mu \in [0,1]$。

(2) $\tilde{s}_x \oplus \tilde{s}_y = \left[s_{\frac{g_2-1}{g_1-1}\alpha_x+\alpha_y}, s_{\frac{g_2-1}{g_1-1}\beta_x+\beta_y}\right]$。

(3) $\tilde{s}_x \otimes \tilde{s}_y = \left[s_{\frac{g_2-1}{g_1-1}\alpha_x\times\alpha_y}, s_{\frac{g_2-1}{g_1-1}\beta_x\times\beta_y}\right]$。

3. 不同粒度的三角模糊语言变量运算规则

考虑两个不同语言术语集的三角模糊语言变量 $\hat{s}_x = [s_{\alpha_x}, s_{\beta_x}, s_{\gamma_x}]$ 和 $\hat{s}_y = [s_{\alpha_y}, s_{\beta_y}, s_{\gamma_y}]$，$s_{\alpha_x}$、$s_{\beta_x}$、$s_{\gamma_x} \in S^{g_1}$，$s_{\alpha_y}$、$s_{\beta_y}$、$s_{\gamma_y} \in S^{g_2}$。其中，$\hat{s}_y$ 为基础术语，$\hat{s}_x$ 为辅助术语，则不同语言术语集的三角模糊语言运算规则有：

(1) $\mu\hat{s}_x = [s_{\mu\alpha_x}, s_{\mu\beta_x}, s_{\mu\gamma_x}], \mu \in [0,1]$。

(2) $\hat{s}_x \oplus \hat{s}_y = \left[s_{\frac{g_2-1}{g_1-1}\alpha_x+\alpha_y}, s_{\frac{g_2-1}{g_1-1}\beta_x+\beta_y}, s_{\frac{g_2-1}{g_1-1}\gamma_x+\gamma_y}\right]$。

(3) $\hat{s}_x \otimes \hat{s}_y = \left[s_{\frac{g_2-1}{g_1-1}\alpha_x\times\alpha_y}, s_{\frac{g_2-1}{g_1-1}\beta_x\times\beta_y}, s_{\frac{g_2-1}{g_1-1}\gamma_x\times\gamma_y}\right]$。

4. 不同粒度的梯形模糊语言变量运算规则

考虑两个不同语言术语集的梯形模糊语言变量 $\widehat{s}_x = [s_{\alpha_x}, s_{\beta_x}, s_{\gamma_x}, s_{\eta_x}]$ 和 $\widehat{s}_y = [s_{\alpha_y}, s_{\beta_y}, s_{\gamma_y}, s_{\eta_y}]$，$s_{\alpha_x}$、$s_{\beta_x}$、$s_{\gamma_x}$、$s_{\eta_x} \in S^{g_1}$，$s_{\alpha_y}$、$s_{\beta_y}$、$s_{\gamma_y}$、$s_{\eta_y} \in S^{g_2}$。其中，$\widehat{s}_y$ 为基础术语，$\widehat{s}_x$ 为辅助术语，则不同语言术语集的梯形模糊语言运算规则有：

(1) $\mu\widehat{s}_x = [s_{\mu\alpha_x}, s_{\mu\beta_x}, s_{\mu\gamma_x}, s_{\mu\eta_x}], \mu \in [0,1]$。

(2) $\widehat{s}_x \oplus \widehat{s}_y = \left[s_{\frac{g_2-1}{g_1-1}\alpha_x+\alpha_y}, s_{\frac{g_2-1}{g_1-1}\beta_x+\beta_y}, s_{\frac{g_2-1}{g_1-1}\gamma_x+\gamma_y}, s_{\frac{g_2-1}{g_1-1}\eta_x+\eta_y} \right]$。

(3) $\widehat{s}_x \otimes \widehat{s}_y = \left[s_{\frac{g_2-1}{g_1-1}\alpha_x\times\alpha_y}, s_{\frac{g_2-1}{g_1-1}\beta_x\times\beta_y}, s_{\frac{g_2-1}{g_1-1}\gamma_x\times\gamma_y}, s_{\frac{g_2-1}{g_1-1}\eta_x\times\eta_y} \right]$。

5.2.3 不同类型下的同粒度语言信息运算规则

1. 以梯形模糊语言为基础评价信息的运算

1)梯形模糊语言与语言信息间的运算规则

(1) $\widehat{s}_x \oplus s_y = [s_{\alpha_x} \oplus s_y, s_{\beta_x} \oplus s_y, s_{\gamma_x} \oplus s_y, s_{\eta_x} \oplus s_y]$
$= [s_{\alpha_x+y}, s_{\beta_x+y}, s_{\gamma_x+y}, s_{\eta_x+y}]$。

(2) $\widehat{s}_x \otimes s_y = [s_{\alpha_x} \otimes s_y, s_{\beta_x} \otimes s_y, s_{\gamma_x} \otimes s_y, s_{\eta_x} \otimes s_y]$
$= [s_{\alpha_x\times y}, s_{\beta_x\times y}, s_{\gamma_x\times y}, s_{\eta_x\times y}]$。

2)梯形模糊语言与不确定语言信息间的运算规则

(1) $\widehat{s}_x \oplus \tilde{s}_y = [s_{\alpha_x} \oplus s_{\alpha_y}, s_{\beta_x} \oplus s_{\alpha_y}, s_{\gamma_x} \oplus s_{\beta_y}, s_{\eta_x} \oplus s_{\beta_y}]$
$= [s_{\alpha_x+\alpha_y}, s_{\beta_x+\alpha_y}, s_{\gamma_x+\beta_y}, s_{\eta_x+\beta_y}]$。

(2) $\widehat{s}_x \otimes \tilde{s}_y = [s_{\alpha_x} \otimes s_{\alpha_y}, s_{\beta_x} \otimes s_{\alpha_y}, s_{\gamma_x} \otimes s_{\beta_y}, s_{\eta_x} \otimes s_{\beta_y}]$
$= [s_{\alpha_x\times\alpha_y}, s_{\beta_x\times\alpha_y}, s_{\gamma_x\times\beta_y}, s_{\eta_x\times\beta_y}]$。

3)梯形模糊语言与三角模糊语言信息间的运算规则

(1) $\widehat{s}_x \oplus \hat{s}_y = [s_{\alpha_x} \oplus s_{\alpha_y}, s_{\beta_x} \oplus s_{\beta_y}, s_{\gamma_x} \oplus s_{\beta_y}, s_{\eta_x} \oplus s_{\gamma_y}]$
$= [s_{\alpha_x+\alpha_y}, s_{\beta_x+\beta_y}, s_{\gamma_x+\beta_y}, s_{\eta_x+\gamma_y}]$。

(2) $\widehat{s}_x \otimes \hat{s}_y = [s_{\alpha_x} \otimes s_{\alpha_y}, s_{\beta_x} \otimes s_{\beta_y}, s_{\gamma_x} \otimes s_{\beta_y}, s_{\eta_x} \otimes s_{\gamma_y}]$
$= [s_{\alpha_x\times\alpha_y}, s_{\beta_x\times\beta_y}, s_{\gamma_x\times\beta_y}, s_{\eta_x\times\gamma_y}]$。

2. 以三角模糊语言为基础评价信息的运算

1)三角模糊语言与语言信息间的运算规则

(1) $\hat{s}_x \oplus s_y = [s_{\alpha_x} \oplus s_y, s_{\beta_x} \oplus s_y, s_{\gamma_x} \oplus s_y] = [s_{\alpha_x+y}, s_{\beta_x+y}, s_{\gamma_x+y}]$。

(2) $\hat{s}_x \otimes s_y = [s_{\alpha_x} \otimes s_y, s_{\beta_x} \otimes s_y, s_{\gamma_x} \otimes s_y] = [s_{\alpha_x\times y}, s_{\beta_x\times y}, s_{\gamma_x\times y}]$。

2)三角模糊语言与不确定语言信息间的运算规则

(1) $\hat{s}_x \oplus \tilde{s}_y = [s_{\alpha_x} \oplus s_{\alpha_y}, s_{\beta_x} \oplus s_{(\mu\alpha_y+(1-\mu)\beta_y)}, s_{\gamma_x} \oplus s_{\beta_y}]$
$= [s_{\alpha_x+\alpha_y}, s_{\beta_x+(\mu\alpha_y+(1-\mu)\beta_y)}, s_{\gamma_x+\beta_y}]$。

(2) $\hat{s}_x \otimes \tilde{s}_y = [s_{\alpha_x} \otimes s_{\alpha_y}, s_{\beta_x} \otimes s_{(\mu\alpha_y+(1-\mu)\beta_y)}, s_{\gamma_x} \otimes s_{\beta_y}, s_{\eta_x} \otimes s_{\beta_y}]$
$= [s_{\alpha_x\times\alpha_y}, s_{\beta_x\times(\mu\alpha_y+(1-\mu)\beta_y)}, s_{\gamma_x\times\beta_y}]$。

参数 $\mu \in [0,1]$ 为评价者的乐观度。当 $\mu > 0.5$ 时，表明评价者采取悲观态度；当 $\mu < 0.5$ 时，表明评价者采取乐观态度；当 $\mu = 0.5$ 时，表明评价者采取中肯

乐观态度。

3)三角模糊语言与梯形模糊语言信息间的运算规则

(1) $\hat{s}_x \oplus \widehat{s}_y = [s_{\alpha_x} \oplus s_{\alpha_y}, s_{\beta_x} \oplus s_{(\mu\beta_y+(1-\mu)\gamma_y)}, s_{\gamma_x} \oplus s_{\eta_y}]$

$= [s_{\alpha_x+\alpha_y}, s_{\beta_x+(\mu\beta_y+(1-\mu)\gamma_y)}, s_{\gamma_x+\eta_y}]$。

(2) $\hat{s}_x \otimes \widehat{s}_y = [s_{\alpha_x} \otimes s_{\alpha_y}, s_{\beta_x} \otimes s_{(\mu\beta_y+(1-\mu)\gamma_y)}, s_{\gamma_x} \otimes s_{\eta_y}]$

$= [s_{\alpha_x\times\alpha_y}, s_{\beta_x\times(\mu\beta_y+(1-\mu)\gamma_y)}, s_{\gamma_x\times\eta_y}]$。

3. 以不确定语言为基础评价信息的运算

1)不确定语言与语言信息间的运算规则

(1) $\tilde{s}_x \oplus s_y = [s_{\alpha_x} \oplus s_y, s_{\beta_x} \oplus s_y] = [s_{\alpha_x+y}, s_{\beta_x+y}]$。

(2) $\tilde{s}_x \otimes s_y = [s_{\alpha_x} \otimes s_y, s_{\beta_x} \otimes s_y] = [s_{\alpha_x\times y}, s_{\beta_x\times y}]$。

2)不确定语言与三角模糊语言信息间的运算规则

(1) $\tilde{s}_x \oplus \hat{s}_y = [s_{\alpha_x} \oplus s_{(\alpha_y+\mu\beta_y)}, s_{\beta_x} \oplus s_{(\mu\beta_y+(1-\mu)\gamma_y)}]$

$= [s_{\alpha_x+(\alpha_y+\mu\beta_y)}, s_{\beta_x+(\mu\beta_y+(1-\mu)\gamma_y)}]$。

(2) $\tilde{s}_x \oplus \hat{s}_y = [s_{\alpha_x} \otimes s_{(\alpha_y+\mu\beta_y)}, s_{\beta_x} \otimes s_{(\mu\beta_y+(1-\mu)\gamma_y)}]$

$= [s_{\alpha_x\times(\alpha_y+\mu\beta_y)}, s_{\beta_x\times(\mu\beta_y+(1-\mu)\gamma_y)}]$。

3)不确定语言与梯形模糊语言信息间的运算规则

(1) $\tilde{s}_x \oplus \widehat{s}_y = [s_{\alpha_x} \oplus s_{(\mu\alpha_y+(1-\mu)\beta_y)}, s_{\beta_x} \oplus s_{((1-\mu)\gamma_y+\mu\eta_y)}]$

$= [s_{\alpha_x+(\mu\alpha_y+(1-\mu)\beta_y)}, s_{\beta_x+((1-\mu)\gamma_y+\mu\eta_y)}]$。

(2) $\tilde{s}_x \otimes \widehat{s}_y = [s_{\alpha_x} \otimes s_{(\mu\alpha_y+(1-\mu)\beta_y)}, s_{\beta_x} \otimes s_{((1-\mu)\gamma_y+\mu\eta_y)}]$

$= [s_{\alpha_x\times(\mu\alpha_y+(1-\mu)\beta_y)}, s_{\beta_x\times((1-\mu)\gamma_y+\mu\eta_y)}]$。

4. 以语言变量为基础评价信息的运算

1)语言变量与不确定语言信息间的运算规则

(1) $s_x \oplus \tilde{s}_y = s_x \oplus s_{\mu\alpha y+(1-\mu)\beta_y} = s_{x+\mu\alpha y+(1-\mu)\beta_y}$。

(2) $s_x \otimes \tilde{s}_y = s_x \otimes s_{\mu\alpha y+(1-\mu)\beta_y} = s_{x\times(\mu\alpha y+(1-\mu)\beta_y)}$。

2)语言变量与三角模糊语言信息间的运算规则

(1) $s_x \oplus \hat{s}_y = s_x \oplus s_{\frac{\mu\alpha_y+\beta_y+(1-\mu)\gamma_y}{2}} = s_{x+\frac{\mu\alpha_y+\beta_y+(1-\mu)\gamma_y}{2}}$。

(2) $s_x \otimes \hat{s}_y = s_x \otimes s_{\frac{\mu\alpha_y+\beta_y+(1-\mu)\gamma_y}{2}} = s_{x\times\frac{\mu\alpha_y+\beta_y+(1-\mu)\gamma_y}{2}}$。

3)语言变量与梯形模糊语言信息间的运算规则

(1) $s_x \oplus \widehat{s}_y = s_x \oplus s_{\frac{\mu\alpha_y+\beta_y+(1-\mu)(\gamma_y+\eta_y)}{2}} = s_{x+\frac{\mu\alpha_y+\beta_y+(1-\mu)(\gamma_y+\eta_y)}{2}}$。

(2) $s_x \otimes \widehat{s}_y = s_x \otimes s_{\frac{\mu\alpha_y+\beta_y+(1-\mu)(\gamma_y+\eta_y)}{2}} = s_{x\times\frac{\mu\alpha_y+\beta_y+(1-\mu)(\gamma_y+\eta_y)}{2}}$。

5.2.4 不同类型下的多粒度语言信息运算规则

结合不同类型下的多粒度语言信息运算规则和不同类型下的同粒度语言信息运算规则,可以得到不同类型下的多粒度语言信息的运算规则。

1. 以梯形模糊语言变量为主术语的运算规则

(1) $$\overset{\frown}{s}_x^{g_2}\oplus s_y^{g_1}=[s_{\alpha_x}^{g_2},s_{\beta_x}^{g_2},s_{\gamma_x}^{g_2},s_{\eta_x}^{g_2}]\oplus s_y^{g_1}=\left[s_{\alpha_x+\frac{g_2-1}{g_1-1}y},s_{\beta_x+\frac{g_2-1}{g_1-1}y},s_{\gamma_x+\frac{g_2-1}{g_1-1}y},s_{\eta_x+\frac{g_2-1}{g_1-1}y}\right]。$$

(2) $$\overset{\frown}{s}_x^{g_2}\otimes s_y^{g_1}=[s_{\alpha_x}^{g_2},s_{\beta_x}^{g_2},s_{\gamma_x}^{g_2},s_{\eta_x}^{g_2}]\otimes s_y^{g_1}=\left[s_{\alpha_x\times\frac{g_2-1}{g_1-1}y},s_{\beta_x\times\frac{g_2-1}{g_1-1}y},s_{\gamma_x\times\frac{g_2-1}{g_1-1}y},s_{\eta_x\times\frac{g_2-1}{g_1-1}y}\right]。$$

(3) $$\overset{\frown}{s}_x^{g_2}\oplus \tilde{s}_y^{g_1}=[s_{\alpha_x}^{g_2}\oplus s_{\alpha_y}^{g_1},s_{\beta_x}^{g_2}\oplus s_{\alpha_y}^{g_1},s_{\gamma_x}^{g_2}\oplus s_{\beta_y}^{g_1},s_{\eta_x}^{g_2}\oplus s_{\beta_y}^{g_1}]=\left[s_{\alpha_x+\frac{g_2-1}{g_1-1}\alpha_y},s_{\beta_x+\frac{g_2-1}{g_1-1}\alpha_y},s_{\gamma_x+\frac{g_2-1}{g_1-1}\beta_y},s_{\eta_x+\frac{g_2-1}{g_1-1}\beta_y}\right]。$$

(4) $$\overset{\frown}{s}_x^{g_2}\times \tilde{s}_y^{g_1}=[s_{\alpha_x}^{g_2}\otimes s_{\alpha_y}^{g_1},s_{\beta_x}^{g_2}\otimes s_{\alpha_y}^{g_1},s_{\gamma_x}^{g_2}\otimes s_{\beta_y}^{g_1},s_{\eta_x}^{g_2}\otimes s_{\beta_y}^{g_1}]=\left[s_{\alpha_x\times\frac{g_2-1}{g_1-1}\alpha_y},s_{\beta_x\times\frac{g_2-1}{g_1-1}\alpha_y},s_{\gamma_x\times\frac{g_2-1}{g_1-1}\beta_y},s_{\eta_x\times\frac{g_2-1}{g_1-1}\beta_y}\right]。$$

(5) $$\overset{\frown}{s}_x^{g_2}\oplus \hat{s}_y^{g_1}=[s_{\alpha_x}^{g_2}\oplus s_{\alpha_y}^{g_1},s_{\beta_x}^{g_2}\oplus s_{\beta_y}^{g_1},s_{\gamma_x}^{g_2}\oplus s_{\beta_y}^{g_1},s_{\eta_x}^{g_2}\oplus s_{\gamma_y}^{g_1}]=\left[s_{\alpha_x+\frac{g_2-1}{g_1-1}\alpha_y},s_{\beta_x+\frac{g_2-1}{g_1-1}\beta_y},s_{\gamma_x+\frac{g_2-1}{g_1-1}\beta_y},s_{\eta_x+\frac{g_2-1}{g_1-1}\gamma_y}\right]。$$

(6) $$\overset{\frown}{s}_x^{g_2}\otimes \hat{s}_y^{g_1}=[s_{\alpha_x}^{g_2}\otimes s_{\alpha_y}^{g_1},s_{\beta_x}^{g_2}\otimes s_{\beta_y}^{g_1},s_{\gamma_x}^{g_2}\otimes s_{\beta_y}^{g_1},s_{\eta_x}^{g_2}\otimes s_{\gamma_y}^{g_1}]=\left[s_{\alpha_x\times\frac{g_2-1}{g_1-1}\alpha_y},s_{\beta_x\times\frac{g_2-1}{g_1-1}\beta_y},s_{\gamma_x\times\frac{g_2-1}{g_1-1}\beta_y},s_{\eta_x\times\frac{g_2-1}{g_1-1}\gamma_y}\right]。$$

2. 以三角模糊语言为基础评价信息的运算规则

(1) $$\hat{s}_x^{g_2}\oplus s_y^{g_1}=[s_{\alpha_x}^{g_2}\oplus s_y^{g_1},s_{\beta_x}^{g_2}\oplus s_y^{g_1},s_{\gamma_x}^{g_2}\oplus s_y^{g_1}]=\left[s_{\alpha_x+\frac{g_2-1}{g_1-1}y},s_{\beta_x+\frac{g_2-1}{g_1-1}y},s_{\gamma_x+\frac{g_2-1}{g_1-1}y}\right]。$$

(2) $$\hat{s}_x^{g_2}\otimes s_y^{g_1}=[s_{\alpha_x}^{g_2}\otimes s_y^{g_1},s_{\beta_x}^{g_2}\otimes s_y^{g_1},s_{\gamma_x}^{g_2}\otimes s_y^{g_1}]=\left[s_{\alpha_x\times\frac{g_2-1}{g_1-1}y},s_{\beta_x\times\frac{g_2-1}{g_1-1}y},s_{\gamma_x\times\frac{g_2-1}{g_1-1}y}\right]。$$

(3) $$\hat{s}_x^{g_2}\oplus \tilde{s}_y^{g_1}=[s_{\alpha_x}^{g_2}\oplus s_{\alpha_y}^{g_1},s_{\beta_x}^{g_2}\oplus s_{(\mu\alpha_y+(1-\mu)\beta_y)}^{g_1},s_{\gamma_x}^{g_2}\oplus s_{\beta_y}^{g_1}]=\left[s_{\alpha_x+\frac{g_2-1}{g_1-1}\alpha_y},s_{\beta_x+\frac{g_2-1}{g_1-1}(\mu\alpha_y+(1-\mu)\beta_y)},s_{\gamma_x+\frac{g_2-1}{g_1-1}\beta_y}\right]。$$

(4) $$\hat{s}_x^{g_2}\otimes \tilde{s}_y^{g_1}=[s_{\alpha_x}^{g_2}\otimes s_{\alpha_y}^{g_1},s_{\beta_x}^{g_2}\otimes s_{(\mu\alpha_y+(1-\mu)\beta_y)}^{g_1},s_{\gamma_x}^{g_2}\otimes s_{\beta_y}^{g_1}]=\left[s_{\alpha_x\times\frac{g_2-1}{g_1-1}\alpha_y},s_{\beta_x\times\frac{g_2-1}{g_1-1}(\mu\alpha_y+(1-\mu)\beta_y)},s_{\gamma_x\times\frac{g_2-1}{g_1-1}\beta_y}\right]。$$

(5) $\hat{s}_x^{g_2} \oplus \frown{s}_y^{g_1} = [s_{\alpha_x}^{g_2} \oplus s_{\alpha_y}^{g_1}, s_{\beta_x}^{g_2} \oplus s_{(\mu\beta_y+(1-\mu)\gamma_y)}^{g_1}, s_{\gamma_x}^{g_2} \oplus s_{\eta_y}^{g_1}]$

$= \left[s_{\alpha_x+\frac{g_2-1}{g_1-1}\alpha_y}, s_{\beta_x+\frac{g_2-1}{g_1-1}(\mu\beta_y+(1-\mu)\gamma_y)}, s_{\gamma_x+\frac{g_2-1}{g_1-1}\eta_y}\right]$。

(6) $\hat{s}_x^{g_2} \otimes \frown{s}_y^{g_1} = [s_{\alpha_x}^{g_2} \otimes s_{\alpha_y}^{g_1}, s_{\beta_x}^{g_2} \otimes s_{(\mu\beta_y+(1-\mu)\gamma_y)}^{g_1}, s_{\gamma_x}^{g_2} \times s_{\eta_y}^{g_1}]$

$= \left[s_{\alpha_x\times\frac{g_2-1}{g_1-1}\alpha_y}, s_{\beta_x\times\frac{g_2-1}{g_1-1}(\mu\beta_y+(1-\mu)\gamma_y)}, s_{\gamma_x\times\frac{g_2-1}{g_1-1}\eta_y}\right]$。

3. 以不确定语言为基础评价信息的运算规则

(1) $\tilde{s}_x^{g_2} \oplus s_y^{g_1} = [s_{\alpha_x}^{g_2} \oplus s_y^{g_1}, s_{\beta_x}^{g_2} \oplus s_y^{g_1}] = \left[s_{\alpha_x+\frac{g_2-1}{g_1-1}y}, s_{\beta_x+\frac{g_2-1}{g_1-1}y}\right]$。

(2) $\tilde{s}_x^{g_2} \otimes s_y^{g_1} = [s_{\alpha_x}^{g_2} \otimes s_y^{g_1}, s_{\beta_x}^{g_2} \otimes s_y^{g_1}] = \left[s_{\alpha_x\times\frac{g_2-1}{g_1-1}y}, s_{\beta_x\times\frac{g_2-1}{g_1-1}y}\right]$。

(3) $\tilde{s}_x^{g_2} \oplus \hat{s}_y^{g_1} = [s_{\alpha_x}^{g_2} \oplus s_{(\alpha_y+\mu\beta_y)}^{g_1}, s_{\beta_x}^{g_2} \oplus s_{(\mu\beta_y+(1-\mu)\gamma_y)}^{g_1}]$

$= \left[s_{\alpha_x+\frac{g_2-1}{g_1-1}(\alpha_y+\mu\beta_y)}, s_{\beta_x+\frac{g_2-1}{g_1-1}(\mu\beta_y+(1-\mu)\gamma_y)}\right]$。

(4) $\tilde{s}_x^{g_2} \otimes \hat{s}_y^{g_1} = [s_{\alpha_x}^{g_2} \otimes s_{(\alpha_y+\mu\beta_y)}^{g_1}, s_{\beta_x}^{g_2} \otimes s_{(\mu\beta_y+(1-\mu)\gamma_y)}^{g_1}]$

$= \left[s_{\alpha_x\times\frac{g_2-1}{g_1-1}(\alpha_y+\mu\beta_y)}, s_{\beta_x\times\frac{g_2-1}{g_1-1}(\mu\beta_y+(1-\mu)\gamma_y)}\right]$。

(5) $\tilde{s}_x^{g_2} \oplus \frown{s}_y^{g_1} = [s_{\alpha_x}^{g_2} \oplus s_{(\mu\alpha_y+(1-\mu)\beta_y)}^{g_1}, s_{\beta_x}^{g_2} \oplus s_{((1-\mu)\gamma_y+\mu\eta_y)}^{g_1}]$

$= \left[s_{\alpha_x+\frac{g_2-1}{g_1-1}(\mu\alpha_y+(1-\mu)\beta_y)}, s_{\beta_x+\frac{g_2-1}{g_1-1}((1-\mu)\gamma_y+\mu\eta_y)}\right]$。

(6) $\tilde{s}_x^{g_2} \otimes \frown{s}_y^{g_1} = [s_{\alpha_x}^{g_2} \otimes s_{(\mu\alpha_y+(1-\mu)\beta_y)}^{g_1}, s_{\beta_x}^{g_2} \otimes s_{((1-\mu)\gamma_y+\mu\eta_y)}^{g_1}]$

$= \left[s_{\alpha_x\times\frac{g_2-1}{g_1-1}(\mu\alpha_y+(1-\mu)\beta_y)}, s_{\beta_x\times\frac{g_2-1}{g_1-1}((1-\mu)\gamma_y+\mu\eta_y)}\right]$。

4. 以语言变量为基础评价信息的运算规则

(1) $s_x^{g_2} \oplus \tilde{s}_y^{g_1} = s_x^{g_2} \oplus s_{\mu\alpha y+(1-\mu)\beta_y}^{g_1} = s_{x+\frac{g_2-1}{g_1-1}(\mu\alpha y+(1-\mu)\beta_y)}$。

(2) $s_x^{g_2} \otimes \tilde{s}_y^{g_1} = s_x^{g_2} \otimes s_{\mu\alpha y+(1-\mu)\beta_y}^{g_1} = s_{x\times\frac{g_2-1}{g_1-1}(\mu\alpha y+(1-\mu)\beta_y)}$。

(3) $s_x^{g_2} \oplus \hat{s}_y^{g_1} = s_x^{g_2} \oplus s_{\frac{\mu\alpha_y+\beta_y+(1-\mu)\gamma_y}{2}}^{g_1} = s_{x+\frac{g_2-1}{g_1-1}\cdot\frac{\mu\alpha_y+\beta_y+(1-\mu)\gamma_y}{2}}$。

(4) $s_x^{g_2} \otimes \hat{s}_y^{g_1} = s_x^{g_2} \otimes s_{\frac{\mu\alpha_y+\beta_y+(1-\mu)\gamma_y}{2}}^{g_1} = s_{x\times\frac{g_2-1}{g_1-1}\cdot\frac{\mu\alpha_y+\beta_y+(1-\mu)\gamma_y}{2}}$。

(5) $s_x^{g_2} \oplus \frown{s}_y^{g_1} = s_x^{g_2} \oplus s_{\frac{\mu\alpha_y+\beta_y+(1-\mu)(\gamma_y+\eta_y)}{2}}^{g_1} = s_{x+\frac{g_2-1}{g_1-1}\cdot\frac{\mu\alpha_y+\beta_y+(1-\mu)(\gamma_y+\eta_y)}{2}}$。

(6) $s_x^{g_2} \otimes \frown{s}_y^{g_1} = s_x^{g_2} \otimes s_{\frac{\mu\alpha_y+\beta_y+(1-\mu)(\gamma_y+\eta_y)}{2}}^{g_1} = s_{x\times\frac{g_2-1}{g_1-1}\cdot\frac{\mu\alpha_y+\beta_y+(1-\mu)(\gamma_y+\eta_y)}{2}}$。

5.3　传统模糊语言的空间数据质量评价

5.3.1　不同粒度模糊语言的比较

定义 5-3　设 $\tilde{s}_1^{g_1}=[s_{\alpha_1}^{g_1},s_{\beta_1}^{g_1}]$、$\tilde{s}_2^{g_2}=[s_{\alpha_2}^{g_2},s_{\beta_2}^{g_2}]$ 是分别取自粒度为 g_1 和 g_2 语言两个术语集的两个不确定语言变量，则 $\tilde{s}_1^{g_1}$ 不小于 $\tilde{s}_2^{g_2}$（$\tilde{s}_1^{g_1}\geqslant\tilde{s}_2^{g_2}$）的可能度 $Pos(\tilde{s}_1^{g_1}\geqslant\tilde{s}_2^{g_2})$ 定义为

$$Pos(\tilde{s}_1^{g_1}\geqslant\tilde{s}_2^{g_2})=\frac{\max(0,(g_2-1)\beta_2-(g_1-1)\alpha_2)-\max(0,(g_2-1)\alpha_1-(g_1-1)\beta_2)}{(g_2-1)(\beta_1-\alpha_1)+(g_1-1)(\beta_2-\alpha_2)} \tag{5-3}$$

定义 5-4　设 $\hat{s}_1^{g_1}=[s_{\alpha_1}^{g_1},s_{\beta_1}^{g_1},s_{\gamma_1}^{g_1}]$、$\hat{s}_2^{g_2}=[s_{\alpha_2}^{g_2},s_{\beta_2}^{g_2},s_{\gamma_2}^{g_2}]$ 是分别取自粒度为 g_1 和 g_2 语言两个术语集的两个三角模糊语言变量，则 $\hat{s}_1^{g_1}$ 不小于 $\hat{s}_2^{g_2}$（$\hat{s}_1^{g_1}\geqslant\hat{s}_2^{g_2}$）的可能度 $Pos(\hat{s}_1^{g_1}\geqslant\hat{s}_2^{g_2})$ 定义为

$$\begin{aligned}Pos(\hat{s}_1^{g_1}\geqslant\hat{s}_2^{g_2})=&\mu\frac{\max(0,(g_2-1)\beta_1-(g_1-1)\alpha_2)-\max(0,(g_2-1)\alpha_1-(g_1-1)\beta_2)}{(g_2-1)(\beta_1-\alpha_1)+(g_1-1)(\beta_2-\alpha_2)}+\\&(1-\mu)\frac{\max(0,(g_2-1)\gamma_1-(g_1-1)\beta_2)-\max(0,(g_2-1)\beta_1-(g_1-1)\gamma_2)}{(g_2-1)(\gamma_1-\beta_1)+(g_1-1)(\gamma_2-\beta_2)}\end{aligned} \tag{5-4}$$

定义 5-5　设 $\widehat{s}_1^{g_1}=[s_{\alpha_1}^{g_1},s_{\beta_1}^{g_1},s_{\gamma_1}^{g_1},s_{\eta_1}^{g_1}]$、$\widehat{s}_2^{g_2}=[s_{\alpha_2}^{g_2},s_{\beta_2}^{g_2},s_{\gamma_2}^{g_2},s_{\eta_2}^{g_2}]$ 是分别取自粒度为 g_1 和 g_2 语言两个术语集的两个梯形模糊语言变量，则 $\widehat{s}_1^{g_1}$ 不小于 $\widehat{s}_2^{g_2}$（$\widehat{s}_1^{g_1}\geqslant\widehat{s}_2^{g_2}$）的可能度 $Pos(\widehat{s}_1^{g_1}\geqslant\widehat{s}_2^{g_2})$ 定义为

$$\begin{aligned}Pos(\widehat{s}_1^{g_1}\geqslant\widehat{s}_2^{g_2})=&\frac{1}{2}(\mu\frac{\max(0,(g_2-1)\beta_1-(g_1-1)\alpha_2)-\max(0,(g_2-1)\alpha_1-(g_1-1)\beta_2)}{(g_2-1)(\beta_1-\alpha_1)+(g_1-1)(\beta_2-\alpha_2)}+\\&\frac{\max(0,(g_2-1)\gamma_1-(g_1-1)\beta_2)-\max(0,(g_2-1)\beta_1-(g_1-1)\gamma_2)}{(g_2-1)(\gamma_1-\beta_1)+(g_1-1)(\gamma_2-\beta_2)}+\\&(1-\mu)\frac{\max(0,(g_2-1)\eta_1-(g_1-1)\gamma_2)-\max(0,(g_2-1)\gamma_1-(g_1-1)\eta_2)}{(g_2-1)(\eta_1-\gamma_1)+(g_1-1)(\eta_2-\gamma_2)}\end{aligned} \tag{5-5}$$

5.3.2　不同粒度纯语言加权平均算子

定义 5-6　设 $(\dot{s}_{x_1}^{g_1},\cdots,\dot{s}_{x_n}^{g_n})$ 为一组分别取自粒度为 g_1、g_2、…、g_n 的语言术语集中的 n 个语言值，其类型可以是语言型、不确定语言型、三角模糊语言型、梯形模糊语言型，$\boldsymbol{W}=[w_1\ \ w_2\ \ \cdots\ \ w_n]^{\mathrm{T}}$ 是其语言权重值，且满足 $\sum_{i=1}^{n}w_i=1,w_i\geqslant0$，则

映射 $HPLWA:(\dot{s}_{x_1}^{g_1},\cdots,\dot{s}_{x_n}^{g_n})\rightarrow S^{g_i}$，若满足

$$HPLWA(\dot{s}_{x_1}^{g_1},\cdots,\dot{s}_{x_n}^{g_n})=\bigoplus_{j=1}^{n} w_j\dot{s}_{x_j}^{g_j} \tag{5-6}$$

称为不同粒度的纯语言加权平均(HPLWA)算子。从定义 5-6 可知：当集结的语言变量类型统一，其均为语言变量时，称为多粒度纯语言加权平均(MPLWA)算子；当语言变量均为不确定语言变量时，称为多粒度纯不确定语言加权平均(MPULWA)算子；当语言变量均为三角模糊语言变量时，称为多粒度纯三角模糊语言加权平均(MPTLWA)算子；当语言变量均为梯形模糊语言变量时，称为多粒度纯梯形模糊语言加权平均(MPTrLWA)算子；当均采自同一语言术语集时，称为多类型纯语言加权平均(MtPLWA)算子。

5.3.3 评价方法与步骤

针对不同粒度的纯语言群体多准则评价问题，设评价方案集为 $A=\{A_1,A_2,\cdots,A_m\}$，评价者集为 $E=\{e_1,e_2,\cdots,e_k\}$，评价准则为 $C=\{c_1,c_2,\cdots,c_n\}$。评价者根据评价准则对评价方案进行择优或排序，由于评价者各自的社会背景、评价风格及对评价问题的理解程度各不相同，他们会采用自己习惯的语言术语集及偏爱的语言变量类型参与评价。评价步骤如下：

(1)确定评价者，评价者选择自己习惯的语言术语集 $S_k=\{s_{-\tau_k},\cdots,s_{-1},s_0,s_1,\cdots,s_{\tau_k}\}(k=1,2,\cdots,K)$，并采用自己偏爱的形式表达观点，形成评价矩阵 $(\dot{s}_j^{g_k}(A_i))_{m\times n}(i=1,2,\cdots,m;j=1,2,\cdots,n;k=1,2,\cdots,K)$，各评价准则权阵为 $\boldsymbol{W}=[w_1\ \ w_2\ \ \cdots\ \ w_n]^{\mathrm{T}}$。

(2)利用不同粒度的纯语言加权平均算子获得各个体评价结果。

$$A_i^{(k)}=HPLWA(\dot{s}_1^{g_k}(A_i),\cdots,\dot{s}_n^{g_k})=\bigoplus_{j=1}^{n} w_j\dot{s}_{x_j}^{g_k}\quad(i=1,2,\cdots,m;k=1,2\cdots,K) \tag{5-7}$$

(3)对各个体评价结果进行综合，得到各个评价方案的综合结果。设评价者的权阵为 $\boldsymbol{W}^E=[w_{e_1}\ \ w_{e_2}\ \ \cdots\ \ w_{e_k}]^{\mathrm{T}}$，则各个评价方案的综合结果为

$$A_i=\sum_{k=1}^{K}A_i^{(k)}w_{e_k}\quad(i=1,2,\cdots,m) \tag{5-8}$$

(4)根据评价结果 $A_i(i=1,2,\cdots,m)$ 对评价方案进行排序或择优。

(5)结束。

5.3.4 实例分析

专家 $e_k(k=1,2,3)$ 评价空间数据的质量 $X_i(i=1,2,3)$，其中每个专家的权重向量为 $\boldsymbol{\xi}=[0.3\ \ 0.4\ \ 0.3]^{\mathrm{T}}$。其评价因素有 7 个，分别为空间数据位置精度($U_1$)、

空间数据属性精度(U_2)、时间精度(U_3)、逻辑一致性(U_4)、空间数据完整性(U_5)、空间数据情况说明(U_6)及空间数据表达形式的合理性(U_7)[21]。空间数据质量元素的权向量为 $\boldsymbol{\omega}=[0.25\ 0.25\ 0.10\ 0.15\ 0.15\ 0.05\ 0.05]^{\mathrm{T}}$。专家 e_1 采用 7 粒度术语不确定语言变量进行评价,$S^1=\{s_{-3}^2$:非常差,s_{-2}^2:差,s_{-1}^2:有点差,s_0^2:一般,s_1^2:有点好,s_2^1:好,s_3^2:非常好}。专家 e_2 采用 7 粒度术语三角语言变量进行评价,$S^2=\{s_{-3}^2$:非常差,s_{-2}^2:差,s_{-1}^2:有点差,s_0^2:一般,s_1^2:有点好,s_2^1:好,s_3^2:非常好}。专家 e_3 使用 9 粒度语言术语集梯形模糊语言变量进行评价,$S^3=\{s_{-4}^3$:极差,s_{-3}^3:非常差,s_{-2}^3:差,s_{-1}^3:有点差,s_0^3:一般,s_1^3:有点好,s_2^3:好,s_3^3:非常好,s_4^3:极好}。三位专家给出的语言评价如表 5-1 至表 5-3 所示,试用模糊语言对三个空间数据质量进行评价。

表 5-1 不确定性语言矩阵 $\tilde{S}_1$

空间数据	U_1	U_2	U_3	U_4	U_5	U_6	U_7
X_1	(s_0,s_1)	(s_0,s_2)	(s_{-1},s_1)	(s_2,s_3)	(s_1,s_3)	(s_2,s_3)	(s_3,s_3)
X_2	(s_1,s_2^1)	(s_0^1,s_2^1)	(s_{-1}^1,s_1)	(s_{-1},s_2)	(s_1,s_3)	(s_3,s_3)	(s_3,s_3)
X_3	(s_1,s_2^1)	(s_2,s_3)	(s_0,s_3)	(s_{-1},s_2)	(s_1,s_2)	(s_2,s_3)	(s_3,s_3)

表 5-2 三角语言变量矩阵 $\hat{S}_2$

空间数据	U_1	U_2	U_3	U_4	U_5	U_6	U_7
X_1	$[s_0,s_1,s_2]$	$[s_1,s_2,s_3]$	$[s_1,s_2,s_3]$	$[s_1,s_2,s_3]$	$[s_{-1},s_1,s_2]$	$[s_2,s_3,s_3]$	$[s_2,s_3,s_3]$
X_2	$[s_{-1},s_0,s_1]$	$[s_0,s_1,s_3]$	$[s_1,s_2,s_3]$	$[s_2,s_3,s_3]$	$[s_1,s_2,s_3]$	$[s_2,s_3,s_3]$	$[s_2,s_3,s_3]$
X_3	$[s_1,s_2,s_3]$	$[s_2,s_3,s_3]$	$[s_0,s_2,s_3]$	$[s_1,s_2,s_3]$	$[s_0,s_1,s_2]$	$[s_2,s_3,s_3]$	$[s_2,s_3,s_3]$

表 5-3 梯形模糊语言变量矩阵 $\hat{S}_3$

空间数据	U_1	U_2	U_3	U_4
X_1	$[s_1,s_2,s_3,s_4]$	$[s_0,s_1,s_4,s_4]$	$[s_2,s_3,s_4,s_4]$	$[s_{-1},s_1,s_2,s_3]$
X_2	$[s_0,s_1,s_4,s_4]$	$[s_1,s_2,s_3,s_4]$	$[s_{-3},s_{-2},s_0,s_2]$	$[s_0,s_3,s_4,s_4]$
X_3	$[s_{-1},s_0,s_1,s_2]$	$[s_0,s_1,s_3,s_4]$	$[s_{-1},s_0,s_1,s_2]$	$[s_2,s_3,s_4,s_4]$
空间数据	U_5	U_6	U_7	
X_1	$[s_{-1},s_1,s_2,s_3]$	$[s_2,s_3,s_3,s_4]$	$[s_3,s_4,s_4,s_4]$	
X_2	$[s_0,s_2,s_4,s_4]$	$[s_3,s_3,s_3,s_4]$	$[s_3,s_4,s_4,s_4]$	
X_3	$[s_{-2},s_{-1},s_1,s_2]$	$[s_2,s_3,s_3,s_4]$	$[s_3,s_4,s_4,s_4]$	

计算每位专家的评价结果,为

$z_1^1=(s_{0.60},s_{2.05}),z_2^1=(s_{0.70},s_{2.65}),z_3^1=(s_1,s_{2.70})$

$z_1^2=[s_{055},s_{1.70},s_{2.60}],z_2^2=[s_{0.50},s_{1.50},s_{2.50}],z_3^2=[s_1,s_{2.20},s_{2.85}]$

$z_1^3=[s_{0.40},s_{1.70},s_{2.10},s_{3.70}],z_2^3=[s_{0.50},s_{1.65},s_{3.30},s_{3.80}]$

$z_3^3=[s_{-0.10},s_{0.90},s_{2.20},s_{3.00}]$

由于专家 e_1 和 e_2 是 7 粒度语言术语集,而专家 e_3 是 9 粒度语言术语集,把专家 e_1 和 e_2 的评价结果转化到 9 粒度语言术语集,为

$\tilde{z}_1^1=(s_{0.80},s_{2.73}),\tilde{z}_2^1=(s_{0.93},s_{3.53}),\tilde{z}_3^1=(s_{1.33},s_{3.60})$

$\tilde{z}_1^2=[s_{0.73},s_{2.27},s_{3.47}],\tilde{z}_2^2=[s_{0.67},s_{2.00},s_{3.33}],\tilde{z}_3^2=[s_{1.33},s_{2.93},s_{3.80}]$

综合每个专家的评价成果，得到其综合结果为

$$
\begin{aligned}
z_1&=0.3\tilde{z}_1^1+0.4\tilde{z}_1^2+0.3z_1^3=0.3(s_{0.80},s_{2.73})+0.4[s_{0.73},s_{2.27},s_{3.47}]+\\
&\quad 0.3[s_{0.40},s_{1.70},s_{2.10},s_{3.70}]\\
&=(s_{0.240},s_{0.819})+[s_{0.292},s_{0.908},s_{1.388}]+[s_{0.120},s_{0.510},s_{0.630},s_{1.110}]\\
&=[s_{0.652},s_{1.658},s_{2.357},s_{3.317}]
\end{aligned}
$$

$$
\begin{aligned}
z_2&=0.3\tilde{z}_2^1+0.4\tilde{z}_2^2+0.3z_2^3=0.3(s_{0.93},s_{3.53})+0.4[s_{0.67},s_{2.00},s_{3.33}]+\\
&\quad 0.4[s_{0.50},s_{1.65},s_{3.30},s_{3.80}]\\
&=(s_{0.279},s_{1.059})+[s_{0.268},s_{0.800},s_{1.000}]+[s_{0.200},s_{0.660},s_{1.320},s_{1.520}]\\
&=[s_{0.747},s_{1.739},s_{3.179},s_{3.579}]
\end{aligned}
$$

$$
\begin{aligned}
z_3&=0.3\tilde{z}_3^1+0.4\tilde{z}_3^2+0.3z_3^3=0.3(s_{1.33},s_{3.60})+0.4[s_{1.33},s_{2.93},s_{3.80}]+\\
&\quad 0.4[s_{-0.10},s_{0.90},s_{2.20},s_{3.00}]\\
&=(s_{0.400},s_{1.080})+[s_{0.400},s_{1.172},s_{1.520}]+[s_{-0.004},s_{0.360},s_{0.880},s_{1.200}]\\
&=[s_{0.796},s_{1.932},s_{3.132},s_{3.800}]
\end{aligned}
$$

按式(5-5)计算综合评价值之间的可能度 $p(z_1\geqslant z_2)=0.283,p(z_2\geqslant z_3)=0.452$，可知方案 3 最优。

5.4 模糊语言距离的空间数据质量评价

5.4.1 各种语言变量的语言距离

定义 5-7 设 $s_1=s_{\alpha_1}$ 与 $s_2=s_{\alpha_2}$ 是两个语言变量，则称

$$d_L(s_1,s_2)=s_{|\alpha_1-\alpha_2|} \tag{5-9}$$

为语言变量 s_1 与 s_2 的语言距离。

定义 5-8 设 $\tilde{s}_1=[s_{\alpha_1},s_{\beta_1}]$ 与 $\tilde{s}_2=[s_{\alpha_2},s_{\beta_2}]$ 是两个不确定语言变量，则称

$$d_L(\tilde{s}_1,\tilde{s}_2)=s_{\frac{1}{2}(|\alpha_1-\alpha_2|+|\beta_1-\beta_2|)} \tag{5-10}$$

为不确定语言变量 $\tilde{s}_1$ 与 $\tilde{s}_2$ 的语言距离。

定义 5-9 设 $\hat{s}_1=[s_{\alpha_1},s_{\beta_1},s_{\gamma_1}]$ 与 $\hat{s}_2=[s_{\alpha_2},s_{\beta_2},s_{\gamma_2}]$ 是两个三角模糊语言变量，则称

$$d_L(\hat{s}_1,\hat{s}_2)=s_{\frac{1}{3}(|\alpha_1-\alpha_2|+|\beta_1-\beta_2|+|\gamma_1-\gamma_2|)} \tag{5-11}$$

为三角模糊语言变量 $\hat{s}_1$ 与 $\hat{s}_2$ 的语言距离。

定义 5-10 设 $\widehat{s}_1=[s_{\alpha_1},s_{\beta_1},s_{\gamma_1},s_{\eta_1}]$ 与 $\widehat{s}_2=[s_{\alpha_2},s_{\beta_2},s_{\gamma_2},s_{\eta_2}]$ 是两个梯形模

糊语言变量，则称

$$d_L(\hat{s}_1,\hat{s}_2)=s_{\frac{1}{4}(|\alpha_1-\alpha_2|+|\beta_1-\beta_2|+|\gamma_1-\gamma_2|+|\eta_1-\eta_2|)} \tag{5-12}$$

为梯形模糊语言变量 $\hat{s}_1$ 与 $\hat{s}_2$ 的语言距离。

5.4.2　不同类型模糊语言的语言距离

鉴于语言信息、不确定语言信息与三角模糊语言信息均可视为梯形模糊语言信息的特殊形式，且均能用梯形语言变量形式表示，采用将所有语言信息视为梯形模糊语言信息进行确定语言距离。

定义 5-11　设 $\hat{s}_1=[s_{\alpha_1},s_{\beta_1},s_{\gamma_1},s_{\eta_1}]$，$s_2=s_{\alpha_2}$，称

$$d_L(\hat{s}_1,s_2)=\frac{1}{4}(s_{|\alpha_1-\alpha_2|}+s_{|\beta_1-\alpha_2|}+s_{|\gamma_1-\alpha_2|}+s_{|\eta_1-\alpha_2|})$$

为梯形模糊语言变量 $\hat{s}_1$ 与语言变量 s_2 之间的语言距离。

定义 5-12　设 $\hat{s}_1=[s_{\alpha_1},s_{\beta_1},s_{\gamma_1},s_{\eta_1}]$，$\tilde{s}_2=[s_{\alpha_2},s_{\beta_2}]$，称

$$d_L(\hat{s}_1,\tilde{s}_2)=\frac{1}{4}(s_{|\alpha_1-\alpha_2|}+s_{|\beta_1-\alpha_2|}+s_{|\gamma_1-\beta_2|}+s_{|\eta_1-\beta_2|})$$

为梯形模糊语言变量 $\hat{s}_1$ 与不确定语言变量 $\tilde{s}_2$ 之间的语言距离。

定义 5-13　设 $\hat{s}_1=[s_{\alpha_1},s_{\beta_1},s_{\gamma_1},s_{\eta_1}]$，$\hat{s}_2=[s_{\alpha_2},s_{\beta_2},s_{\gamma_2}]$，称

$$d_L(\hat{s}_1,\hat{s}_2)=\frac{1}{4}(s_{|\alpha_1-\alpha_2|}+s_{|\beta_1-\alpha_2|}+s_{|\gamma_1-\gamma_2|}+s_{|\eta_1-\gamma_2|})$$

为梯形模糊语言变量 $\hat{s}_1$ 与三角模糊语言变量 $\hat{s}_2$ 之间的语言距离。

5.4.3　语言变量的语言加权距离测度

定义 5-14　设 $A=\{s_{A_1},s_{A_2},\cdots,s_{A_n}\}$ 和 $B=\{s_{B_1},s_{B_2},\cdots,s_{B_n}\}$ 为表征对象 A 与 B 的两组语言变量集，$\boldsymbol{W}=[w_1\ \ w_2\ \ \cdots\ \ w_n]^{\mathrm{T}}$ 是距离分量的重要性权重向量且满足 $w_i\geqslant 0$、$\sum_{i=1}^{n}w_i=1$，则 A 与 B 的语言加权距离测度（LWD）定义为

$$LWD(A,B)=\left(\sum_{j=1}^{n}w_j d_L(s_{A_j},s_{B_j})^{\lambda}\right)^{\frac{1}{\lambda}} \tag{5-13}$$

式中，$\lambda>0$，一般取整数。

5.4.4　TOPSIS 方法

1. TOPSIS 思想与原理

TOPSIS 方法（逼近理想点法或双基点法）具有评价思想直观、计算量小、结果稳定等优点，受到众多学者的青睐，并得到了广泛而深入的研究与应用。TOPSIS 方法的评价步骤为：

(1)在确定评价方案和评价准则基础上，确定各评价方案的准则值，形成评价矩阵。

(2)对各准则值进行标准化处理以消除准则类型、准则值量纲不一致的问题。

(3)根据准则的重要性程度的差异，对准则值进行加权得到加权准则值。

(4)确定理想评价方案与负理想评价方案。

(5)分别计算评价方案与正、负理想评价方案的分离度。

(6)根据评价方案接近正理想评价方案且远离负理想评价方案者为优的思想，计算各评价方案贴近度。

(7)根据贴近度大小对评价方案进行排序或择优。

2. TOPSIS 研究与应用系统分析

(1)正、负理想点的确定。目前有两种确定正、负理想点的方案，即绝对理想点和相对理想点。其中，绝对理想点的获取不依赖评价矩阵中的评价值，一般确定为 $A^+=(x_1^+,x_2^+,\cdots,x_n^+)=(\dot{1},\dot{1},\cdots,\dot{1})$，$A^-=(x_1^-,x_2^-,\cdots,x_n^-)=(\dot{0},\dot{0},\cdots,\dot{0})$，是根据以往评价经验、问题领域标准等决定；相对理想点则根据各准则中评价方案值的优劣进行选择

$$A^+=(x_1^+,x_2^+,\cdots,x_n^+)=(\max_i\{x_1\},\max_i\{x_2\},\cdots,\max_i\{x_n\}) \tag{5-14}$$

$$A^-=(x_1^-,x_2^-,\cdots,x_n^-)=(\min_i\{x_1\},\min_i\{x_2\},\cdots,\min_i\{x_n\}) \tag{5-15}$$

(2)分离度的确定。一般分离度由距离测度或类似度量确定，常用于确定分离度的距离测度有欧式距离、汉明距离等。

$$\left.\begin{aligned} d_i^+ &= d(A_i,A^+)=\sum_{j=1}^{n}|x_{ij}-x_j^+| \quad (i=1,2,\cdots,m) \\ d_i^- &= d(A_i,A^-)=\sum_{j=1}^{n}|x_{ij}-x_j^-| \quad (i=1,2,\cdots,m) \end{aligned}\right\} \tag{5-16}$$

$$\left.\begin{aligned} d_i^+ &= d(A_i,A^+)=\sqrt{\sum_{j=1}^{n}(x_{ij}-x_j^+)^2} \quad (i=1,2,\cdots,m) \\ d_i^- &= d(A_i,A^-)=\sqrt{\sum_{j=1}^{n}(x_{ij}-x_j^-)^2} \quad (i=1,2,\cdots,m) \end{aligned}\right\} \tag{5-17}$$

(3)贴近度的构造。理论上讲，任何以接近正理想点且远离负理想点的评价方案为优的思想均可用于构造贴近度，目前常用的贴近度有以下三种

$$c_i=\frac{d_i^-}{d_i^-+d_i^+} \tag{5-18}$$

$$c_i=\frac{1}{2(1+d_i^--d_i^+)} \tag{5-19}$$

$$c_i = \frac{d_i^-}{1-d_i^+} \tag{5-20}$$

5.4.5 评价方法与步骤

对于多类型语言环境下的群体多准则评价问题，设 $A=\{A_1,A_2,\cdots,A_m\}$ 为评价方案集，$E=\{e_1,e_2,\cdots,e_k\}$ 为评价者集，$C=\{c_1,c_2,\cdots,c_n\}$ 为评价准则集，其中准则重要性权重为 $w_j(j=1,2,\cdots,n)$，方案的属性值用语言形式表达。

(1)决策者根据自己的评价风格、习惯、经验及对问题的理解，选择适合自己的语言术语集和习惯的术语类型进行判断，提供评价值、准则权重。

(2)确定正、负理想解，即

$$A^{(k)+}=(\max_i\{s_{A_{i1}}^{(k)}\},\max_i\{s_{A_{i2}}^{(k)}\},\cdots,\max_i\{s_{A_{in}}^{(k)}\})$$

$$A^{(k)-}=(\min_i\{s_{A_{i1}}^{(k)}\},\min_i\{s_{A_{i2}}^{(k)}\},\cdots,\min_i\{s_{A_{in}}^{(k)}\})$$

(3)根据式(5-13)计算个体评价方案与正、负理想解的分离度。

(4)计算群体评价方案的正、负分离度。

(5)确定方案贴近度。

(6)方案排序。

5.4.6 实例分析

专家 $e_k(k=1,2,3)$ 评价空间数据的质量 $X_i(i=1,2,3)$，其中每个专家的权重向量为 $\boldsymbol{\xi}=[0.3\ \ 0.4\ \ 0.3]^{\mathrm{T}}$。其评价因素有7个，分别为空间数据位置精度($U_1$)、空间数据属性精度($U_2$)、时间精度($U_3$)、逻辑一致性($U_4$)、空间数据完整性($U_5$)、空间数据情况说明($U_6$)及空间数据表达形式的合理性($U_7$)[21]。空间数据质量元素的权向量为 $\boldsymbol{\omega}=[0.25\ \ 0.25\ \ 0.10\ \ 0.15\ \ 0.15\ \ 0.05\ \ 0.05]^{\mathrm{T}}$。专家采用9粒度术语不确定语言变量进行评价，$S=\{s_{-4}$：极差，$s_{-3}$：非常差，$s_{-2}$：差，$s_{-1}$：有点差，$s_0$：一般，$s_1$：有点好，$s_2$：好，$s_3$：非常好，$s_4$：极好$\}$。3位专家给出的语言评价如表5-4至表5-6所示，试用语言距离法对3个空间数据质量进行评价。

表5-4　不确定性语言矩阵 $\hat{S}_1$

空间数据	U_1	U_2	U_3	U_4
X_1	$[s_{-3},s_{-2},s_{-1},s_1]$	$[s_{-2},s_0,s_1,s_2]$	$[s_{-1},s_2,s_3,s_4]$	$[s_0,s_1,s_2,s_4]$
X_2	$[s_{-1},s_0,s_2,s_4]$	$[s_0,s_1,s_2,s_3]$	$[s_{-4},s_{-3},s_{-1},s_0]$	$[s_{-1},s_2,s_3,s_4]$
X_3	$[s_{-2},s_{-1},s_0,s_2]$	$[s_{-1},s_0,s_2,s_3]$	$[s_1,s_2,s_3,s_4]$	$[s_{-2},s_0,s_1,s_2]$
空间数据	U_5	U_6	U_7	
X_1	$[s_1,s_2,s_3,s_4]$	$[s_2,s_3,s_3,s_4]$	$[s_3,s_3,s_4,s_4]$	
X_2	$[s_0,s_1,s_2,s_3]$	$[s_1,s_2,s_2,s_3]$	$[s_2,s_3,s_3,s_4]$	
X_3	$[s_1,s_2,s_3,s_4]$	$[s_2,s_3,s_4,s_4]$	$[s_3,s_3,s_4,s_4]$	

表 5-5 三角语言变量矩阵 $\tilde{S}_2$

空间数据	U_1	U_2	U_3	U_4	U_5	U_6	U_7
X_1	$[s_{-2},s_1]$	$[s_1,s_4]$	$[s_0,s_3]$	$[s_1,s_3]$	$[s_1,s_2]$	$[s_2,s_3]$	$[s_3,s_3]$
X_2	$[s_{-3},s_{-1}]$	$[s_{-2},s_1]$	$[s_1,s_4]$	$[s_0,s_2]$	$[s_1,s_2]$	$[s_2,s_3]$	$[s_2,s_3]$
X_3	$[s_{-2},s_0]$	$[s_0,s_2]$	$[s_{-2},s_1]$	$[s_2,s_3]$	$[s_1,s_2]$	$[s_2,s_3]$	$[s_3,s_3]$

表 5-6 梯形模糊语言变量矩阵 $\hat{S}_3$

空间数据	U_1	U_2	U_3	U_4
X_1	$[s_{-2},s_{-1},s_1]$	$[s_{-1},s_0,s_1]$	$[s_{-3},s_{-2},s_0]$	$[s_{-1},s_1,s_3]$
X_2	$[s_{-2},s_0,s_1]$	$[s_0,s_2,s_3]$	$[s_{-4},s_{-2},s_0]$	$[s_0,s_1,s_2]$
X_3	$[s_{-1},s_1,s_3]$	$[s_0,s_1,s_3]$	$[s_{-2},s_{-1},s_1]$	$[s_0,s_1,s_3]$
空间数据	U_5	U_6	U_7	
X_1	$[s_1,s_2,s_3]$	$[s_2,s_3,s_4]$	$[s_3,s_4,s_4]$	
X_2	$[s_0,s_2,s_3]$	$[s_1,s_2,s_3]$	$[s_3,s_4,s_4]$	
X_3	$[s_{-1},s_1,s_2]$	$[s_2,s_3,s_3]$	$[s_3,s_4,s_4]$	

根据式(5-16)和式(5-17)确定各个评价的正、负理想解

$$Z^{1(+)}=([s_0,s_1,s_2,s_4],[s_0,s_1,s_2,s_3],[s_1,s_2,s_3,s_4],[s_0,s_1,s_2,s_4],[s_1,s_2,s_3,s_4],[s_2,s_3,s_3,s_4],[s_3,s_3,s_4,s_4])$$

$$Z^{1(-)}=([s_{-3},s_{-2},s_{-1},s_1],[s_{-2},s_0,s_1,s_2],[s_{-4},s_{-3},s_{-1},s_0],[s_{-2},s_0,s_1,s_2],[s_0,s_1,s_2,s_3],[s_1,s_2,s_2,s_3],[s_2,s_3,s_4,s_4])$$

$$Z^{2(+)}=([s_{-2},s_1],[s_1,s_4],[s_1,s_4],[s_2,s_3],[s_1,s_2],[s_2,s_3],[s_3,s_3])$$

$$Z^{2(-)}=([s_{-3},s_{-1}],[s_{-2},s_1],[s_{-2},s_1],[s_0,s_2],[s_1,s_2],[s_2,s_3],[s_2,s_3])$$

$$Z^{3(+)}=([s_{-1},s_1,s_3],[s_0,s_2,s_3],[s_{-2},s_{-1},s_1],[s_0,s_1,s_3],[s_1,s_2,s_3],[s_2,s_3,s_4],[s_3,s_4,s_4])$$

$$Z^{3(-)}=([s_{-2},s_{-1},s_1],[s_{-1},s_0,s_1],[s_{-4},s_{-2},s_0],[s_{-1},s_1,s_3],[s_{-1},s_1,s_2],[s_1,s_2,s_3],[s_3,s_4,s_4])$$

按式(5-12)分别计算各方案的正、负语言区分度，其中 $\lambda=1$，则有

$dz_1^{1(+)}=s_{1.112}, dz_1^{1(-)}=s_{0.837}; dz_2^{1(+)}=s_{0.862}, dz_2^{1(-)}=s_{1.200}$

$dz_3^{1(+)}=s_{0.288}, dz_3^{1(-)}=s_{1.626}$

$dz_1^{2(+)}=s_{0.175}, dz_1^{2(-)}=s_{1.275}; dz_2^{2(+)}=s_{1.350}, dz_2^{2(-)}=s_{0.300}$

$dz_3^{2(+)}=s_{0.800}, dz_3^{2(-)}=s_{0.850}$

$dz_1^{3(+)}=s_{0.938}, dz_1^{3(-)}=s_{0.400}; dz_2^{3(+)}=s_{0.862}, dz_2^{3(-)}=s_{1.200}$

$dz_3^{3(+)}=s_{0.533}, dz_3^{3(-)}=s_{1.033}$

按式(5-18)计算各方案的贴近度

$$cz_1^1=0.429, cz_2^1=0.582, cz_3^1=0.850$$

$$cz_1^2=0.879, cz_2^2=0.182, cz_3^2=0.515$$

$$cz_1^3=0.300, cz_2^3=0.582, cz_3^3=0.660$$

根据专家的权值，计算综合后的各方案的贴近度为：$cz_1=0.570$，$cz_2=0.412$，$cz_3=0.659$。可知，空间数据 3 最优。

5.5　直觉模糊语言的空间数据质量评价

人们在对事物的认知过程中存在不同程度的犹豫，或表现出一定程度的知识缺乏，从而使认知结果存在介于肯定与否定之间的犹豫性。为使语言信息在便于直观表达的同时还能更加细腻地描述和刻画客观世界与人类思维的模糊不确定本质，本节首先介绍直觉模糊语言变量概念，根据直觉模糊集理论给出基于和的直觉模糊语言变量的运算规则。在此基础上，提出直觉模糊语言加权集结算子、直觉模糊语言有序加权集结算子和直觉模糊语言混合加权集结算子，用于集结直觉模糊语言信息。最后，利用直觉模糊语言熵测度和交叉熵测度，提出一种既反映准则间区分度又反映准则间相关度的客观定权的直觉模糊语言群体多准则评价方法，并通过实例验证其有效性和实用性。

5.5.1　直觉模糊语言变量及其运算

1. 直觉模糊语言变量

定义 5-15　设 $\overleftrightarrow{s}=<s^\mu,s^\upsilon>\in\overleftrightarrow{S}$，其中 s^μ、$s^\upsilon\in s=\{s_{-\tau},\cdots,s_{-1},s_0,s_1,\cdots,s_\tau\}$，且满足条件

$$s_0\leqslant(s^\mu\oplus s^\upsilon)\leqslant s_{2\tau} \tag{5-21}$$

式中，s^μ 与 s^υ 分别是 $\overleftrightarrow{s}$ 的隶属（满意、真实、偏好、赞成等）语言值和非隶属（不满意、虚假、厌恶、反对等）语言值，则称 $\overleftrightarrow{s}$ 为一个直觉模糊语言变量。

定义 5-16　设 $\overleftrightarrow{s}=<s^\mu,s^\upsilon>$ 为一个直觉模糊语言变量，称

$$s^\pi=s_{2\tau-I(s^\mu\oplus s^\upsilon)} \tag{5-22}$$

为犹豫语言值（非决定语言值）。

犹豫语言值 s^π 的大小表明该项判断的不确定（犹豫不决）程度。s^π 越大表明判断的不确定（犹豫不决）程度越大，s^π 越小表明判断的不确定（犹豫不决）程度越小。特别地，当 $s^\pi=s_{-\tau}$ 时，$s^\mu\oplus s^\upsilon=s_{2\tau}$，则表明该判断不存在不确定性，此时直觉模糊语言变量退化为普通语言变量。

2. 直觉模糊语言变量运算

对于任意三个直觉模糊语言变量值 $\overleftrightarrow{s}_\alpha=<s_\alpha^\mu,s_\alpha^\upsilon>$、$\overleftrightarrow{s}_{\alpha_1}=<s_{\alpha_1}^\mu,s_{\alpha_1}^\upsilon>$ 和 $\overleftrightarrow{s}_{\alpha_2}=<s_{\alpha_2}^\mu,s_{\alpha_2}^\upsilon>$，基本运算法则有：

(1) $\overleftrightarrow{s}_\alpha^c=<s_\alpha^\upsilon,s_\alpha^\mu>$。

(2) $\overleftrightarrow{s}_{\alpha_1} \cup \overleftrightarrow{s}_{\alpha_2} = < \max(s^{\mu}_{\alpha_1}, s^{\mu}_{\alpha_2}), \min(s^{\upsilon}_{\alpha_1}, s^{\upsilon}_{\alpha_2}) >$。

(3) $\overleftrightarrow{s}_{\alpha_1} \cap \overleftrightarrow{s}_{\alpha_2} = < \min(s^{\mu}_{\alpha_1}, s^{\mu}_{\alpha_2}), \max(s^{\upsilon}_{\alpha_1}, s^{\upsilon}_{\alpha_2}) >$。

(4) $\overleftrightarrow{s}_{\alpha_1} \oplus \overleftrightarrow{s}_{\alpha_2} = < \min(s^{\mu}_{\alpha_1} \oplus s^{\mu}_{\alpha_2}, s_{2\tau}), \max(s^{\upsilon}_{\alpha_1} \oplus s^{\upsilon}_{\alpha_2} \oplus s_{-2\tau}, s_{-\tau}) >$。

(5) $\lambda \overleftrightarrow{s}_{\alpha} = < \min(\lambda s^{\mu}_{\alpha}, s_{2\tau}), \max(neg(\lambda neg(s^{\upsilon}_{\alpha})), s_{-\tau}) >$。

(6) $\overleftrightarrow{s}^{\lambda}_{\alpha} = < \max(neg(\lambda neg(s^{\mu}_{\alpha})), s_{-\tau}), \min(\lambda s^{\upsilon}_{\alpha}, s_{2\tau}) >$。

3. 直觉模糊语言变量的比较

定义 5-17 对任意两个直觉模糊语言变量 $\overleftrightarrow{s}_{\alpha} = < s^{\mu}_{\alpha}, s^{\upsilon}_{\alpha} >$ 与 $\overleftrightarrow{s}_{\beta} = < s^{\mu}_{\beta}, s^{\upsilon}_{\beta} >$，它们的语言得分函数和语言精确函数为 $Sc(\overleftrightarrow{s}_{\alpha}) = \frac{1}{2}(s^{\mu}_{\alpha - I(s^{\upsilon}_{\alpha})} \oplus s_{2\tau})$、$Sc(\overleftrightarrow{s}_{\beta}) = \frac{1}{2}(s^{\mu}_{\beta - I(s^{\upsilon}_{\beta})} \oplus s_{2\tau})$ 和 $Ac(\overleftrightarrow{s}_{\alpha}) = s^{\mu}_{\alpha} \oplus s^{\upsilon}_{\alpha}$、$Ac(\overleftrightarrow{s}_{\beta}) = s^{\mu}_{\beta} \oplus s^{\upsilon}_{\beta}$，那么则有：

(1)当 $Sc(\overleftrightarrow{s}_{\alpha}) > Sc(\overleftrightarrow{s}_{\beta})$ 时，那么直觉模糊语言变量 $\overleftrightarrow{s}_{\alpha} > \overleftrightarrow{s}_{\beta}$。

(2)当 $Sc(\overleftrightarrow{s}_{\alpha}) = Sc(\overleftrightarrow{s}_{\beta})$，且 $Ac(\overleftrightarrow{s}_{\alpha}) > Ac(\overleftrightarrow{s}_{\beta})$ 时，那么直觉模糊语言变量 $\overleftrightarrow{s}_{\alpha} > \overleftrightarrow{s}_{\beta}$；当 $Ac(\overleftrightarrow{s}_{\alpha}) = Ac(\overleftrightarrow{s}_{\beta})$ 时，那么直觉模糊语言变量 $\overleftrightarrow{s}_{\alpha} = \overleftrightarrow{s}_{\beta}$。

(3)当 $Sc(\overleftrightarrow{s}_{\alpha}) < Sc(\overleftrightarrow{s}_{\beta})$ 时，那么直觉模糊语言变量 $\overleftrightarrow{s}_{\alpha} < \overleftrightarrow{s}_{\beta}$。

5.5.2 直觉模糊语言集结算子

定义 5-18 设 $\overleftrightarrow{s}_{\alpha_j} = < s^{\mu}_{\alpha_j}, s^{\upsilon}_{\alpha_j} > (j = 1, 2, \cdots, n)$ 为一组直觉模糊语言值，$\boldsymbol{w} = [w_1 \ w_2 \ \cdots \ w_n]^{\mathrm{T}}$ 为其相对权重向量，满足 $0 \leqslant w_j \leqslant 1$，$\sum_{j=1}^{n} w_j = 1$，则映射 $IFLWA: \overleftrightarrow{S}^n \to \overleftrightarrow{S}$ 若满足

$$IFLWA(\overleftrightarrow{s}_{\alpha_1}, \overleftrightarrow{s}_{\alpha_2}, \cdots, \overleftrightarrow{s}_{\alpha_n}) = < \min(\bigoplus_{j=1}^{n} w_j s^{\mu}_{\alpha_j}, s_{\tau}), \max(neg(\bigoplus_{j=1}^{n} w_j neg(s^{\upsilon}_{\alpha_j})), s_{-\tau}) >$$

则称为直觉模糊语言加权平均(IFLWA)算子。

5.5.3 评价步骤与方法

设评价方案集为 $A = \{A_1, A_2, \cdots, A_m\}$，评价者集为 $E = \{e_1, e_2, \cdots, e_k\}$，其权重为 $\boldsymbol{w}_e = [w_{e_1} \ w_{e_2} \ \cdots \ w_{e_k}]^{\mathrm{T}}$，$\sum_{i=1}^{k} w_{e_i} = 1, w_{e_i} \geqslant 0$，评价准则为 $C = \{c_1, c_2, \cdots, c_n\}$，其权重为 $\boldsymbol{w} = [w_1 \ w_2 \ \cdots \ w_n]^{\mathrm{T}}$，且满足 $w_j \geqslant 0, \sum_{j=1}^{n} w_j = 1$。由于评价者各自的社会背景、评价风格及对评价问题的理解程度不相同，他们采用模糊语言变量进行评价。评价步骤如下：

(1)构造直觉模糊语言评价矩阵 $[\overleftrightarrow{s}^{k}_{ij}]_{m \times n} = [< s^{(k)\mu}_{ij}, s^{(k)\upsilon}_{ij} >]_{m \times n} (k = 1, 2, \cdots, K)$。

(2)应用直觉模糊语言加权平均算子，计算每位专家的评价结果。

$$z_i^k = < \min(\bigoplus_{j=1}^{n} w_j s_{\alpha_{ij}}^{\mu}, s_\tau), \max(neg(\bigoplus_{j=1}^{n} w_j neg(s_{\alpha_{ij}}^{v})), s_{-\tau}) >$$

(3)对每个专家结果进行综合。

$$z_i = \bigoplus_{k=1}^{K} w_{e_i} z_i^k$$

(4)按直觉模糊语言进行大小比较，得到最佳方案。

5.5.4 实例分析

专家 $e_k(k=1,2,3)$ 评价空间数据的质量 $X_i(i=1,2,3)$，其中每个专家的权重向量为 $\boldsymbol{\xi}=[0.3\ \ 0.4\ \ 0.3]^{\mathrm{T}}$。其评价因素有 7 个，分别为空间数据位置精度($U_1$)、空间数据属性精度($U_2$)、时间精度($U_3$)、逻辑一致性($U_4$)、空间数据完整性($U_5$)、空间数据情况说明($U_6$)及空间数据表达形式的合理性($U_7$)[21]。空间数据质量元素的权向量为 $\boldsymbol{\omega}=[0.25\ \ 0.25\ \ 0.10\ \ 0.15\ \ 0.15\ \ 0.05\ \ 0.05]^{\mathrm{T}}$。专家采用 9 粒度术语集直觉语言变量进行评价，$S=\{s_{-4}$：极差，$s_{-3}$：非常差，$s_{-2}$：差，$s_{-1}$：有点差，$s_0$：一般，$s_1$：有点好，$s_2$：好，$s_3$：非常好，$s_4$：极好$\}$，3 位专家给出的语言评价如表 5-7 至表 5-9 所示，试用直觉模糊语言对 3 个空间数据质量进行评价。

表 5-7　直觉模糊语言矩阵 $\tilde{S}_1$

空间数据	U_1	U_2	U_3	U_4	U_5	U_6	U_7
X_1	$< s_1, s_{-3} >$	$< s_0, s_{-1} >$	$< s_2, s_{-3} >$	$< s_1, s_{-2} >$	$< s_1, s_{-1} >$	$< s_3, s_{-3} >$	$< s_3, s_{-2} >$
X_2	$< s_2, s_{-2} >$	$< s_0, s_{-2} >$	$< s_1, s_{-2} >$	$< s_1, s_{-3} >$	$< s_2, s_{-3} >$	$< s_3, s_{-2} >$	$< s_3, s_{-3} >$
X_3	$< s_0, s_{-1} >$	$< s_2, s_{-3} >$	$< s_1, s_{-1} >$	$< s_0, s_{-2} >$	$< s_2, s_{-2} >$	$< s_3, s_{-3} >$	$< s_3, s_{-4} >$

表 5-8　直觉模糊语言矩阵 $\tilde{S}_2$

空间数据	U_1	U_2	U_3	U_4	U_5	U_6	U_7
X_1	$< s_0, s_{-1} >$	$< s_1, s_{-3} >$	$< s_2, s_{-3} >$	$< s_3, s_{-4} >$	$< s_0, s_{-2} >$	$< s_3, s_{-3} >$	$< s_3, s_{-4} >$
X_2	$< s_1, s_{-1} >$	$< s_0, s_{-1} >$	$< s_0, s_{-1} >$	$< s_1, s_{-2} >$	$< s_1, s_{-2} >$	$< s_3, s_{-3} >$	$< s_2, s_{-4} >$
X_3	$< s_1, s_{-2} >$	$< s_2, s_{-2} >$	$< s_1, s_{-3} >$	$< s_2, s_{-3} >$	$< s_0, s_{-1} >$	$< s_2, s_{-3} >$	$< s_3, s_{-3} >$

表 5-9　直觉模糊语言矩阵 $\tilde{S}_3$

空间数据	U_1	U_2	U_3	U_4	U_5	U_6	U_7
X_1	$< s_1, s_{-3} >$	$< s_0, s_{-1} >$	$< s_2, s_{-3} >$	$< s_1, s_{-2} >$	$< s_0, s_{-1} >$	$< s_3, s_{-4} >$	$< s_3, s_{-3} >$
X_2	$< s_0, s_{-2} >$	$< s_1, s_{-3} >$	$< s_0, s_{-1} >$	$< s_2, s_{-3} >$	$< s_0, s_{-3} >$	$< s_2, s_{-3} >$	$< s_3, s_{-4} >$
X_3	$< s_1, s_{-2} >$	$< s_0, s_{-1} >$	$< s_1, s_{-2} >$	$< s_0, s_{-2} >$	$< s_2, s_{-3} >$	$< s_2, s_{-3} >$	$< s_3, s_{-4} >$

应用直觉模糊语言加权平均算子，按式(5-22)计算每位专家的评价结果，为

$z_1^1 = < s_{1.05}, s_{-2} >, z_2^1 = < s_{1.35}, s_{-2.05} >, z_3^1 = < s_{1.2}, s_{-2.2} >$

$z_1^2 = < s_{1.2}, s_{-2.55} >, z_2^2 = < s_{0.80}, s_{-1.55} >, z_3^2 = < s_{1.35}, s_{-2.60} >$

$z_1^3 = < s_{0.90}, s_{-2.15} >, z_2^3 = < s_{0.80}, s_{-2.60} >, z_3^3 = < s_{0.90}, s_{-2.05} >$

按式(5-22)对每位专家评价结果综合得到最后评价结果,为

$z_1 = < s_{1.095}, s_{-2.265} >, z_2 = < s_{0.965}, s_{-2.015} >, z_3 = < s_{1.170}, s_{-2.315} >$

计算综合评价结果的得分函数和精确函数,分别为

$$Sc(z_1) = s_{5.68}, Ac(z_1) = s_{-1.17}$$

$$Sc(z_2) = s_{5.490}, Ac(z_2) = s_{-1.05}$$

$$Sc(z_3) = s_{5.742}, Ac(z_3) = s_{-1.145}$$

因此 $Sc(z_3) > Sc(z_1) > Sc(z_2)$,可知,空间数据 3 最优。

5.6 犹豫模糊语言的空间数据质量评价

当评价者或评价群体针对某项判断未能用确切的单个语言值定断而犹豫于多个可能的语言取值时,现存的模糊语言方法就不能解决此问题。犹豫模糊语言变量是非常适合处理该类特征的评价问题。

5.6.1 犹豫模糊语言变量及基本运算规则

1. 犹豫模糊语言变量

定义 5-19 设 $S=[s_{-\tau},\cdots,s_{-1},s_0,s_1,\cdots,s_\tau]$ 是一个语言术语集,一个语言变量 s^h,它的取值可能同时为 S 中多个不同的语言术语,则称 s^h 是一个犹豫模糊语言变量。

2. 犹豫模糊语言变量运算规则

假设 s^h、s_1^h、s_2^h 为三个犹豫模糊语言变量,其基本运算法则有:

(1) $neg(s^h) = \bigcup_{s^\gamma \in s^h} \{neg(s^y)\}$。

(2) $s_1^h \cup s_2^h = \bigcup_{s_1^\gamma \in s_1^h, s_2^\gamma \in s_2^h} \max(s_1^\gamma, s_2^\gamma)$。

(3) $s_1^h \cap s_2^h = \bigcup_{s_1^\gamma \in s_1^h, s_2^\gamma \in s_2^h} \min(s_1^\gamma, s_2^\gamma)$。

(4) $s_1^h \oplus s_2^h = \bigcup_{s_1^\gamma \in s_1^h, s_2^\gamma \in s_2^h} \{s_1^\gamma \oplus s_2^\gamma\}$。

(5) $(s^h)^\lambda = \bigcup_{s^\gamma \in s^h} \{(s^\gamma)^\lambda\}$。

(6) $\lambda s^h = \bigcup_{s^\gamma \in s^h} \{\lambda s^\gamma\}$。

3. 得分函数

定义 5-20 对于一个犹豫模糊语言变量 s^h,称

$$Sc(s^h) = \frac{1}{\# s^h} \bigoplus_{s^\gamma \in s^h} s^\gamma \tag{5-23}$$

为 s^h 的得分函数，其中 $\# s^h$ 为犹豫模糊语言变量 s^h 的取值个数。

对于任意两个犹豫模糊语言变量 s_1^h、s_2^h，若 $Sc(s_1^h) > Sc(s_2^h)$，则 $s_1^h > s_2^h$；若 $Sc(s_1^h) = Sc(s_2^h)$，则 $s_1^h = s_2^h$；若 $Sc(s_1^h) < Sc(s_2^h)$，则 $s_1^h < s_2^h$。

5.6.2 犹豫模糊语言集结算子

定义 5-21 设 $(s_1^h, s_2^h, \cdots, s_n^h)$ 是一组犹豫模糊语言变量，$\boldsymbol{w} = [w_1 \ w_2 \ \cdots \ w_n]^{\mathrm{T}}$ 为相应的相对权重向量，其中 $w_i \geqslant 0$，$\sum_{i=1}^{n} w_i = 1$，则映射 $HFLWA:(S^h)^n \to S^h$，若满足

$$HFLWA(s_1^h, s_2^h, \cdots, s_n^h) = \bigoplus_{j=1}^{n} w_j s_j^h = \bigcup_{s_1^\gamma \in s_1^h, s_2^\gamma \in s_2^h, \cdots, s_n^\gamma \in s_n^h} \{\bigoplus_{j=1}^{n} w_j s_j^\gamma\} \quad (5\text{-}24)$$

则称为犹豫模糊语言加权算术平均(HFLWA)算子。

5.6.3 评价方法与步骤

设评价方案集为 $A = \{A_1, A_2, \cdots, A_m\}$，评价者集为 $E = \{e_1, e_2, \cdots, e_k\}$，其权重为 $\boldsymbol{w}_e = [w_{e_1} \ w_{e_2} \ \cdots \ w_{e_k}]^{\mathrm{T}}$，$\sum_{i=1}^{k} w_{e_i} = 1$，$w_{e_i} \geqslant 0$，评价准则为 $C = \{c_1, c_2, \cdots, c_n\}$，其权重为 $\boldsymbol{w} = [w_1 \ w_2 \ \cdots \ w_n]^{\mathrm{T}}$，且满足 $w_j \geqslant 0$，$\sum_{j=1}^{n} w_j = 1$。由于评价者各自的社会背景、评价风格及对评价问题的理解程度不相同，他们采用犹豫模糊语言变量进行评价。评价步骤如下：

(1)构造犹豫模糊语言评价矩阵 $[s_{ij}^{hk}]_{m \times n}(k = 1, 2, \cdots, K)$。

(2)对原犹豫模糊语言评价矩阵按一定规则进行补充，使其犹豫语言元素个数一致，为 $[s'^{hk}_{ij}]_{m \times n}(k = 1, 2, \cdots, K)$。

(3)应用犹豫模糊语言加权平均算子，计算每位专家的评价结果。

$$z_i^k = \bigcup_{s_1^\gamma \in s_1^h, s_2^\gamma \in s_2^h, \cdots, s_n^\gamma \in s_n^h} \{\bigoplus_{i=1}^{n} w_i s'^{\gamma k}_j\}$$

(4)对每个专家结果进行综合。

$$z_i = \bigcup_{s_1^\gamma \in s_1^h, s_2^\gamma \in s_2^h, \cdots, s_n^\gamma \in s_n^h} \{\bigoplus_{k=1}^{K} w_{e_i} z_i^k\}$$

(5)按犹豫模糊语言进行大小比较，得到最佳方案。

5.6.4 实例分析

某专家评价空间数据的质量 $X_i(i = 1,2,3)$，其评价因素有7个，分别为空间数据位置精度(U_1)、空间数据属性精度(U_2)、时间精度(U_3)、逻辑一致性(U_4)、空间数据完整性(U_5)、空间数据情况说明(U_6)及空间数据表达形式的合理性(U_7)[9]。空间

数据质量元素的权向量为 $\boldsymbol{\omega}=[0.25\ 0.25\ 0.10\ 0.15\ 0.15\ 0.05\ 0.05]^{\mathrm{T}}$。采用7粒度术语集犹豫语言变量进行评价，$S=\{s_{-3}$:很差,$s_{-2}$:差,$s_{-1}$:有点差,$s_0$:一般,$s_1$:有点好,$s_2$:好,$s_3$:很好$\}$，专家给出的语言评价如表5-10所示，试用犹豫模糊语言对3个空间数据质量进行评价。

表5-10 犹豫模糊语言矩阵 S_1^h

空间数据	U_1	U_2	U_3	U_4	U_5	U_6	U_7
X_1	$\{s_0,s_2,s_3\}$	$\{s_0,s_1\}$	$\{s_0,s_1\}$	$\{s_0,s_2\}$	$\{s_{-2},s_{-1},s_1\}$	$\{s_2,s_3\}$	$\{s_1,s_2\}$
X_2	$\{s_0,s_2\}$	$\{s_{-1},s_1,s_2,s_3\}$	$\{s_0,s_2,s_3\}$	$\{s_{-2},s_{-1},s_1\}$	$\{s_{-2},s_1\}$	$\{s_1,s_3\}$	$\{s_2,s_3\}$
X_3	$\{s_{-1},s_0,s_2\}$	$\{s_0,s_2,s_3\}$	$\{s_{-1},s_3\}$	$\{s_{-3},s_{-1},s_1\}$	$\{s_{-3},s_{-2},s_0\}$	$\{s_1,s_2\}$	$\{s_2,s_3\}$

按乐观的风险态度，补充犹豫模糊评价信息，如表5-11所示。

表5-11 犹豫模糊语言矩阵 $S_1'^h$

空间数据	U_1	U_2	U_3	U_4
X_1	$\{s_0,s_2,s_3,s_3\}$	$\{s_0,s_1,s_1,s_1\}$	$\{s_0,s_1,s_1,s_1\}$	$\{s_0,s_2,s_2,s_2\}$
X_2	$\{s_0,s_2,s_2,s_2\}$	$\{s_{-1},s_1,s_2,s_3\}$	$\{s_0,s_2,s_3,s_3\}$	$\{s_{-2},s_{-1},s_1,s_1\}$
X_3	$\{s_{-1},s_0,s_2,s_2\}$	$\{s_0,s_2,s_3,s_3\}$	$\{s_{-1},s_3,s_3,s_3\}$	$\{s_{-3},s_{-1},s_1,s_1\}$
空间数据	U_5	U_6	U_7	
X_1	$\{s_{-2},s_{-1},s_1,s_1\}$	$\{s_2,s_3,s_3,s_3\}$	$\{s_1,s_2,s_2,s_2\}$	
X_2	$\{s_{-2},s_1,s_1,s_1\}$	$\{s_1,s_3,s_3,s_3\}$	$\{s_2,s_3,s_3,s_3\}$	
X_3	$\{s_{-3},s_{-2},s_0,s_0\}$	$\{s_1,s_2,s_2,s_2\}$	$\{s_2,s_3,s_3,s_3\}$	

按式(5-24)计算评价结果，为

$$
\begin{aligned}
z_1 &= 0.25\{s_0,s_2,s_3,s_3\}\oplus 0.25\{s_0,s_1,s_1,s_1\}\oplus 0.10\{s_0,s_1,s_1,s_1\}+\\
&\quad 0.15\{s_0,s_2,s_2,s_2\}\oplus 0.15\{s_{-2},s_{-1},s_1,s_1\}\oplus 0.05\{s_2,s_3,s_3,s_3\}\oplus\\
&\quad 0.05\{s_1,s_2,s_2,s_2\}\\
&=\{s_{-0.15},s_{1.25},s_{1.8},s_{1.8}\}\\
z_2 &=\{s_{-0.7},s_{1.25},s_{1.9},s_{2.15}\}\\
z_3 &=\{s_{-1.1},s_{0.6},s_{1.95},s_{1.95}\}
\end{aligned}
$$

计算得分函数，分别为

$$Sc(z_1)=\frac{s_{-0.15}\oplus s_{1.25}\oplus s_{1.8}\oplus s_{1.8}}{4}=s_{1.175}$$

$$Sc(z_2)=s_{1.15}$$

$$Sc(z_3)=s_{0.85}$$

可得 $Sc(z_1)>Sc(z_2)>Sc(z_3)$。因此，空间数据1最优。

第6章　基于模糊数的空间数据质量评价

本章主要研究三角模糊数和梯形模糊数用于空间数据质量语言评价的原理和方法。

6.1　概　述

对一个语言型多属性群决策问题，评价者通常需要基于属性(指标)集对备选方案集给出相应的语言评价信息。由于评价环境的不确定和评价者知识的缺乏，评价者可能给出不确定语言评价信息。此外，由于文化和教育背景等方面的差异，在进行评价判断时，评价者可能会采用不同粒度的语言短语集对备选方案进行评价。

由于空间数据的不确定性以及其产品生产过程中引起的不确定性，因此，空间数据产品的不确定性是其固有的属性[180,214]。语言评价正是不确定性的体现形式，专家在评价空间数据产品时，由于多种因素的影响，如知识背景、不便于打分等，用语言会更加方便，因此，语言质量评价逐步成为空间数据产品质量评价的主要方法。

当前，地图的应用范围包括与地球科学有关的各个学科，以及国民经济的各个领域，它对社会经济活动中的各种规划和管理决策的支持作用日益增强。地图产品质量在很大程度上决定着决策的成效，直接影响着分析结果的可靠性及应用目标的最终实现。因此，研究如何更全面地衡量和评价地图质量具有十分重要的意义。

本章探讨用模糊数理论进行语言评价处理，主要研究评价语言转化为模糊数。本章以对地图产品的质量进行评价为例，详细介绍不同评价方法与步骤。

6.2　三角模糊数的空间数据质量评价

6.2.1　语言标度 S 相对应的三角模糊数

若语言标度 S 的粒度为9，其对应的三角模糊数为

s_{-4}：极差＝[0,0.1,0.2]；s_{-3}：很差＝[0.1,0.2,0.3]；s_{-2}：差＝[0.2,0.3,0.4]；
s_{-1}：较差＝[0.3,0.4,0.5]；s_0：一般＝[0.4,0.5,0.6]；s_1：较好＝[0.5,0.6,0.7]；

s_2:好$=[0.6,0.7,0.8]$;s_3:很好$=[0.7,0.8,0.9]$;s_4:极好$=[0.8,0.9,1]$。

6.2.2 评价方法与步骤

(1)获得每位专家对地图产品的语言评估信息。设有 i 个专家对 j 幅地图质量进行评价,每幅地图质量的评价因素有 k 个,则可得到每位专家的语言评价矩阵 $\boldsymbol{D}_i$,即

$$\boldsymbol{D}_i=\begin{bmatrix}(s)_{i11} & (s)_{i12} & (s)_{i13} & (s)_{i14} & \cdots & (s)_{i1k}\\(s)_{i21} & (s)_{i22} & (s)_{i23} & (s)_{i24} & \cdots & (s)_{i2k}\\(s)_{i31} & (s)_{i32} & (s)_{i33} & (s)_{i34} & \cdots & (s)_{i3k}\\\vdots & \vdots & \vdots & \vdots & \cdots & \vdots\\(s)_{ij1} & (s)_{ij2} & (s)_{ij3} & (s)_{ij4} & \cdots & (s)_{ijk}\end{bmatrix} \tag{6-1}$$

(2)将专家语言评估信息按语言标度 S 相对应的三角模糊数转化为三角模糊数信息,则可得到每位专家的三角模糊数评价矩阵,即

$$\boldsymbol{E}_i=\begin{bmatrix}\tilde{\mu}_{i11} & \tilde{\mu}_{i12} & \tilde{\mu}_{i13} & \cdots & \tilde{\mu}_{i1k}\\\tilde{\mu}_{i21} & \tilde{\mu}_{i22} & \tilde{\mu}_{i23} & \cdots & \tilde{\mu}_{i2k}\\\vdots & \vdots & \vdots & \cdots & \vdots\\\tilde{\mu}_{ij1} & \tilde{\mu}_{ij2} & \tilde{\mu}_{ij3} & \cdots & \tilde{\mu}_{ijk}\end{bmatrix} \tag{6-2}$$

(3)对每位专家按加权平均得到每幅地图的评价,按加权平均算子进行计算,其计算公式为

$$D_{ij}=\sum_{k=1}^{n}\tilde{u}_{ijk}w_k \tag{6-3}$$

式中,i 为专家数,j 为地图图幅数,k 为地图评价指标数,w_k 为评价指标的权重。

(4)根据专家的权重信息,综合每个专家的评价信息,得到每幅地图的最终三角模糊数值,其计算公式为

$$Z_j=\frac{1}{i}\sum_{r=1}^{i}D_{rj}\omega_r \tag{6-4}$$

式中,ω_r 为每位专家的权重。

(5)根据最终的评价值,对每幅地图的质量进行综合排序。

6.2.3 实例分析

有 3 位专家对 4 幅地图进行评价,主要考虑地图的 7 个方面指标,即位置精度(u_1)、属性精度(u_2)、逻辑一致性(u_3)、完整性(u_4)、现势性(u_5)、装饰质量(u_6)和附件质量(u_7),其属性权重为 $\boldsymbol{W}=[0.2\ \ 0.3\ \ 0.15\ \ 0.1\ \ 0.1\ \ 0.1\ \ 0.05]$。由于多方面因素考虑,给 3 位专家的权重不一样,其专家权重为 $\boldsymbol{\omega}=[0.3\ \ 0.4\ \ 0.3]^{\mathrm{T}}$,专家

采用粒度为 9 的语言标度 S 对地图质量进行语言评价。

每位专家的语言评价结果如表 6-1 至表 6-3 所示。

表 6-1　专家一的语言评价结果

地图	u_1	u_2	u_3	u_4	u_5	u_6	u_7
D_1	s_1	s_3	s_3	s_0	s_1	s_2	s_2
D_2	s_3	s_2	s_0	s_2	s_3	s_1	s_{-1}
D_3	s_2	s_2	s_3	s_1	s_4	s_3	s_2
D_4	s_2	s_2	s_{-1}	s_1	s_3	s_1	s_1

表 6-2　专家二的语言评价结果

地图	u_1	u_2	u_3	u_4	u_5	u_6	u_7
D_1	s_1	s_2	s_3	s_0	s_2	s_2	s_4
D_2	s_0	s_1	s_0	s_1	s_2	s_2	s_1
D_3	s_3	s_1	s_2	s_2	s_4	s_1	s_1
D_4	s_0	s_1	s_0	s_1	s_0	s_1	s_{-1}

表 6-3　专家三的语言评价结果

地图	u_1	u_2	u_3	u_4	u_5	u_6	u_7
D_1	s_1	s_2	s_3	s_0	s_2	s_2	s_4
D_2	s_0	s_1	s_0	s_1	s_2	s_2	s_1
D_3	s_3	s_1	s_2	s_2	s_4	s_4	s_1
D_4	s_0	s_1	s_1	s_1	s_0	s_1	s_{-1}

则可得到 3 位专家的三角模糊数的评价结果，如表 6-4 至表 6-6 所示。

表 6-4　专家一的三角模糊数的评价结果

地图	u_1	u_2	u_3	u_4
D_1	(0.5,0.6,0.7)	(0.7,0.8,0.9)	(0.7,0.8,0.9)	(0.4,0.5,0.6)
D_2	(0.7,0.8,0.9)	(0.6,0.7,0.8)	(0.4,0.5,0.6)	(0.6,0.7,0.8)
D_3	(0.6,0.7,0.8)	(0.6,0.7,0.8)	(0.7,0.8,0.9)	(0.5,0.6,0.7)
D_4	(0.6,0.7,0.8)	(0.6,0.7,0.8)	(0.3,0.4,0.5)	(0.5,0.6,0.7)

地图	u_5	u_6	u_7	
D_1	(0.5,0.6,0.7)	(0.6,0.7,0.8)	(0.6,0.7,0.8)	
D_2	(0.7,0.8,0.9)	(0.5,0.6,0.7)	(0.3,0.4,0.5)	
D_3	(0.8,0.9,1)	(0.7,0.8,0.9)	(0.6,0.7,0.8)	
D_4	(0.7,0.8,0.9)	(0.5,0.6,0.7)	(0.5,0.6,0.7)	

表 6-5 专家二的三角模糊数的评价结果

地图	u_1	u_2	u_3	u_4
D_1	(0.5,0.6,0.7)	(0.6,0.7,0.8)	(0.7,0.8,0.9)	(0.4,0.5,0.6)
D_2	(0.4,0.5,0.6)	(0.5,0.6,0.7)	(0.4,0.5,0.6)	(0.5,0.6,0.7)
D_3	(0.7,0.8,0.9)	(0.5,0.6,0.7)	(0.6,0.7,0.8)	(0.6,0.7,0.8)
D_4	(0.4,0.5,0.6)	(0.5,0.6,0.7)	(0.4,0.5,0.6)	(0.5,0.6,0.7)
地图	u_5	u_6	u_7	
D_1	(0.6,0.7,0.8)	(0.6,0.7,0.8)	(0.8,0.9,1)	
D_2	(0.6,0.7,0.8)	(0.6,0.7,0.8,)	(0.5,0.6,0.7)	
D_3	(0.8,0.9,1)	(0.8,0.9,1)	(0.5,0.6,0.7)	
D_4	(0.4,0.5,0.6)	(0.5,0.6,0.7)	(0.3,0.4,0.5)	

表 6-6 专家三的三角模糊数的评价结果

地图	u_1	u_2	u_3	u_4
D_1	(0.4,0.5,0.6)	(0.7,0.8,0.9)	(0.6,0.7,0.8)	(0.5,0.6,0.7)
D_2	(0.6,0.7,0.8)	(0.5,0.6,0.7)	(0.5,0.6,0.7)	(0.6,0.7,0.8)
D_3	(0.6,0.7,0.8)	(0.5,0.6,0.7)	(0.6,0.7,0.8)	(0.6,0.7,0.8)
D_4	(0.4,0.5,0.6)	(0.5,0.6,0.7)	(0.3,0.4,0.5)	(0.5,0.6,0.7)
地图	u_5	u_6	u_7	
D_1	(0.7,0.8,0.9)	(0.6,0.7,0.8)	(0.7,0.8,0.9)	
D_2	(0.4,0.5,0.6)	(0.6,0.7,0.8)	(0.3,0.4,0.5)	
D_3	(0.6,0.7,0.8)	(0.7,0.8,0.9)	(0.6,0.7,0.8)	
D_4	(0.4,0.5,0.6)	(0.4,0.5,0.6)	(0.5,0.6,0.7)	

根据式(6-3)可得到每位专家的评价结果。现对专家一的评价结果按式(6-3)计算,则有

$$D_{11}=\sum_{r=1}^{7}\tilde{u}_{11r}w_r=0.2\times(0.5,0.6,0.7)+0.3\times(0.7,0.8,0.9)+0.15\times(0.7,0.8,0.9)+0.1\times(0.4,0.5,0.6)+0.1\times(0.5,0.6,0.7)+0.1\times(0.6,0.7,0.8)+0.05\times(0.6,0.7,0.8)=(0.595,0.695,0.795)$$

$$D_{12}=\sum_{r=1}^{7}\tilde{u}_{12r}w_r=0.2\times(0.7,0.8,0.9)+0.3\times(0.6,0.7,0.8)+0.15\times(0.4,0.5,0.6)+0.1\times(0.6,0.7,0.8)+0.1\times(0.7,0.8,0.9)+0.1\times(0.5,0.6,0.7)+0.05\times(0.3,0.4,0.5)=(0.575,0.675,0.775)$$

$$D_{13}=\sum_{r=1}^{7}\tilde{u}_{13r}w_r=0.2\times(0.6,0.7,0.8)+0.3\times(0.6,0.7,0.8)+0.15\times(0.7,0.8,0.9)+0.1\times(0.5,0.6,0.7)+0.1\times(0.8,0.9,1)+$$

$0.1\times(0.7,0.8,0.9)+0.05\times(0.6,0.7,0.8)$

$=(0.635,0.735,0.835)$

$$D_{14}=\sum_{r=1}^{7}\tilde{u}_{14r}w_r=0.2\times(0.6,0.7,0.8)+0.3\times(0.6,0.7,0.8)+0.15\times(0.3,0.4,0.5)+0.1\times(0.5,0.6,0.7)+0.1\times(0.7,0.8,0.9)+0.1\times(0.5,0.6,0.7)+0.05\times(0.5,0.6,0.7)=(0.540,0.640,0.740)。$$

同理可得专家二的评价结果，为

$$D_{21}=(0.585,0.685,0.785),\ D_{22}=(0.485,0.585,0.685)$$

$$D_{23}=(0.625,0.725,0.825),\ D_{24}=(0.445,0.545,0.645)$$

同理可得专家三的评价结果，为

$$D_{31}=(0.565,0.665,0.765),\ D_{32}=(0.520,0.620,0.720)$$

$$D_{33}=(0.580,0.680,0.780),\ D_{34}=(0.430,0.530,0.630)$$

因此，根据式(6-4)可得到最终的评价结果，为

$$\overline{D}_1=D_{11}\times\omega_1+D_{21}\times\omega_2+D_{31}\times\omega_3=0.3\times(0.595,0.695,0.795)+0.4\times(0.585,0.685,0.785)+0.3\times(0.565,0.665,0.765)=(0.582,0.682,0.782)$$

$$\overline{D}_2=D_{12}\times\omega_1+D_{22}\times\omega_2+D_{32}\times\omega_3=0.3\times(0.575,0.675,0.775)+0.4\times(0.485,0.585,0.685)+0.3\times(0.520,0.620,0.720)=(0.523,0.623,0.723)$$

$$\overline{D}_3=D_{13}\times\omega_1+D_{23}\times\omega_2+D_{33}\times\omega_3=0.3\times(0.635,0.735,0.835)+0.4\times(0.625,0.725,0.825)+0.3\times(0.580,0.680,0.780)=(0.615,0.715,0.815)$$

$$\overline{D}_4=D_{14}\times\omega_1+D_{24}\times\omega_2+D_{34}\times\omega_3=0.3\times(0.540,0.640,0.740)+0.4\times(0.445,0.545,0.645)+0.3\times(0.430,0.530,0.630)=(0.649,0.569,0.669)$$

从评价结果可知：$\overline{D}_1$ 接近于 s_2；$\overline{D}_2$ 在 s_1 与 s_2 之间；$\overline{D}_3$ 超过了 s_2；$\overline{D}_4$ 接近于 s_1。因此，地图 D_3 的质量最优。

6.3 梯形模糊数的空间数据质量评价

6.3.1 评价语言与梯形模糊数的转化方法

给定一个粒度为 $2\tau+1$ 的语言短语集 S，则第 i 个元素 S_i 可以近似表示为一个梯形模糊数，即

$$A_i = (a_i, b_i, c_i, d_i)$$
$$= \left(\max\left(\frac{2i-2\tau-1}{4\tau+1}, 0\right), \frac{2i+2\tau}{4\tau+1}, \frac{2i+2\tau+1}{4\tau+1}, \min\left(\frac{2i+2\tau+2}{4\tau+1}, 1\right)\right) \quad (6\text{-}5)$$

6.3.2 评价方法

(1)获得每个专家对空间数据产品的语言评价信息。

(2)将每个专家的语言按式(6-5)转化为梯形模糊数。

(3)根据空间数据产品质量指标的权重,得到每个专家对空间数据产品的评价。

$$D_{ij} = \sum_{k=1}^{c} \widetilde{A}_{ijk} \omega_k \quad (6\text{-}6)$$

(4)根据每个专家的权重,综合多个专家评价,得到空间数据产品的综合评价值。

$$D_j = \sum_{i=1}^{r} D_{ij} w_i \quad (6\text{-}7)$$

(5)根据 TOPSIS 方法,计算空间数据产品的贴近度系数。

根据 TOPSIS 的基本原理:最好产品应与正理想解的距离最近,而且与负理想解的距离最远。设正理想解 (h^+) 和负理想解(h^-) 的定义为

$$h^+ = (h_1^+, h_2^+, h_3^+, h_4^+) = (1,1,1,1) \quad (6\text{-}8)$$

$$h^- = (h_1^-, h_2^-, h_3^-, h_4^-) = (0,0,0,0) \quad (6\text{-}9)$$

则空间数据产品的综合评价值 D_j 与正理想解和负理想解的距离为

$$D(h_i, h^+) = \frac{1}{6}(|h_{i1} - h_1^+|^p + 2|h_{i2} - h_2^+|^p + 2|h_{i3} - h_3^+|^p + |h_{i4} - h_4^+|^p)$$
$$= \frac{1}{6}(|h_{i1} - 1|^p + 2|h_{i2} - 1|^p + 2|h_{i3} - 1|^p + |h_{i4} - 1|^p) \quad (6\text{-}10)$$

$$D(h_i, h^-) = \frac{1}{6}(|h_{i1} - h_1^-|^p + 2|h_{i2} - h_2^-|^p + 2|h_{i3} - h_3^-|^p + |h_{i4} - h_4^-|^p)$$
$$= \frac{1}{6}(h_{i1}^p + 2h_{i2}^p + 2h_{i3}^p + h_{i4}^p) \quad (6\text{-}11)$$

根据 $D(h_i, h^+)$ 和 $D(h_i, h^-)$ 可计算每种空间数据产品的贴近度系数 c_i,即

$$c_i = \frac{D(h_i, h^-)}{D(h_i, h^+) + D(h_i, h^-)} \quad (i = 1, 2, \cdots, n) \quad (6\text{-}12)$$

根据 TOPSIS 思想,c_i 值越大,则其质量越好。

(6)基于贴近度系数对空间数据产品进行排序,得到最优的空间数据产品。

6.3.3 实例分析

现聘请 3 位专家对 4 幅地图进行质量评价。考虑多种因素,决定对 DLG 质量

从 7 个方面进行衡量，分别是位置精度（G_1）、属性精度（G_2）、完整性（G_3）、逻辑一致性（G_4）、现势性（G_5）、情况说明（G_6）及表达形式的合理性（G_7）。其指标的权向量为 $\boldsymbol{\omega} = [0.25\ 0.25\ 0.10\ 0.15\ 0.15\ 0.05\ 0.05]^T$，专家权重向量为 $\boldsymbol{w} = [0.3\ 0.4\ 0.3]^T$。

每个专家对 4 幅地图质量进行评价，经多方面考虑，采用不确定语言短语的评价结果形式，专家 e_1、e_2 和 e_3 使用的语言短语集分别为

$S^1 = \{s_{-2}^1$（差），s_{-1}^1（有点差），s_0^1（一般），s_1^1（较好），s_2^1（好）$\}$

$S^2 = \{s_{-3}^2$（非常差），s_{-2}^2（差），s_{-1}^2（有点差），s_0^2（一般），s_1^2（有点好），s_2^2（好），s_3^2（非常好）$\}$

$S^3 = \{s_{-4}^3$（极差），s_{-3}^3（非常差），s_{-2}^3（差），s_{-1}^3（有点差），s_0^3（一般），s_1^3（有点好），s_2^3（好），s_3^3（非常好），s_4^3（极好）$\}$

每位专家的不确定语言短语评价结果如表 6-7 至表 6-9 所示。

表 6-7　e_1 的语言短语评价结果

地图	G_1	G_2	G_3	G_4	G_5	G_6	G_7
D_1	s_1^1	s_1^1	s_2^1	s_2^1	s_0^1	s_0^1	s_2^1
D_2	s_2^1	s_2^1	s_2^1	s_2^1	s_0^1	s_{-1}^1	s_2^1
D_3	s_2^1	s_1^1	s_1^1	s_0^1	s_2^1	s_1^1	s_2^1
D_4	s_0^1	s_2^1	s_1^1	s_2^1	s_1^1	s_{-1}^1	s_1^1

表 6-8　e_2 的不确定语言短语评价结果

地图	G_1	G_2	G_3	G_4	G_5	G_6	G_7
D_1	s_1^2	s_3^2	s_3^2	s_1^2	s_3^2	s_0^2	s_3^2
D_2	s_3^2	s_3^2	s_2^2	s_3^2	s_2^2	s_1^2	s_2^2
D_3	s_1^2	s_2^2	s_3^2	s_1^2	s_3^2	s_1^2	s_3^2
D_4	s_0^2	s_3^2	s_1^2	s_3^2	s_1^2	s_1^2	s_2^2

表 6-9　e_3 的不确定语言短语评价结果

地图	G_1	G_2	G_3	G_4	G_5	G_6	G_7
D_1	s_0^3	s_3^3	s_4^3	s_3^3	s_3^3	s_0^3	s_3^3
D_2	s_2^3	s_4^3	s_3^3	s_1^3	s_3^3	s_1^3	s_2^3
D_3	s_2^3	s_3^3	s_2^3	s_2^3	s_4^3	s_1^3	s_4^3
D_4	s_{-1}^3	s_4^3	s_2^3	s_4^3	s_2^3	s_1^3	s_3^3

根据式（6-5）把语言评价结果转化为梯形模糊数表示，如表 6-10 至表 6-12 所示。

表 6-10 e_1 的梯形模糊数的评价结果

地图	G_1	G_2	G_3	G_4
D_1	$\left(\frac{5}{9},\frac{2}{3},\frac{7}{9},\frac{8}{9}\right)$	$\left(\frac{5}{9},\frac{2}{3},\frac{7}{9},\frac{8}{9}\right)$	$\left(\frac{7}{9},\frac{8}{9},1,1\right)$	$\left(\frac{7}{9},\frac{8}{9},1,1\right)$
D_2	$\left(\frac{7}{9},\frac{8}{9},1,1\right)$	$\left(\frac{7}{9},\frac{8}{9},1,1\right)$	$\left(\frac{7}{9},\frac{8}{9},1,1\right)$	$\left(\frac{7}{9},\frac{8}{9},1,1\right)$
D_3	$\left(\frac{7}{9},\frac{8}{9},1,1\right)$	$\left(\frac{5}{9},\frac{2}{3},\frac{7}{9},\frac{8}{9}\right)$	$\left(\frac{5}{9},\frac{2}{3},\frac{7}{9},\frac{8}{9}\right)$	$\left(\frac{1}{3},\frac{4}{9},\frac{5}{9},\frac{2}{3}\right)$
D_4	$\left(\frac{1}{3},\frac{4}{9},\frac{5}{9},\frac{2}{3}\right)$	$\left(\frac{7}{9},\frac{8}{9},1,1\right)$	$\left(\frac{5}{9},\frac{2}{3},\frac{7}{9},\frac{8}{9}\right)$	$\left(\frac{7}{9},\frac{8}{9},1,1\right)$
地图	G_5	G_6	G_7	
D_1	$\left(\frac{1}{3},\frac{4}{9},\frac{5}{9},\frac{2}{3}\right)$	$\left(\frac{1}{3},\frac{4}{9},\frac{5}{9},\frac{2}{3}\right)$	$\left(\frac{7}{9},\frac{8}{9},1,1\right)$	
D_2	$\left(\frac{1}{3},\frac{4}{9},\frac{5}{9},\frac{2}{3}\right)$	$\left(\frac{1}{9},\frac{2}{9},\frac{1}{3},\frac{4}{9}\right)$	$\left(\frac{7}{9},\frac{8}{9},1,1\right)$	
D_3	$\left(\frac{7}{9},\frac{8}{9},1,1\right)$	$\left(\frac{5}{9},\frac{6}{9},\frac{7}{9},\frac{8}{9}\right)$	$\left(\frac{7}{9},\frac{8}{9},1,1\right)$	
D_4	$\left(\frac{5}{9},\frac{2}{3},\frac{7}{9},\frac{8}{9}\right)$	$\left(\frac{1}{9},\frac{2}{9},\frac{1}{3},\frac{4}{9}\right)$	$\left(\frac{5}{9},\frac{2}{3},\frac{7}{9},\frac{8}{9}\right)$	

表 6-11 e_2 的梯形模糊数的评价结果

地图	G_1	G_2	G_3	G_4
D_1	$\left(\frac{7}{13},\frac{8}{13},\frac{9}{13},\frac{10}{13}\right)$	$\left(\frac{11}{13},\frac{12}{13},1,1\right)$	$\left(\frac{11}{13},\frac{12}{13},1,1\right)$	$\left(\frac{7}{13},\frac{8}{13},\frac{9}{13},\frac{10}{13}\right)$
D_2	$\left(\frac{11}{13},\frac{12}{13},1,1\right)$	$\left(\frac{11}{13},\frac{12}{13},1,1\right)$	$\left(\frac{9}{13},\frac{10}{13},\frac{11}{13},\frac{12}{13}\right)$	$\left(\frac{11}{13},\frac{12}{13},1,1\right)$
D_3	$\left(\frac{7}{13},\frac{8}{13},\frac{9}{13},\frac{10}{13}\right)$	$\left(\frac{9}{13},\frac{10}{13},\frac{11}{13},\frac{12}{13}\right)$	$\left(\frac{11}{13},\frac{12}{13},1,1\right)$	$\left(\frac{7}{13},\frac{8}{13},\frac{9}{13},\frac{10}{13}\right)$
D_4	$\left(\frac{5}{13},\frac{6}{13},\frac{7}{13},\frac{8}{13}\right)$	$\left(\frac{11}{13},\frac{12}{13},1,1\right)$	$\left(\frac{7}{13},\frac{8}{13},\frac{9}{13},\frac{10}{13}\right)$	$\left(\frac{11}{13},\frac{12}{13},1,1\right)$
地图	G_5	G_6	G_7	
D_1	$\left(\frac{11}{13},\frac{12}{13},1,1\right)$	$\left(\frac{5}{13},\frac{6}{13},\frac{7}{13},\frac{8}{13}\right)$	$\left(\frac{11}{13},\frac{12}{13},1,1\right)$	
D_2	$\left(\frac{7}{13},\frac{8}{13},\frac{9}{13},\frac{10}{13}\right)$	$\left(\frac{7}{13},\frac{8}{13},\frac{9}{13},\frac{10}{13}\right)$	$\left(\frac{9}{13},\frac{10}{13},\frac{11}{13},\frac{12}{13}\right)$	
D_3	$\left(\frac{11}{13},\frac{12}{13},1,1\right)$	$\left(\frac{7}{13},\frac{8}{13},\frac{9}{13},\frac{10}{13}\right)$	$\left(\frac{11}{13},\frac{12}{13},1,1\right)$	
D_4	$\left(\frac{7}{13},\frac{8}{13},\frac{9}{13},\frac{10}{13}\right)$	$\left(\frac{7}{13},\frac{8}{13},\frac{9}{13},\frac{10}{13}\right)$	$\left(\frac{9}{13},\frac{10}{13},\frac{11}{13},\frac{12}{13}\right)$	

表 6-12　e_3 的梯形模糊数的评价结果

地图	G_1	G_2	G_3	G_4
D_1	$\left(\frac{7}{17},\frac{8}{17},\frac{9}{17},\frac{10}{17}\right)$	$\left(\frac{13}{17},\frac{14}{17},\frac{15}{17},\frac{16}{17}\right)$	$\left(\frac{15}{17},\frac{16}{17},1,1\right)$	$\left(\frac{13}{17},\frac{14}{17},\frac{15}{17},\frac{16}{17}\right)$
D_2	$\left(\frac{11}{17},\frac{12}{17},\frac{13}{17},\frac{14}{17}\right)$	$\left(\frac{15}{17},\frac{16}{17},1,1\right)$	$\left(\frac{13}{17},\frac{14}{17},\frac{15}{17},\frac{16}{17}\right)$	$\left(\frac{9}{17},\frac{10}{17},\frac{11}{17},\frac{12}{17}\right)$
D_3	$\left(\frac{11}{17},\frac{12}{17},\frac{13}{17},\frac{14}{17}\right)$	$\left(\frac{13}{17},\frac{14}{17},\frac{15}{17},\frac{16}{17}\right)$	$\left(\frac{11}{17},\frac{12}{17},\frac{13}{17},\frac{14}{17}\right)$	$\left(\frac{11}{17},\frac{12}{17},\frac{13}{17},\frac{14}{17}\right)$
D_4	$\left(\frac{5}{17},\frac{6}{17},\frac{7}{17},\frac{8}{17}\right)$	$\left(\frac{15}{17},\frac{16}{17},1,1\right)$	$\left(\frac{11}{17},\frac{12}{17},\frac{13}{17},\frac{14}{17}\right)$	$\left(\frac{15}{17},\frac{16}{17},1,1\right)$
地图	G_5	G_6	G_7	
D_1	$\left(\frac{13}{17},\frac{14}{17},\frac{15}{17},\frac{16}{17}\right)$	$\left(\frac{7}{17},\frac{8}{17},\frac{9}{17},\frac{10}{17}\right)$	$\left(\frac{13}{17},\frac{14}{17},\frac{15}{17},\frac{16}{17}\right)$	
D_2	$\left(\frac{13}{17},\frac{14}{17},\frac{15}{17},\frac{16}{17}\right)$	$\left(\frac{9}{17},\frac{10}{17},\frac{11}{17},\frac{12}{17}\right)$	$\left(\frac{11}{17},\frac{12}{17},\frac{13}{17},\frac{14}{17}\right)$	
D_3	$\left(\frac{15}{17},\frac{16}{17},1,1\right)$	$\left(\frac{9}{17},\frac{10}{17},\frac{11}{17},\frac{12}{17}\right)$	$\left(\frac{15}{17},\frac{16}{17},1,1\right)$	
D_4	$\left(\frac{11}{17},\frac{12}{17},\frac{13}{17},\frac{14}{17}\right)$	$\left(\frac{9}{17},\frac{10}{17},\frac{11}{17},\frac{12}{17}\right)$	$\left(\frac{13}{17},\frac{14}{17},\frac{15}{17},\frac{16}{17}\right)$	

e_1 评价的结果按式(6-6)计算，可得

$$D_{11}=\frac{1}{4}\otimes\left(\frac{5}{9},\frac{6}{9},\frac{7}{9},\frac{8}{9}\right)+\frac{1}{4}\otimes\left(\frac{5}{9},\frac{6}{9},\frac{7}{9},\frac{8}{9}\right)+\frac{1}{10}\otimes\left(\frac{7}{9},\frac{8}{9},1,1\right)+\frac{3}{20}\otimes\left(\frac{7}{9},\frac{8}{9},1,1\right)+\frac{3}{20}\otimes\left(\frac{1}{3},\frac{4}{9},\frac{5}{9},\frac{2}{3}\right)+\frac{1}{20}\otimes\left(\frac{1}{3},\frac{4}{9},\frac{5}{9},\frac{2}{3}\right)+\frac{1}{20}\otimes\left(\frac{7}{9},\frac{8}{3},1,1\right)$$

$$=(0.578,0.688,0.800,0.878)$$

$$D_{12}=\frac{1}{4}\otimes\left(\frac{7}{9},\frac{8}{9},1,1\right)+\frac{1}{4}\otimes\left(\frac{7}{9},\frac{8}{9},1,1\right)+\frac{1}{10}\otimes\left(\frac{7}{9},\frac{8}{9},1,1\right)+\frac{3}{20}\otimes\left(\frac{7}{9},\frac{8}{9},1,1\right)+\frac{3}{20}\otimes\left(\frac{1}{3},\frac{4}{9},\frac{5}{9},\frac{2}{3}\right)+\frac{1}{20}\otimes\left(\frac{1}{9},\frac{2}{9},\frac{1}{3},\frac{4}{9}\right)+\frac{1}{20}\otimes\left(\frac{7}{9},\frac{8}{9},1,1\right)$$

$$=(0.678,0.789,0.900,0.922)$$

$$D_{13}=\frac{1}{4}\otimes\left(\frac{7}{9},\frac{8}{9},1,1\right)+\frac{1}{4}\otimes\left(\frac{6}{9},\frac{2}{3},\frac{7}{9},\frac{8}{9}\right)+\frac{1}{10}\otimes\left(\frac{5}{9},\frac{6}{9},\frac{7}{9},\frac{8}{9}\right)+\frac{3}{20}\otimes\left(\frac{1}{3},\frac{4}{9},\frac{5}{9},\frac{2}{3}\right)+\frac{3}{20}\otimes\left(\frac{7}{9},\frac{8}{9},1,1\right)+\frac{1}{20}\otimes\left(\frac{5}{9},\frac{6}{9},\frac{7}{9},\frac{8}{9}\right)+$$

$$\frac{1}{20}\otimes\left(\frac{7}{9},\frac{8}{9},1,1\right)$$

$$=(0.639,0.750,0.844,0.906)$$

$$D_{14}=\frac{1}{4}\otimes\left(\frac{1}{3},\frac{4}{9},\frac{5}{9},\frac{2}{3}\right)+\frac{1}{4}\otimes\left(\frac{7}{9},\frac{8}{9},1,1\right)+\frac{1}{10}\otimes\left(\frac{5}{9},\frac{6}{9},\frac{7}{9},\frac{8}{9}\right)+$$

$$\frac{3}{20}\otimes\left(\frac{7}{9},\frac{8}{9},1,1\right)+\frac{3}{20}\otimes\left(\frac{5}{9},\frac{6}{9},\frac{7}{9},\frac{8}{9}\right)+\frac{1}{20}\otimes\left(\frac{1}{9},\frac{2}{9},\frac{1}{3},\frac{4}{9}\right)+$$

$$\frac{1}{20}\otimes\left(\frac{5}{9},\frac{2}{3},\frac{7}{9},\frac{8}{9}\right)$$

$$=(0.567,0.678,0.789,0.856)$$

同理可得 e_2、e_3 的评价成果，为

$D_{21}=(0.700,0.777,0.854,0.889)$，$D_{22}=(0.723,0.838,0.915,0.942)$

$D_{23}=(0.669,0.746,0.823,0.876)$，$D_{24}=(0.631,0.708,0.785,0.831)$

$D_{31}=(0.671,0.729,0.778,0.841)$，$D_{32}=(0.712,0.771,0.829,0.874)$

$D_{33}=(0.718,0.776,0.835,0.882)$，$D_{34}=(0.653,0.712,0.771,0.806)$

因此，可根据式(6-7)得到综合后的评价结果，为

$\widetilde{D}_1=(0.655,0.736,0.815,0.871)$，$\widetilde{D}_2=(0.706,0.803,0.885,0.916)$

$\widetilde{D}_3=(0.675,0.756,0.833,0.887)$，$\widetilde{D}_4=(0.618,0.700,0.782,0.831)$

按式(6-10)和式(6-11)计算地图与正理想解和负理想解的距离，取 $p=1$ 计算。

$$\widetilde{D}_1^+=\frac{1}{6}(|0.655-1|+2|0.736-1|+2|0.815-1|+|0.871-1|)$$

$$=\frac{1}{6}(0.345+0.528+0.37+0.129)=0.229$$

$$\widetilde{D}_1^-=\frac{1}{6}(|0.655-0|+2|0.736-0|+2|0.815-0|+|0.871-0|)$$

$$=\frac{1}{6}(0.655+1.472+1.630+0.871)=0.771$$

$$\widetilde{D}_2^+=\frac{1}{6}(0.294+0.394+0.230+0.084)=0.167$$

$$\widetilde{D}_2^-=\frac{1}{6}(0.706+1.606+1.770+0.916)=0.833$$

$$\widetilde{D}_3^+=\frac{1}{6}(0.325+0.488+0.334+0.113)=0.210$$

$$\widetilde{D}_3^-=\frac{1}{6}(0.675+1.512+1.666+0.887)=0.790$$

$$\widetilde{D}_4^+ = \frac{1}{6}(0.382 + 0.600 + 0.436 + 0.169) = 0.265$$

$$\widetilde{D}_4^- = \frac{1}{6}(0.618 + 1.400 + 1.564 + 0.831) = 0.735$$

按式(6-12)计算贴近度系数，为

$$\tilde{c}_1 = 0.771,\ \tilde{c}_2 = 0.833,\ \tilde{c}_3 = 0.790,\ \tilde{c}_4 = 0.735$$

则 $\tilde{c}_2 > \tilde{c}_1 > \tilde{c}_4 > \tilde{c}_3$，因此，$D_2$ 质量最好。

6.4 梯形模糊数的空间数据不确定语言质量评价

6.4.1 不确定语言与梯形模糊数的转化方法

令 $S=\{s_{-\tau},\cdots,s_{-1},s_0,s_1,\cdots,s_\tau\}$，$\widetilde{S}=[s_m,s_n]$，$s_m$、$s_n \in S$，则 $\widetilde{S}$ 可近似表示为梯形模糊数，即

$$\begin{aligned}\widetilde{A} &= (a,b,c,d) \\ &= \left(\max\left(\frac{2m+2\tau-1}{4\tau+1},0\right),\frac{2m+2\tau}{4\tau+1},\frac{2n+2\tau+1}{4\tau+1},\min\left(\frac{2n+2\tau+2}{4\tau+1},1\right)\right)\end{aligned} \tag{6-13}$$

6.4.2 评价方法

(1)获得每个专家对空间数据产品的语言评价信息。

(2)将每个专家的不确定语言短语按式(6-13)转化为梯形模糊数。

(3)根据空间数据产品质量指标的权重，得到每个专家对空间数据产品的评价。

$$D_{ij} = \sum_{k=1}^{c} \widetilde{A}_{ijk}\omega_k \tag{6-14}$$

(4)根据每个专家的权重，综合多个专家评价，得到空间数据产品的综合评价值。

$$D_j = \sum_{i=1}^{r} D_{ij} w_i \tag{6-15}$$

(5)根据 TOPSIS 方法，计算空间数据产品的贴近度系数。

根据 TOPSIS 的基本原理：最好产品应与正理想解的距离最近，而且与负理想解的距离最远[52]。设正理想解 (h^+) 和负理想解 (h^-) 的定义为

$$h^+ = (h_1^+,h_2^+,h_3^+,h_4^+) = (1,1,1,1) \tag{6-16}$$

$$h^- = (h_1^-,h_2^-,h_3^-,h_4^-) = (0,0,0,0) \tag{6-17}$$

则空间数据产品的综合评价值 D_i 与正理想解和负理想解的距离为

$$D(h_i,h^+)=\frac{1}{6}(|h_{i1}-h_1^+|^p+2|h_{i2}-h_2^+|^p+2|h_{i3}-h_3^+|^p+|h_{i4}-h_4^+|^p)$$
$$=\frac{1}{6}(|h_{i1}-1|^p+2|h_{i2}-1|^p+2|h_{i3}-1|^p+|h_{i4}-1|^p) \quad (6\text{-}18)$$

$$D(h_i,h^-)=\frac{1}{6}(|h_{i1}-h_1^-|^p+2|h_{i2}-h_2^-|^p+2|h_{i3}-h_3^-|^p+|h_{i4}-h_4^-|^p)$$
$$=\frac{1}{6}(h_{i1}^p+2h_{i2}^p+2h_{i3}^p+h_{i4}^p) \quad (6\text{-}19)$$

根据 $D(h_i,h^+)$ 和 $D(h_i,h^-)$ 可计算每种空间数据产品的贴近度系数 c_i，为

$$c_i=\frac{D(h_i,h^-)}{D(h_i,h^+)+D(h_i,h^-)} \quad (i=1,2,\cdots,n) \quad (6\text{-}20)$$

根据 TOPSIS 思想，c_i 值越大，则其质量越好。

(6)基于贴近度系数对空间数据产品进行排序，得到最优的空间数据产品。

6.4.3 实例分析

现聘请 3 位专家对 4 幅地图进行质量评价。考虑多种因素，决定对地图质量从 7 个方面进行衡量，分别是位置精度(G_1)、属性精度(G_2)、完整性(G_3)、逻辑一致性(G_4)、现势性(G_5)、情况说明(G_6)及表达形式的合理性(G_7)。其指标的权向量为 $\boldsymbol{\omega}=[0.25\ 0.25\ 0.10\ 0.15\ 0.15\ 0.05\ 0.05]^{\mathrm{T}}$，专家权重向量为 $\boldsymbol{w}=[0.3\ 0.4\ 0.3]^{\mathrm{T}}$。

每个专家对 4 幅地图质量进行评价，经多方面考虑，采用不确定语言短语的评价结果形式，专家 e_1、e_2 和 e_3 使用的语言短语集分别为

$S^1=\{s_{-2}^1$(差)，s_{-1}^1(有点差)，s_0^1(一般)，s_1^1(较好)，s_2^1(好)$\}$

$S^2=\{s_{-3}^2$(非常差)，s_{-2}^2(差)，s_{-1}^2(有点差)，s_0^2(一般)，s_1^2(有点好)，s_2^2(好)，s_3^2(非常好)$\}$

$S^3=\{s_{-4}^3$(极差)，s_{-3}^3(非常差)，s_{-2}^3(差)，s_{-1}^3(有点差)，s_0^3(一般)，s_1^3(有点好)，s_2^3(好)，s_3^3(非常好)，s_4^3(极好)$\}$

每位专家的不确定语言短语评价结果如表 6-13 至表 6-15 所示。

表 6-13 e_1 的不确定语言短语评价结果

地图	G_1	G_2	G_3	G_4	G_5	G_6	G_7
D_1	$[s_0^1, s_1^1]$	$[s_0^1, s_1^1]$	$[s_1^1, s_2^1]$	$[s_1^1, s_2^1]$	$[s_{-1}^1, s_0^1]$	$[s_{-1}^1, s_0^1]$	$[s_1^1, s_2^1]$
D_2	$[s_0^1, s_2^1]$	$[s_0^1, s_2^1]$	$[s_0^1, s_2^1]$	$[s_0^1, s_2^1]$	$[s_{-1}^1, s_0^1]$	$[s_{-1}^1, s_{-1}^1]$	$[s_0^1, s_2^1]$
D_3	$[s_1^1, s_2^1]$	$[s_0^1, s_1^1]$	$[s_0^1, s_1^1]$	$[s_{-1}^1, s_0^1]$	$[s_1^1, s_2^1]$	$[s_0^1, s_1^1]$	$[s_1^1, s_2^1]$
D_4	$[s_0^1, s_0^1]$	$[s_1^1, s_2^1]$	$[s_{-1}^1, s_1^1]$	$[s_1^1, s_2^1]$	$[s_{-2}^1, s_1^1]$	$[s_{-1}^1, s_{-1}^1]$	$[s_0^1, s_1^1]$

表 6-14　e_2 的不确定语言短语评价结果

地图	G_1	G_2	G_3	G_4	G_5	G_6	G_7
D_1	$[s_{-1}^2, s_1^2]$	$[s_{-1}^2, s_3^2]$	$[s_1^2, s_3^2]$	$[s_0^2, s_1^2]$	$[s_1^2, s_3^2]$	$[s_{-1}^2, s_0^2]$	$[s_2^2, s_3^2]$
D_2	$[s_0^2, s_3^2]$	$[s_1^2, s_3^2]$	$[s_0^2, s_2^2]$	$[s_1^2, s_3^2]$	$[s_0^2, s_2^2]$	$[s_{-1}^2, s_1^2]$	$[s_1^2, s_2^2]$
D_3	$[s_0^2, s_1^2]$	$[s_1^2, s_2^2]$	$[s_1^2, s_3^2]$	$[s_{-1}^2, s_1^2]$	$[s_1^2, s_3^2]$	$[s_0^2, s_1^2]$	$[s_2^2, s_3^2]$
D_4	$[s_{-2}^2, s_0^2]$	$[s_2^2, s_3^2]$	$[s_{-1}^2, s_1^2]$	$[s_1^2, s_3^2]$	$[s_{-1}^2, s_1^2]$	$[s_{-1}^2, s_1^2]$	$[s_1^2, s_2^2]$

表 6-15　e_3 的不确定语言短语评价结果

地图	G_1	G_2	G_3	G_4	G_5	G_6	G_7
D_1	$[s_{-2}^3, s_0^3]$	$[s_2^3, s_3^3]$	$[s_2^3, s_4^3]$	$[s_2^3, s_3^3]$	$[s_1^3, s_3^3]$	$[s_{-1}^3, s_0^3]$	$[s_2^3, s_3^3]$
D_2	$[s_0^3, s_2^3]$	$[s_3^3, s_4^3]$	$[s_1^3, s_3^3]$	$[s_{-1}^3, s_1^3]$	$[s_1^3, s_3^3]$	$[s_0^3, s_1^3]$	$[s_1^3, s_2^3]$
D_3	$[s_0^3, s_2^3]$	$[s_2^3, s_3^3]$	$[s_1^3, s_2^3]$	$[s_1^3, s_2^3]$	$[s_2^3, s_4^3]$	$[s_0^3, s_1^3]$	$[s_3^3, s_4^3]$
D_4	$[s_{-3}^3, s_{-1}^3]$	$[s_3^3, s_4^3]$	$[s_0^3, s_2^3]$	$[s_2^3, s_4^3]$	$[s_0^3, s_2^3]$	$[s_{-1}^3, s_1^3]$	$[s_1^3, s_3^3]$

根据式(6-13)把不确定语言短语评价结果转化为梯形模糊数表示，如表 6-16 至表 6-18 所示。

表 6-16　e_1 的梯形模糊数的评价结果

地图	G_1	G_2	G_3	G_4
D_1	$\left(\frac{1}{3},\frac{4}{9},\frac{7}{9},\frac{8}{9}\right)$	$\left(\frac{1}{3},\frac{4}{9},\frac{7}{9},\frac{8}{9}\right)$	$\left(\frac{5}{9},\frac{2}{3},1,1\right)$	$\left(\frac{5}{9},\frac{2}{3},1,1\right)$
D_2	$\left(\frac{1}{3},\frac{4}{9},1,1\right)$	$\left(\frac{1}{3},\frac{4}{9},1,1\right)$	$\left(\frac{1}{3},\frac{4}{9},1,1\right)$	$\left(\frac{1}{3},\frac{4}{9},1,1\right)$
D_3	$\left(\frac{5}{9},\frac{6}{9},\frac{7}{9},\frac{8}{9}\right)$	$\left(\frac{1}{3},\frac{4}{9},\frac{7}{9},\frac{8}{9}\right)$	$\left(\frac{1}{3},\frac{4}{9},\frac{7}{9},\frac{8}{9}\right)$	$\left(\frac{1}{9},\frac{2}{9},\frac{5}{9},\frac{2}{3}\right)$
D_4	$\left(\frac{1}{3},\frac{4}{9},\frac{5}{9},\frac{2}{3}\right)$	$\left(\frac{5}{9},\frac{2}{3},1,1\right)$	$\left(\frac{1}{9},\frac{2}{9},\frac{7}{9},\frac{8}{9}\right)$	$\left(\frac{5}{9},\frac{2}{3},1,1\right)$

地图	G_5	G_6	G_7	
D_1	$\left(\frac{1}{9},\frac{2}{9},\frac{5}{9},\frac{2}{3}\right)$	$\left(\frac{1}{9},\frac{2}{9},\frac{5}{9},\frac{2}{3}\right)$	$\left(\frac{5}{9},\frac{2}{3},1,1\right)$	
D_2	$\left(\frac{1}{9},\frac{2}{9},\frac{5}{9},\frac{2}{3}\right)$	$\left(\frac{1}{9},\frac{2}{9},\frac{1}{3},\frac{4}{9}\right)$	$\left(\frac{1}{3},\frac{4}{9},1,1\right)$	
D_3	$\left(\frac{5}{9},\frac{2}{3},1,1\right)$	$\left(\frac{1}{3},\frac{4}{9},\frac{7}{9},\frac{8}{9}\right)$	$\left(\frac{5}{9},\frac{2}{3},1,1\right)$	
D_4	$\left(0,0,\frac{7}{9},\frac{8}{9}\right)$	$\left(\frac{1}{9},\frac{2}{9},\frac{1}{3},\frac{4}{9}\right)$	$\left(\frac{1}{3},\frac{4}{9},\frac{7}{9},\frac{8}{9}\right)$	

表 6-17 e_2 的梯形模糊数的评价结果

地图	G_1	G_2	G_3	G_4
D_1	$\left(\frac{3}{13},\frac{4}{13},\frac{9}{13},\frac{10}{13}\right)$	$\left(\frac{3}{13},\frac{4}{13},1,1\right)$	$\left(\frac{7}{13},\frac{8}{13},\frac{9}{13},\frac{10}{13}\right)$	$\left(\frac{5}{13},\frac{6}{13},\frac{9}{13},\frac{10}{13}\right)$
D_2	$\left(\frac{5}{13},\frac{6}{13},1,1\right)$	$\left(\frac{7}{13},\frac{8}{13},1,1\right)$	$\left(\frac{5}{13},\frac{6}{13},\frac{11}{13},\frac{12}{13}\right)$	$\left(\frac{7}{13},\frac{8}{13},1,1\right)$
D_3	$\left(\frac{5}{13},\frac{6}{13},\frac{9}{13},\frac{10}{13}\right)$	$\left(\frac{7}{13},\frac{8}{13},\frac{11}{13},\frac{12}{13}\right)$	$\left(\frac{7}{13},\frac{8}{13},1,1\right)$	$\left(\frac{3}{13},\frac{4}{13},\frac{9}{13},\frac{10}{13}\right)$
D_4	$\left(\frac{1}{13},\frac{2}{13},\frac{7}{13},\frac{8}{13}\right)$	$\left(\frac{9}{13},\frac{10}{13},1,1\right)$	$\left(\frac{3}{13},\frac{4}{13},\frac{9}{13},\frac{10}{13}\right)$	$\left(\frac{7}{13},\frac{8}{13},1,1\right)$
地图	G_5	G_6	G_7	
D_1	$\left(\frac{7}{13},\frac{8}{13},1,1\right)$	$\left(\frac{3}{13},\frac{4}{13},\frac{7}{13},\frac{8}{13}\right)$	$\left(\frac{9}{13},\frac{10}{13},1,1\right)$	
D_2	$\left(\frac{5}{13},\frac{6}{13},\frac{11}{13},\frac{12}{13}\right)$	$\left(\frac{3}{13},\frac{4}{13},\frac{9}{13},\frac{10}{13}\right)$	$\left(\frac{7}{13},\frac{8}{13},\frac{11}{13},\frac{12}{13}\right)$	
D_3	$\left(\frac{7}{13},\frac{8}{13},1,1\right)$	$\left(\frac{5}{13},\frac{6}{13},\frac{9}{13},\frac{10}{13}\right)$	$\left(\frac{9}{13},\frac{10}{13},1,1\right)$	
D_4	$\left(\frac{3}{13},\frac{4}{13},\frac{7}{13},\frac{8}{13}\right)$	$\left(\frac{3}{13},\frac{4}{13},\frac{9}{13},\frac{10}{13}\right)$	$\left(\frac{7}{13},\frac{8}{13},\frac{11}{13},\frac{12}{13}\right)$	

表 6-18 e_3 的梯形模糊数的评价结果

地图	G_1	G_2	G_3	G_4
D_1	$\left(\frac{3}{17},\frac{4}{17},\frac{9}{17},\frac{10}{17}\right)$	$\left(\frac{7}{17},\frac{8}{17},\frac{14}{17},\frac{15}{17}\right)$	$\left(\frac{11}{17},\frac{12}{17},1,1\right)$	$\left(\frac{11}{17},\frac{12}{17},\frac{15}{17},\frac{16}{17}\right)$
D_2	$\left(\frac{7}{17},\frac{8}{17},\frac{13}{17},\frac{14}{17}\right)$	$\left(\frac{11}{17},\frac{12}{17},1,1\right)$	$\left(\frac{9}{17},\frac{10}{17},\frac{15}{17},\frac{16}{17}\right)$	$\left(\frac{5}{17},\frac{6}{17},\frac{11}{17},\frac{12}{17}\right)$
D_3	$\left(\frac{7}{17},\frac{8}{17},\frac{13}{17},\frac{14}{17}\right)$	$\left(\frac{11}{17},\frac{12}{17},\frac{15}{17},\frac{16}{17}\right)$	$\left(\frac{9}{17},\frac{10}{17},\frac{13}{17},\frac{14}{17}\right)$	$\left(\frac{8}{17},\frac{9}{17},\frac{11}{17},\frac{12}{17}\right)$
D_4	$\left(\frac{1}{17},\frac{2}{17},\frac{7}{17},\frac{8}{17}\right)$	$\left(\frac{13}{17},\frac{14}{17},1,1\right)$	$\left(\frac{7}{17},\frac{8}{17},\frac{12}{17},\frac{13}{17}\right)$	$\left(\frac{11}{17},\frac{12}{17},1,1\right)$
地图	G_5	G_6	G_7	
D_1	$\left(\frac{9}{17},\frac{10}{17},\frac{15}{17},\frac{16}{17}\right)$	$\left(\frac{5}{17},\frac{6}{17},\frac{9}{17},\frac{10}{17}\right)$	$\left(\frac{11}{17},\frac{12}{17},\frac{15}{17},\frac{16}{17}\right)$	
D_2	$\left(\frac{9}{17},\frac{10}{17},\frac{15}{17},\frac{16}{17}\right)$	$\left(\frac{7}{17},\frac{8}{17},\frac{11}{17},\frac{12}{17}\right)$	$\left(\frac{9}{17},\frac{10}{17},\frac{13}{17},\frac{14}{17}\right)$	
D_3	$\left(\frac{11}{17},\frac{12}{17},1,1\right)$	$\left(\frac{7}{17},\frac{8}{17},\frac{11}{17},\frac{12}{17}\right)$	$\left(\frac{13}{17},\frac{4}{17},1,1\right)$	
D_4	$\left(\frac{7}{17},\frac{8}{17},\frac{13}{17},\frac{14}{17}\right)$	$\left(\frac{5}{17},\frac{6}{17},\frac{11}{17},\frac{12}{17}\right)$	$\left(\frac{9}{17},\frac{10}{17},\frac{15}{17},\frac{16}{17}\right)$	

e_1 评价的结果按式(6-14)计算,可得

$$D_{11}=\frac{1}{4}\otimes\left(\frac{1}{3},\frac{4}{9},\frac{7}{9},\frac{8}{9}\right)+\frac{1}{4}\otimes\left(\frac{1}{3},\frac{4}{9},\frac{7}{9},\frac{8}{9}\right)+\frac{1}{10}\otimes\left(\frac{5}{9},\frac{2}{3},1,1\right)+\frac{3}{20}\otimes\left(\frac{5}{9},\frac{2}{3},1,1\right)+\frac{3}{20}\otimes\left(\frac{1}{9},\frac{2}{9},\frac{5}{9},\frac{2}{3}\right)+\frac{1}{20}\otimes\left(\frac{1}{9},\frac{2}{9},\frac{5}{9},\frac{2}{3}\right)+\frac{1}{20}\otimes\left(\frac{5}{9},\frac{2}{3},1,1\right)=(0.356,0.444,0.800,0.878)$$

$$D_{12}=\frac{1}{4}\otimes\left(\frac{1}{3},\frac{4}{9},1,1\right)+\frac{1}{4}\otimes\left(\frac{1}{3},\frac{4}{9},1,1\right)+\frac{1}{10}\otimes\left(\frac{1}{3},\frac{4}{9},1,1\right)+\frac{3}{20}\otimes\left(\frac{1}{3},\frac{4}{9},1,1\right)+\frac{3}{20}\otimes\left(\frac{1}{9},\frac{2}{9},\frac{5}{9},\frac{2}{3}\right)+\frac{1}{20}\otimes\left(\frac{1}{9},\frac{2}{9},\frac{1}{3},\frac{4}{9}\right)+\frac{1}{20}\otimes\left(\frac{1}{3},\frac{4}{9},1,1\right)=(0.289,0.400,0.900,0.922)$$

$$D_{13}=\frac{1}{4}\otimes\left(\frac{5}{9},\frac{6}{9},\frac{7}{9},\frac{8}{9}\right)+\frac{1}{4}\otimes\left(\frac{1}{3},\frac{4}{9},\frac{7}{9},\frac{8}{9}\right)+\frac{1}{10}\otimes\left(\frac{1}{3},\frac{4}{9},\frac{7}{9},\frac{8}{9}\right)+\frac{3}{20}\otimes\left(\frac{1}{9},\frac{2}{9},\frac{5}{9},\frac{2}{3}\right)+\frac{3}{20}\otimes\left(\frac{5}{9},\frac{2}{3},1,1\right)+\frac{1}{20}\otimes\left(\frac{1}{3},\frac{4}{9},\frac{7}{9},\frac{8}{9}\right)+\frac{1}{20}\otimes\left(\frac{5}{9},\frac{2}{3},1,1\right)=(0.400,0.511,0.789,0.822)$$

$$D_{14}=\frac{1}{4}\otimes\left(\frac{1}{3},\frac{4}{9},\frac{5}{9},\frac{2}{3}\right)+\frac{1}{4}\otimes\left(\frac{5}{9},\frac{2}{3},1,1\right)+\frac{1}{10}\otimes\left(\frac{1}{9},\frac{2}{9},\frac{7}{9},\frac{8}{9}\right)+\frac{3}{20}\otimes\left(\frac{5}{9},\frac{2}{3},1,1\right)+\frac{3}{20}\otimes\left(0,0,\frac{7}{9},\frac{8}{9}\right)+\frac{1}{20}\otimes\left(\frac{1}{9},\frac{2}{9},\frac{1}{3},\frac{4}{9}\right)+\frac{1}{20}\otimes\left(\frac{1}{3},\frac{4}{9},\frac{7}{9},\frac{8}{9}\right)=(0.339,0.433,0.789,0.806)$$

同理可得 e_2、e_3 的评价成果，为

$D_{21}=(0.346,0.415,0.669,0.865)$，$D_{22}=(0.442,0.523,0.938,0.958)$

$D_{23}=(0.454,0.531,0.823,0.877)$，$D_{24}=(0.369,0.446,0.762,0.808)$

$D_{31}=(0.435,0.494,0.774,0.826)$，$D_{32}=(0.503,0.562,0.829,0.874)$

$D_{33}=(0.544,0.603,0.818,0.838)$，$D_{34}=(0.447,0.506,0.765,0.800)$

因此，可根据式(6-15)得到综合后的评价结果，为

$\widetilde{D}_1=(0.376,0.447,0.740,0.857)$，$\widetilde{D}_2=(0.414,0.498,0.894,0.921)$

$\widetilde{D}_3=(0.465,0.547,0.811,0.849)$，$\widetilde{D}_4=(0.383,0.460,0.771,0.805)$

按式(6-18)和式(6-19)计算 DLG 与正理想解和负理想解的距离，取 $p=1$ 计算。

$$\widetilde{D}_1^+=\frac{1}{6}(|0.376-1|+2|0.447-1|+2|0.740-1|+|0.857-1|)$$

$$=\frac{1}{6}(0.624+1.106+0.52+0.143)=0.399$$

$$\widetilde{D}_1^-=\frac{1}{6}(|0.376-0|+2|0.447-0|+2|0.740-0|+|0.857-0|)$$

$$=\frac{1}{6}(0.376+0.894+1.48+0.857)=0.601$$

$$\widetilde{D}_2^+=\frac{1}{6}(0.586+1.004+0.212+0.079)=0.313$$

$$\widetilde{D}_2^-=\frac{1}{6}(0.414+0.996+1.788+0.921)=0.687$$

$$\widetilde{D}_3^+=\frac{1}{6}(0.535+0.906+0.378+0.151)=0.328$$

$$\widetilde{D}_3^-=\frac{1}{6}(0.465+1.094+1.622+0.849)=0.672$$

$$\widetilde{D}_4^+=\frac{1}{6}(0.617+1.08+0.458+0.195)=0.392$$

$$\widetilde{D}_4^-=\frac{1}{6}(0.383+0.92+1.542+0.805)=0.608$$

按式(6-20)计算贴近度系数，为

$$\tilde{c}_1=0.601,\tilde{c}_2=0.687,\tilde{c}_3=0.672,\tilde{c}_4=0.608$$

因 $\tilde{c}_2>\tilde{c}_3>\tilde{c}_4>\tilde{c}_1$，所以 D_2 质量最好。

第7章　基于 Vague 集的空间数据质量评价

7.1　基本概念

7.1.1　实数值 Vague 集(RVVS)

定义 7-1　设 U 是一个论域,其中任何一个元素用 x 表示。U 上的一个实数值 Vague 集 A 是由真隶属度函数 t_A 和假隶属函数 f_A 描述的,即

$$t_A:U\rightarrow[0,1],\ f_A:U\rightarrow[0,1]$$

对于 $x\in U$,$t_A(x)$ 是从支持 $x\in A$ 的肯定隶属度的下界,$f_A(x)$ 是从反对 $x\in A$ 的否定隶属度的下界,并且 $t_A(x)+f_A(x)\leqslant 1$。x 关于 A 的隶属度可由 $[0,1]$ 上的子区间 $[t_A(x),1-f_A(x)]$ 表示,或者称 $[t_A(x),1-f_A(x)]$ 是 x 在 Vague 集 A 中的 Vague 值。

称 $\pi_A(x)=1-t_A(x)-f_A(x)$ 为 x 相对于 A 的未知信息的度量,$\pi_A(x)$ 的值越大,说明 x 相对于 A 的未知信息越多。当 $t_A(x)+f_A(x)=1$,即 $\pi_A(x)=0$ 时,Vague 值 x 退化为普通模糊值。

定义 7-2　对于实数值 Vague 值 $x=[t_x,1-f_x]$、$y=[t_y,1-f_y]$,定义它们之间的距离为

$$D_W(x,y)=\frac{1}{2}(|t_x-t_y|+|f_x-f_y|)+\frac{1}{6}(\pi_x+\pi_y) \tag{7-1}$$

7.1.2　区间值 Vague 集(IVVS)

定义 7-3　论域 U 上的一个区间值 Vague 集 $\widetilde{A}$ 为

$$\widetilde{A}=\{<x,T_{\widetilde{A}}(x),F_{\widetilde{A}}(x)>|x\in U\} \tag{7-2}$$

式中,$T_{\widetilde{A}}(x)$、$F_{\widetilde{A}}(x)$ 分别是 x 关于 $\widetilde{A}$ 的真隶属度与假隶属度,是 U 上的实数值 Vague 集,则有 $T_{\widetilde{A}}(x)=[t_x^L,t_x^U]\subseteq[0,1]$、$F_{\widetilde{A}}(x)=[f_x^L,f_x^U]\subseteq[0,1]$,并且 $[t_x^L,t_x^U]\subseteq[1-f_x^U,1-f_x^L]$。

论域 U 中的区间值 Vague 集全体记为 $IVVS(U)$。

定义 7-4　称 $H_{\widetilde{A}}(x)=[\pi_x^L,\pi_x^U]$ 为 x 关于 $\widetilde{A}$ 的未知度,或模糊度、犹豫度,其中

$$\pi_x^L=1-t_x^U-f_x^U,\ \pi_x^U=1-t_x^L-f_x^L \tag{7-3}$$

将 $H_{\widetilde{A}}(x)$ 的中点记为 π_x^M,则 $\pi_x^M=(\pi_x^L+\pi_x^U)/2$。

定义 7-5 设 $\widetilde{A} \in IVVS(U)$，对于 $\forall \widetilde{x}$、$\widetilde{y} \in \widetilde{A}$，定义它们之间的距离为

$$\overleftrightarrow{D}(x,y)=\frac{1}{2}(D_T+D_F)+\frac{1}{6}(\pi_x^M+\pi_y^M) \tag{7-4}$$

式中，D_T、D_F 分别是利用实数值 Vague 集上新的距离公式 D_W 得到的 $T_{\widetilde{A}}(x)$ 与 $T_{\widetilde{A}}(y)$、$F_{\widetilde{A}}(x)$ 与 $F_{\widetilde{A}}(y)$ 之间的距离，即

$$D_T=\frac{1}{2}(|t_x^L-t_y^L|+|t_x^U-t_y^U|)+\frac{1}{6}(\pi_{Tx}+\pi_{Ty})$$

$$D_F=\frac{1}{2}(|f_x^L-f_y^L|+|f_x^U-f_y^U|)+\frac{1}{6}(\pi_{Fx}+\pi_{Fy})$$

其中

$$\widetilde{x}=<T_{\widetilde{A}}(x),F_{\widetilde{A}}(x)>=<[t_x^L,t_x^U],[f_x^L,f_x^U]>$$

$$\widetilde{y}=<T_{\widetilde{A}}(y),F_{\widetilde{A}}(y)>=<[t_y^L,t_y^U],[f_y^L,f_y^U]>$$

事实上，当 $\pi_{Tx}=\pi_{Fx}=\pi_{Ty}=\pi_{Ty}=0$ 时，$t_x^L=t_x^U, f_x^L=f_x^U, t_y^L=t_y^U, f_y^L=f_y^U$。这时，$\widetilde{x}$、$\widetilde{y}$ 退化为实数值 Vague 值，距离公式 $\overleftrightarrow{D}(x,y)$ 与 $D_W(x,y)$ 是一致的。

7.2 地图属性权重为实数且属性特征为语言值的量化评价方法

本节在地图属性权重为实数的前提下，根据属性值是确定语言或不确定语言两种情况，分别讨论相应的评价方法和群评价方法，同时给出实例分析。

7.2.1 问题描述

在地图质量的定性评价问题中，评价方案集为 $A=\{A_1,A_2,\cdots,A_m\}$，$C=\{c_1,c_2,\cdots,c_n\}$ 是属性集，属性权重为 $\boldsymbol{\omega}=[\omega_1\ \ \omega_2\ \ \cdots\ \ \omega_n]^{\mathrm{T}}$，$\omega_i\in[0,1]$，$\sum_{j=1}^{n}\omega_j=1$。设 $\boldsymbol{R}=(r_{ij})_{m\times n}$ 为语言评价矩阵，r_{ij} 是对 A_i 中第 j 个属性的评价值。方案 A_i 的属性值为 $\boldsymbol{R}_i=[r_{i1}\ \ r_{i2}\ \ \cdots\ \ r_{in}]$ $(i=1,2,\cdots,m)$；属性值为确定语言或不确定语言。设共有 k 位评估者 $k\in N$，$N\geqslant 1$。第 t 位评估者给出的语言评估矩阵为 $\boldsymbol{R}_t$ $(t=1,2,\cdots,k)$。

7.2.2 属性值为确定语言的评价方法

1. 基于加权记分函数的单人评价

1）评价步骤

（1）评价者根据语言标度，给出地图方案 $A_i\in A$ 关于各属性 $c_j\in C$ 的语言评价值 r_{ij} $(i=1,2,\cdots,m;j=1,2,\cdots,n)$，其中 r_{ij} 均为确定语言。

(2)将各语言评价值 r_{ij} 转换为 Vague 值 v_{ij}，按照各属性的实际意义及评价者的风险偏好选择记分函数 S，计算地图方案 A_i 关于各属性 c_j 的记分值 $s_{ij}=S(v_{ij})$。

本章记分函数的选择可根据各地图属性的不同性质及评价目的进行区别对待，灵活选择不同的风险偏好记分函数。基于风险偏好的记分函数有风险追求型 S_{RP}、风险厌恶型 S_{RA} 及风险中立型 S_C。但考虑地图质量追求精确性，因此本章大部分使用风险厌恶型记分函数和风险中立型记分函数。

$$S_{RA}(x)=\begin{cases} t+(1-\pi)(t-f), & t>f \\ t, & t=f \\ t+(1+\pi)(t-f), & t<f \end{cases}$$

$$S_C(x)=t-f$$

其中 x 为实数值 Vague 值，$x=[t,1-f]$。

对于语言值与 Vague 值的转换，目前尚没有相关定论的理论依据。本节根据地图质量评价的特点，采用 11 级语言指标与 Vague 值的转换[62]，如表 7-1 所示。

表 7-1　本节中 11 级语言指标与 Vague 值的转换关系

等级	英文等级	Vague 值取值及范围	典型 Vague 值取值及范围
极好(AG)	absolutely good	[1,1]	[1,1]
很好(VG)	very good	[0.9,1]	[0.9,0.95]
好(G)	good	[0.85,0.9]	[0.8,0.9]
较好(FG)	fairly good	[0.7,0.85]	[0.7,0.85]
稍好(SG)	slightly good	[0.5,0.7]	[0.55,0.7]
中等(M)	medium	[0.4,0.6]	[0.4,0.6]
稍差(SP)	slightly poor	[0.4,0.6]	[0.4,0.55]
较差(FP)	fairly poor	[0.3,0.45]	[0.3,0.45]
差(P)	poor	[0.15,0.3]	[0.2,0.3]
很差(VP)	very poor	[0,0.15]	[0.1,0.15]
极差(AP)	absolutely poor	[0,0]	[0,0]

(3)计算各地图方案的加权记分值，即

$$S(A_i)=\sum_{j=1}^{n}\omega_j s_{ij}\quad (i=1,2,\cdots,m) \tag{7-5}$$

按照记分函数 S 给各地图方案的排序。若 $S(A_k)=\max\limits_{1\leqslant i\leqslant m}(S(A_k))$，则 A_k 就是综合质量最佳的地图方案。

2)实例分析

例 7-1　选取 4 幅地图 A_1、A_2、A_3、A_4，已知对 4 幅地图的 7 种质量元素确定语言的评价值，如表 7-2 所示。已知属性的权重矢量为 $\boldsymbol{\omega}=[0.14\ 0.15\ 0.16\ 0.14\ 0.17\ 0.13\ 0.11]^{\mathrm{T}}$，现利用基于加权记分函数的评价方法

对这4幅地图的综合质量进行评估比较。

根据表7-2得到语言值与Vague值的转化,如表7-3所示。根据属性的权重向量ω,以及各地图方案的属性记分值(表7-4),利用式(7-4),计算可得

$$S(A_1)=1.15535,\ S(A_2)=0.85545$$

$$S(A_3)=1.60265,\ S(A_4)=0.2099$$

对地图方案质量排序得到$A_3>A_2>A_1>A_4$。因此,最佳地图方案为A_3。

表7-2　地图质量属性确定语言评价$\boldsymbol{R}_1$

地图	c_1	c_2	c_3	c_4	c_5	c_6	c_7
A_1	G	VG	VG	G	SG	M	M
A_2	G	G	G	SP	M	M	M
A_3	AG	VG	VG	FG	VG	FG	VG
A_4	SP	M	VP	SP	M	M	M

表7-3　语言评价值与Vague值的转换

地图	c_1	c_2	c_3	c_4	c_5	c_6	c_7
A_1	[0.8,0.9]	[0.9,0.95]	[0.9,0.95]	[0.8,0.9]	[0.4,0.6]	[0.9,0.95]	[0.9,0.95]
A_2	[0.8,0.9]	[0.8,0.9]	[0.8,0.9]	[0.4,0.55]	[0.4,0.6]	[0.4,0.6]	[0.4,0.6]
A_3	[1,1]	[0.9,0.95]	[0.9,0.95]	[0.8,0.9]	[0.7,0.85]	[0.7,0.85]	[0.9,0.95]
A_4	[0.4,0.55]	[0.4,0.6]	[0.1,0.15]	[0.4,0.55]	[0.4,0.6]	[0.4,0.6]	[0.4,0.6]

表7-4　$\boldsymbol{R}_1$转换为Vague值后对应的记分值

地图	c_1	c_2	c_3	c_4	c_5	c_6	c_7
A_1	1.43	1.7075	1.7075	1.43	0.7625	0.4	0.4
A_2	1.43	1.43	1.43	0.3425	0.4	0.4	0.4
A_3	2	1.7075	1.7075	1.1675	1.7075	1.1675	1.7075
A_4	0.3425	0.4	−0.6875	0.3425	0.4	0.4	0.4

2. 基于最大最小可能记分值的单人评价

1)地图属性记分值的最大值和最小值

基于加权记分函数的单人评价方法是对所有属性的记分值加权平均,每个记分值的大小都直接影响地图方案的最终综合记分值。处理不当时,这种方法有一定的风险,并容易引起较大的误差。一方面,评价者不愿或很难对地图方案中的属性意义一一甄别,若某一属性的风险记分函数选择不当,将对地图方案的最终综合记分值有较大的影响;另一方面,以一个记分值来代替整个Vague值,本身就是一种近似,更适合于地图方案记分值的最终确定。当以一个记分值来代替属性Vague值时,即使选择的风险函数是恰当且精确的,也会产生微小的误差;而且在属性值的集结过程中,所有属性记分值的误差积累也容易造成较大的偏差。

为了尽可能在计算地图方案的计分值时消除主观因素的影响，最好的方法是在属性记分值的评价过程中不带有偏好，而仅仅在最终确定地图方案的记分时，才使用风险记分函数。

为此，本节研究了基于最大最小可能记分值的评价方法。首先，考虑每个属性可能取得记分值的最大值和最小值。然后，根据属性权重得到整体地图方案可能取得记分值的最大值和最小值，并将其视为 Vague 值。显然，在属性记分值的集结过程中并不含有评价者的主观偏好。最后，根据评价者的风险偏好，再选择某一类型的记分函数，得到地图方案的最终综合记分值。

可以证明，当 $t \neq f$ 时，将记分函数 S_{RA}、S_{RP} 转换到区间$[-1,1]$上后，有

$$\left.\begin{aligned} &S_{RA}([t,t]) = S_{RP}([t,t]) = S_C([t,t]) = 2t-1 \\ &S_{RA}([1-f,1-f]) = S_{RP}([1-f,1-f]) = S_C([1-f,1-f]) \\ &\qquad = 2(1-f)-1 \end{aligned}\right\} \tag{7-6}$$

这说明对于 Vague 值 $[t,1-f]$，无论选用何种风险偏好记分函数 S_{RA}、S_{RP}、S_C，当 $t \neq f$ 时，这 3 种不同风险偏好的记分函数在最大值和最小值处恰好相等。这意味着，不管选用何种风险偏好的记分函数，Vague 值 $[t,1-f](t \neq f)$ 的记分值的最值都是一样的。因此，可以完全认为：将 $2(1-f)-1$ 与 $2t-1$ 看作 Vague 值 $[t,1-f]$ 的记分值的最大值和最小值是不带有任何风险偏好的。

2）评价步骤

（1）将各语言属性值 r_{ij} 转化为 Vague 值 v_{ij}，选定记分函数 S，对于每个地图方案 A_i，根据式(7-5)、式(7-6)，可以得到每个属性值 $v_{ij}=[t_{ij},1-f_{ij}]$ 的记分值的最小值 $s_{ij}^{\min}$ 与最大值 $s_{ij}^{\max}$。

（2）对于每个地图方案 A_i，根据其属性记分值及属性权重 $\boldsymbol{\omega} = [\omega_1 \ \ \omega_2 \ \ \cdots \ \ \omega_n]^{\mathrm{T}}$，得到方案 A_i 的可能记分值的最小值 $S_{\min}(A_i)$ 与最大值 $S_{\max}(A_i)$，其中

$$S_{\min}(A_i) = \sum_{j=1}^{n} \omega_j s_{ij}^{\min}, \quad S_{\max}(A_i) = \sum_{j=1}^{n} \omega_j s_{ij}^{\max} \tag{7-7}$$

这样，地图方案 A_i 的记分值可视为 Vague 值 $V(A_i) = [S_{\min}(A_i), S_{\max}(A_i)](i=1,2,\cdots,m)$。

（3）利用记分函数 S，计算并比较 $S(V(A_i))$ 的大小，对地图方案排序选优。$S(V(A_i))$ 越大，方案越好。

3）实例分析

例 7-2　对于例 7-1 提出的问题，现采用基于最大最小可能记分值的评价方法来进行评估。首先，利用式(7-6)和式(7-7)得到评价矩阵中各地图方案属性的最大最小可能记分值，如表 7-5 至表 7-8 所示。然后，根据权重向量 $\boldsymbol{\omega}$ 及式(7-7)，得到方案 A_1 可能记分值的最小值与最大值。

$$S_{\min}(A_1)=\sum_{j=1}^{n}\omega_j s_{1j}^{\min}=0.385,\ \dot{S}_{\max}(A_1)=\sum_{j=1}^{n}\omega_j s_{1j}^{\max}=0.619$$

即方案 A_1 的 Vague 值形式的记分值为 $V(A_1)=[0.385,0.619]$。

同理,可以计算得到方案 A_2、A_3、A_4 的 Vague 值形式的记分值,即

$$V(A_2)=[0.16,0.456],\ V(A_3)=[0.72,0.86],\ V(A_4)=[-0.296,0.028]$$

表 7-5 地图方案 A_1 各属性记分值的最小值与最大值

地图	c_1	c_2	c_3	c_4	c_5	c_6	c_7
A_1	G	VG	VG	G	SG	M	M
$S_{1j}^{\min}$	0.60	0.80	0.80	0.60	0.10	−0.20	−0.20
$S_{1j}^{\max}$	0.80	0.90	0.90	0.80	0.40	0.20	0.20

表 7-6 地图方案 A_2 各属性记分值的最小值与最大值

地图	c_1	c_2	c_3	c_4	c_5	c_6	c_7
A_2	G	G	G	SP	M	M	M
$S_{2j}^{\min}$	0.60	0.60	0.60	−0.20	−0.20	−0.20	−0.20
$S_{2j}^{\max}$	0.80	0.80	0.80	0.10	0.20	0.20	0.20

表 7-7 地图方案 A_3 各属性记分值的最小值与最大值

地图	c_1	c_2	c_3	c_4	c_5	c_6	c_7
A_3	AG	VG	VG	FG	VG	FG	VG
$S_{3j}^{\min}$	1.00	0.80	0.80	0.40	0.80	0.40	0.80
$S_{3j}^{\max}$	1	0.90	0.90	0.70	0.90	0.70	0.90

表 7-8 地图方案 A_4 各属性记分值的最小值与最大值

地图	c_1	c_2	c_3	c_4	c_5	c_6	c_7
A_4	SP	M	VP	SP	M	M	M
$S_{4j}^{\min}$	−0.20	−0.20	−0.80	−0.20	−0.20	−0.20	−0.20
$S_{4j}^{\max}$	0.10	0.20	−0.70	0.10	0.20	0.20	0.20

最后,根据评价者的风险偏好,选择记分函数 S,计算 $S(V(A_i))$。如果选择风险厌恶型记分函数,则

$$S(V(A_1))=0.388\,064,\ S(V(A_2))=-0.337\,664$$

$$S(V(A_3))=1.218\,8,\ S(V(A_4))=-1.974\,83$$

事实上,根据所计算方案的 Vague 值,无论评价者根据何种风险偏好选择记分函数,总有 $S(V(A_4))\leqslant S(V(A_2))\leqslant S(V(A_1))\leqslant S(V(A_3))$。地图方案 A_3 的综合质量最优,这一结果与例 7-1 的评价结果一致。

在本例中采用基于最大最小可能记分值的评价方法,由于在属性记分值集结过程中不带主观风险偏好,从而能更客观地反映语言信息的内涵,降低集结过程中产生的误差,提高评价结果的准确性。

7.2.3　基于加权记分函数和有序加权平均算子的群评价

1. **有序加权平均算子**

在属性权重为实数、属性值为语言值的地图质量定性评价问题中，假设有 k 位评估者，$k>1$。评估者的权重向量为 $\boldsymbol{\lambda}$，$\sum_{t=1}^{k}\lambda_t=1$。由于不同的评估者偏好不同，因此，对于同一地图方案的同一个属性，给出的评价可能存在着较大的差异，从而影响对地图方案的最终评价结果。

为了尽可能地消除过高或者过低的属性记分值对地图方案最终评价值的影响，在各地图方案属性值的集结过程中，采用有序加权平均(OWA)算子的方法。

定义 7-6　设 $R^n \rightarrow R$，若

$$OWA_{\omega'}(\alpha_1,\alpha_2,\cdots,\alpha_n)=\sum_{j=1}^{n}\omega'_j b_j \tag{7-8}$$

则称函数 $OWA(\quad)$ 是有序加权平均算子。式中，$(\alpha_1,\alpha_2,\cdots,\alpha_n)$ 是一组数据，b_j 是 $(\alpha_1,\alpha_2,\cdots,\alpha_n)$ 中第 j 大的元素，$j\in n$；$\boldsymbol{\omega}'=[\omega'_1\ \ \omega'_2\ \ \cdots\ \ \omega'_n]^{\mathrm{T}}$ 是与函数 $OWA(\quad)$ 相关联的加权向量，$\omega'_i\in[0,1]$，$\sum_{i=1}^{n}\omega'_i=1$。

有序加权平均算子的特点：对数据 $(\alpha_1,\alpha_2,\cdots,\alpha_n)$ 按从大到小的顺序重新集结，并通过加权集结进行排序。元素 α_i 与权重 ω'_i 没有直接的联系，ω'_i 只与集结过程中的第 i 个大小的数据(即位置)有关，加权向量也成为位置向量。

设 $\boldsymbol{\omega}=[0.2\ \ 0.3\ \ 0.4\ \ 0.1]$ 是有序加权平均算子的加权向量，(6,10,15,3) 是一组数据，则 $OWA_{\boldsymbol{\omega}}(6,10,15,3)=0.1\times15+0.4\times10+0.3\times6+0.2\times3=7.9$。

基于有序加权平均算子的平均值 7.9 与(6,10,15,3)的算术平均值 8.5 有显著不同。原因在于，按照位置加权降低了过高数据 15 和过低数据 3 的影响，而与中间值 6 和 10 的均值比较接近。

2. **评价步骤**

(1)设 $\boldsymbol{R}_t$ 是第 t 位评估者对地图方案集给出的确定性语言评价矩阵，即

$$\boldsymbol{R}_t=(r_{ij}^{(t)})_{m\times n}\quad(t=1,2,\cdots,k)$$

式中，$r_{ij}^{(t)}$ 是第 t 位评估者对地图方案 A_i 的属性 c_j 给出的确定语言评价值。

(2)将各评估者的语言评价矩阵转换为 Vague 值形式的矩阵 $\boldsymbol{V}_t=(v_{ij}^{(t)})_{m\times n}$，其中 $v_{ij}^{(t)}$ 是 $r_{ij}^{(t)}$ 所转换成的实数 Vague 值。

(3)根据各评估者的风险偏好和属性的性质，选择适当的记分函数 S，计算 $\boldsymbol{V}_t$ 中各属性 $v_{ij}^{(t)}$ 的记分值，得到记分值矩阵 $\boldsymbol{S}_t=(s_{ij}^{(t)})_{m\times n}(t=1,2,\cdots,k)$，其中 $s_{ij}^{(t)}$ 是 Vague 值 $v_{ij}^{(t)}$ 的记分值。

(4)对于每个地图方案 A_i，从属性 c_j 出发，根据评估权重 $\boldsymbol{\lambda}=[\lambda_1\ \ \lambda_2\ \ \cdots\ \ \lambda_k]$，

得到各评估者关于该属性的加权记分值 $\lambda_t s_{ij}^{(t)}$。采用有序加权平均算子，得出地图方案 A_i 在属性 c_j 上的最终记分值 s_{ij}。

$$s_{ij}=OWA_{\omega'}(\lambda_1 s_{ij}^{(1)},\lambda_2 s_{ij}^{(2)},\cdots,\lambda_k s_{ij}^{(k)})$$

式中，$\boldsymbol{\omega}'=[\omega_1' \ \omega_2' \ \cdots \ \omega_k']^{\mathrm{T}}$ 是给定的加权向量。集结后，地图方案 A_i 的属性记分值矩阵为$[s_{i1} \ s_{i2} \ \cdots \ s_{in}]$。

(5)利用 a_{ij} 和属性权重 $\boldsymbol{\omega}=[\omega_1 \ \omega_2 \ \cdots \ \omega_n]^{\mathrm{T}}$，计算各方案最终的记分值

$$S(A_i)=\sum_{j=1}^{n}\omega_j s_{ij}$$

根据 $S(A_i)$ 对地图方案进行排序选优。

3. 实例分析

例 7-3 对于例 7-1 提出的问题，现在地图方案的评估值来源于 3 位评估者所给出的语言评估矩阵，权重向量为 $\boldsymbol{\lambda}=[0.3 \ 0.4 \ 0.3]^{\mathrm{T}}$。第一位评估者给出的评价如表 7-2 所示，表 7-9 和表 7-10 是另外两位评估者给出的评价。

3 位评估者根据地图质量元素性质都选用风险厌恶型记分函数 S_{RA}。根据表 7-1 中语言指标与 Vague 值的转换和风险厌恶型函数公式，得到表 7-9 和表 7-10，然后把表 7-9 和表 7-10 转换成 Vague 值后所对应的记分值，如表 7-11 和表 7-12 所示。

表 7-9 地图质量属性确定语言评价 $\boldsymbol{R}_2$

地图	c_1	c_2	c_3	c_4	c_5	c_6	c_7
A_1	G	G	VG	FG	M	G	G
A_2	G	G	FG	M	M	SG	M
A_3	VG	VG	VG	AG	AG	G	AG
A_4	FP	SP	M	P	SP	SP	AP

表 7-10 地图质量属性确定语言评价 $\boldsymbol{R}_3$

地图	c_1	c_2	c_3	c_4	c_5	c_6	c_7
A_1	G	FG	VG	G	M	FG	VG
A_2	G	VG	FG	SP	M	P	M
A_3	G	VG	VG	VG	AG	G	G
A_4	SG	FP	SP	M	M	M	P

表 7-11 $\boldsymbol{R}_2$ 转化为 Vague 值后对应的记分值 $\boldsymbol{S}_2$

地图	c_1	c_2	c_3	c_4	c_5	c_6	c_7
A_1	1.430	1.430	1.708	1.168	0.400	1.430	1.430
A_2	1.430	1.430	1.168	0.400	0.400	0.763	0.400
A_3	1.708	1.708	1.708	2.000	2.000	1.430	2.000
A_4	0.013	0.343	0.400	−0.350	0.343	0.343	−1.000

表 7-12　$\boldsymbol{R}_3$ 转化为 Vague 值后对应的计分值 $\boldsymbol{S}_3$

地图	c_1	c_2	c_3	c_4	c_5	c_6	c_7
A_1	1.430	1.168	1.708	1.430	0.400	1.168	1.708
A_2	1.430	1.708	1.168	0.343	0.400	−0.350	0.400
A_3	1.430	1.708	1.708	1.708	2.000	1.430	1.430
A_4	0.763	0.013	0.343	0.400	0.400	0.400	−0.350

下面，以地图方案 A_1 为例说明计算过程。

首先，根据评价权重 $\boldsymbol{\lambda}=[0.3\ \ 0.4\ \ 0.3]^{\mathrm{T}}$，得到各评估者关于 A_1 的所有属性的加权记分值。

第一位评估者给出的加权记分值为

$$0.3\times(1.43,1.7075,1.7075,1.43,0.7625,0.4,0.4)$$
$$=(0.429,0.51225,0.51225,0.429,0.22875,0.12,0.12)$$

第二位评估者给出的加权记分值为

$$0.4\times(1.43,1.43,1.7075,1.1675,0.4,1.43,1.43)$$
$$=(0.572,0.572,0.683,0.467,0.16,0.572,0.572)$$

第三位评估者给出的加权记分值为

$$0.3\times(1.43,1.1675,1.7075,1.43,0.4,1.1675,1.7075)$$
$$=(0.429,0.35025,0.51225,0.429,0.12,0.35025,0.51225)$$

然后，为消除过高或者过低评价值的影响，假设有序加权向量 $\boldsymbol{\omega}'=[0.2\ \ 0.6\ \ 0.2]^{\mathrm{T}}$，根据 3 位评估者的加权记分值，利用有序加权平均算子集结 A_1 中各属性的记分值。例如，对于属性 c_1，集结后的最终记分值为

$$\begin{aligned} s_{11} &= OWA_{\boldsymbol{\omega}'}(\lambda_1 s_{11}^{(1)},\lambda_2 s_{11}^{(2)},\lambda_3 s_{11}^{(3)}) \\ &= OWA_{\boldsymbol{\omega}'}(0.429,0.572,0.429) \\ &= 0.429\times0.2+0.429\times0.6+0.572\times0.2 \\ &= 0.4576 \end{aligned}$$

同理，可以计算出 A_1 中所有属性的记分值，最终得到方案 A_1 的各属性的记分值

$$(0.4576,0.54656,0.54656,0.4576,0.24416,0.128,0.128)$$

再次，根据属性的权重向量 $\boldsymbol{\omega}=[0.14\ \ 0.15\ \ 0.16\ \ 0.14\ \ 0.17\ \ 0.13\ \ 0.11]^{\mathrm{T}}$ 计算可得方案 A_1 的记分值

$$S(A_1)=0.369789$$

类似地，可以得到其余方案的记分值

$$S(A_2)=0.273766,\ S(A_3)=0.512986,\ S(A_4)=0.0671872$$

因此，本例中的地图方案质量排序为 $A_3>A_1>A_2>A_4$。可知，A_3 是最佳地图方案，这一结果与例 7-1 的评价结果完全一致。

7.2.4 基于最大最小可能记分值和有序加权平均算子的群评价

基于最大最小可能记分值的评价方法能够更合理、更客观地反映语言信息的内涵，降低人的主观因素以及集结过程中产生的误差，提高评价的准确性。因此当有多个评估者时，这种方法结合有序加权平均算子更能体现其优越性。

1. 评价步骤

(1)设 $\boldsymbol{R}_t$ 是第 t 位评估者对地图方案集给出的确定性语言评价矩阵，即

$$\boldsymbol{R}_t=(r_{ij}^{(t)})_{m\times n} \quad (t=1,2,\cdots,k)$$

式中，$r_{ij}^{(t)}$ 是第 t 位评估者对地图方案 A_i 的属性 c_j 给出的确定语言评价值。

(2)将各语言属性值 $r_{ij}^{(t)}$ 转化为 Vague 值 $v_{ij}^{(t)}$，选定记分函数 S，对于每个地图方案 A_i，根据表 7-1，可以得到每个属性值 $v_{ij}=[t_{ij},1-f_{ij}]$ 的记分值的最小值 $s_{ij}^{\min}$ 与最大值 $s_{ij}^{\max}$。

(3) 对于每个地图方案 A_i，从属性 c_j 出发，根据评估权重 $\boldsymbol{\lambda}=[\lambda_1\ \ \lambda_2\ \ \cdots\ \ \lambda_k]^{\mathrm{T}}$，得到各评估者关于该属性的加权最大最小可能记分值 $\lambda_t s_{ij}^{(t)}$。采用有序加权平均算子，得出地图方案 A_i 在属性 c_j 上的最大最小可能记分值。

$$s_{ij}^{\min}=OWA_{\boldsymbol{\omega}'}(\lambda_1 s_{ij}^{\min(1)},\ \lambda_2 s_{ij}^{\min(2)},\ \cdots,\ \lambda_k s_{ij}^{\min(k)})$$

$$s_{ij}^{\max}=OWA_{\boldsymbol{\omega}'}(\lambda_1 s_{ij}^{\max(1)},\ \lambda_2 s_{ij}^{\max(2)},\ \cdots,\ \lambda_k s_{ij}^{\max(k)})$$

式中，$\boldsymbol{\omega}'=[\omega_1'\ \ \omega_2'\ \ \cdots\ \ \omega_k']^{\mathrm{T}}$ 是给定的加权向量。集结后，地图方案 A_i 的属性记分值矩阵为$[s_{i1}^{\min}\ \ s_{i1}^{\max}\ \ s_{i2}^{\min}\ \ s_{i2}^{\max}\ \ \cdots\ \ s_{in}^{\min}\ \ s_{in}^{\max}]$。

(4) 对于每个地图方案 A_i，根据其属性记分值以及属性权重 $\boldsymbol{\omega}=[\omega_1\ \ \omega_2\ \ \cdots\ \ \omega_n]^{\mathrm{T}}$，得到方案 A_i 最终的可能记分值的最小值 $S_{\min}(A_i)$ 与最大值 $S_{\max}(A_i)$，其中

$$S_{\min}(A_i)=\sum_{j=1}^{n}\omega_j s_{ij}^{\min},\ S_{\max}(A_i)=\sum_{j=1}^{n}\omega_j s_{ij}^{\max} \tag{7-9}$$

这样，地图方案 A_i 的记分值可视为 Vague 值 $V(A_i)=[S_{\min}(A_i),S_{\max}(A_i)](i=1,2,\cdots,m)$。

(5)利用记分函数 S，计算并比较 $S(V(A_i))$ 的大小，对方案排序选优。$S(V(A_i))$ 越大，方案越好。

2. 实例分析

例 7-4 对于例 7-3 提出的问题，现采用基于最大最小可能记分值和有序加权平均算子的群评价方法进行评估。首先根据式(7-5)、式(7-6)计算得到 $\boldsymbol{R}_2$ 最大最小可能记分值和 $\boldsymbol{R}_3$ 最大最小可能记分值，如表 7-13 和表 7-14 所示。

表 7-13　语言评价矩阵 R_2 最大最小可能记分值

地图	c_1	c_2	c_3	c_4
A_1	[0.60,0.80]	[0.60,0.80]	[0.80.0.90]	[0.40,0.70]
A_2	[0.60,0.80]	[0.60,0.80]	[0.40,0.70]	[−0.20,0.20]
A_3	[0.80,0.90]	[0.80,0.90]	[0.80,0.90]	[1.00,1.00]
A_4	[−0.40,−0.20]	[−0.20,0.10]	[−0.20,0.20]	[−0.60,−0.40]
地图	c_5	c_6	c_7	
A_1	[−0.20,0.20]	[0.60,0.80]	[0.60,0.80]	
A_2	[−0.20,0.20]	[0.10,0.40]	[−0.20,0.20]	
A_3	[1.00,1.00]	[0.60,0.80]	[1.00,1.00]	
A_4	[−0.20,0.10]	[−0.20,0.10]	[−1.00,−1.00]	

表 7-14　语言评价矩阵 R_3 最大最小可能记分值

地图	c_1	c_2	c_3	c_4
A_1	[0.60,0.80]	[0.40,0.70]	[0.80.0.90]	[0.60,0.80]
A_2	[0.60,0.80]	[0.80,0.90]	[0.40,0.70]	[−0.20,0.10]
A_3	[0.60,0.80]	[0.80,0.90]	[0.80,0.90]	[0.80,0.90]
A_4	[0.10,0.40]	[−0.40,−0.20]	[−0.20,0.10]	[−0.20,0.20]
地图	c_5	c_6	c_7	
A_1	[−0.20,0.20]	[0.40,0.70]	[0.80,0.90]	
A_2	[−0.20,0.20]	[−0.60,−0.40]	[−0.20,0.20]	
A_3	[1.00,1.00]	[0.60,0.80]	[0.60,0.80]	
A_4	[−0.20,0.10]	[−0.20,0.20]	[−0.60,−0.40]	

同样仍以地图方案 A_1 为例来说明计算集结过程。

首先，根据评价权重 $\boldsymbol{\lambda}=[0.3\ \ 0.4\ \ 0.3]^{\mathrm{T}}$，得到各评估者关于 A_1 的所有属性可能最大最小值的加权值。

第一位评估者给出的加权可能最大最小值为

$$0.3\times(0.60,0.80,0.80,0.90,0.80,0.90,0.60,0.80,0.10,0.40,-0.20,0.20,-0.20,0.20)$$
$$=(0.18,0.24,0.24,0.27,0.24,0.27,0.18,0.24,0.03,0.12,-0.06,0.06,-0.06,0.06)$$

第二位评估者给出的加权可能最大最小值为

$$0.4\times(0.60,0.80,0.60,0.80,0.80,0.90,0.40,0.70,-0.20,0.20,0.60,0.80,0.60,0.80)$$
$$=(0.24,0.32,0.24,0.32,0.32,0.36,0.16,0.28,-0.08,0.08,0.24,0.32,0.24,0.32)$$

第三位评估者给出的加权可能最大最小值为

$$0.3\times(0.60,0.80,0.40,0.70,0.80,0.90,0.60,0.80,-0.20,0.20,0.40,0.70,0.80,0.90)$$
$$=(0.18,0.24,0.12,0.21,0.24,0.27,0.18,0.24,-0.06,0.06,0.12,0.21,0.24,0.27)$$

根据 3 位评估者的加权可能最大最小值，利用有序加权平均算子集结 A_1 中各属性的加权值。例如，对于属性 c_1，集结后的最终记分值为

$$
\begin{aligned}
s_{11}^{\min} &= OWA_{\boldsymbol{\omega}'}(\lambda_1 s_{11}^{\min(1)}, \lambda_2 s_{11}^{\min(2)}, \lambda_3 s_{11}^{\min(3)}) \\
&= OWA_{\boldsymbol{\omega}'}(0.18, 0.24, 0.18) \\
&= 0.18 \times 0.2 + 0.18 \times 0.6 + 0.24 \times 0.2 \\
&= 0.192 \\
s_{11}^{\max} &= OWA_{\boldsymbol{\omega}'}(\lambda_1 s_{11}^{\max(1)}, \lambda_2 s_{11}^{\max(2)}, \lambda_3 s_{11}^{\max(3)}) \\
&= OWA_{\boldsymbol{\omega}'}(0.24, 0.32, 0.24) \\
&= 0.24 \times 0.2 + 0.24 \times 0.6 + 0.32 \times 0.2 \\
&= 0.256
\end{aligned}
$$

然后，根据权重向量 $\boldsymbol{\omega} = [0.14\ 0.15\ 0.16\ 0.14\ 0.17\ 0.13\ 0.11]^{\mathrm{T}}$ 及式(7-6)，得到方案 A_1 可能计分值的最小值及最大值

$$
S_{\min}(A_1) = \sum_{j=1}^{n} \omega_j s_{1j}^{\min} = 0.150\,9,\ S_{\max}(A_1) = \sum_{j=1}^{n} \omega_j s_{1j}^{\max} = 0.223\,56
$$

即方案 A_1 的 Vague 值形式的记分值为 $V(A_1) = [0.150\,9, 0.223\,56]$。

同理，可以计算得到方案 A_2、A_3、A_4 的 Vague 值形式的记分值

$$
V(A_2) = [0.050\,84, 0.144\,9],\ V(A_3) = [0.257\,64, 0.288\,82]
$$

$$
V(A_4) = [-0.093\,2, 0.007\,08]
$$

根据方案的 Vague 值，无论评价者根据何种风险偏好选择记分函数，总有 $S(V(A_4)) \leqslant S(V(A_2)) \leqslant S(V(A_1)) \leqslant S(V(A_3))$。地图方案 A_3 的综合质量最优，这一结果与例 7-3 完全一致。

7.2.5 属性值为不确定语言的评价

受个人知识结构和地图信息复杂性、重要性的影响，或者出于谨慎考虑，地图评价者有时通过不确定的语言来描述地图满足评价要求的程度，如“一般到较好”“好至极好”等。在基于 Vague 集理论的地图质量定性评价及其量化的研究中，这种不确定语言指标相应地转换为区间值 Vague 值。

关于区间值 Vague 集的记分函数，研究成果很少。为了充分体现区间值 Vague 值内部的不确定性以及地图评价者的风险偏好，本节计算区间值 Vague 值记分值的思路是根据评价者的风险偏好，首先将区间值 Vague 值转换为实数值 Vague 值。然后再计算其记分值。具体方法如下：

(1) 根据评价者的偏好，选择记分函数，将真、假隶属度 $T_A(x) = [t_x^L, t_x^U]$、$F_A(x) = [f_x^L, f_x^U]$ 转化为不含未知信息的 Vague 值。

假如评价者是风险厌恶的，选择记分函数 S_{RA}，对于 $T_A(x) = [0.2, 0.7]$，其记分值为 $S_{RA}(T_A(x)) = 0.05$。假设某不含未知信息的 Vague 值 $t_A(x) = [t_x, t_x]$，与其有相同的记分值，即

$$
S_{RA}(x)(t_A(x)) = S_{RA}(x)(T_A(x)) \tag{7-10}
$$

由 $S_{RA}(x)([t_x,t_x])=3t_x-1$ 可知，$t_x=(1+S_{RA}(T_A(x)))/3=0.35$，即在该地图质量评价者心中，[0.2,0.7]与[0.35,0.35]的记分值是一样的。$F_A(x)$ 也是类似的。

(2)根据评价者的风险偏好及实数值 Vague 集中的风险偏好记分函数，计算得到 $x=[t_x,1-f_x]$ 的记分值，该值即为区间值 Vague 值 $\tilde{x}$ 的记分值。

1. 基于正负理想解方案的单人评价

1)正负理想方案

TOPSIS 方法是 Hwang 和 Yoon 于 1981 年提出的逼近正理想解(PIS)和负理想解(NIS)对地图方案集中的各地图方案排序。PIS 是地图方案集中不一定存在的虚拟最佳方案，它的每个属性值都是评价矩阵中该属性的最好值。将方案集中的各备选方案与正理想解、负理想解的距离进行比较。

TOPSIS 的决策方法同时考虑了正理想解和负理想解，在评价时如果仅考虑正理想解(正理想方案)，那么就是基于正理想方案的评价方法。这时，只需比较各方案 A_i 到正理想方案的加权距离 $d_i^+=d(A_i,A^+)$，距离越小，方案越好。若 $d_k^+=\min\limits_{1\leqslant i\leqslant m}\{d_i^+ \mid d_i^+=d(A_i,A^+)\}$，则方案 A_k 是最佳方案。

如果在评价时仅考虑负理想解(负理想方案)，那么就是基于负理想方案的评价方法。负理想方案评价方法的思想和正理想方案评价方法相反，即到负理想方案的加权距离越大，则地图方案的综合质量越好。

以下给出属性值为确定语言的正负理想方案的定义，以及方案与正负理想方案的加权距离。

定义 7-7　$\tilde{\boldsymbol{R}}=(\tilde{r}_{ij})_{m\times n}$ 为不确定语言型矩阵，定义属性 c_j 的正理想解为 $\tilde{r}_j^+=[r_j^L,r_j^U]$，其中

$$r_j^L=\max_{1\leqslant i\leqslant m}\{r_{ij}^L\},\ r_j^U=\max_{1\leqslant i\leqslant m}\{r_{ij}^U\}$$

方案 $A^+=(r_1^+,r_2^+,\cdots,r_n^+)$ 称为正理想方案。

当 $\boldsymbol{R}=(r_{ij})_{m\times n}$ 为确定语言矩阵时，定义属性 c_j 的正理想解 r_j^+ 为

$$r_j^+=\max_{1\leqslant i\leqslant m}\{r_{ij}\}$$

方案 $A^+=(r_1^+,r_2^+,\cdots,r_n^+)$ 称为正理想方案。

定义 7-8　当 $\tilde{\boldsymbol{R}}=(\tilde{r}_{ij})_{m\times n}$ 为不确定语言型矩阵时，定义属性 c_j 的负理想解为 $\tilde{r}_j^-=[r_j^L,r_j^U]$，其中

$$r_j^L=\min_{1\leqslant i\leqslant m}\{r_{ij}^L\},\ r_j^U=\min_{1\leqslant i\leqslant m}\{r_{ij}^U\}$$

方案 $A^-=(r_1^-,r_2^-,\cdots,r_n^-)$ 称为负理想方案。

当 $\boldsymbol{R}=(r_{ij})_{m\times n}$ 为确定语言矩阵时，定义属性 c_j 的负理想解 r_j^- 为

$$r_j^-=\min_{1\leqslant i\leqslant m}\{r_{ij}\}$$

方案 $A^-=(r_1^-,r_2^-,\cdots,r_n^-)$ 称为负理想方案。

定义 7-9 对于给定的记分函数 S,定义方案 A_i 与正理想方案 A^+ 的加权距离为

$$D(A_i,A^+)=S(A^+)-S(A_i)=\sum_{j=1}^{n}\omega_j(S(\tilde{v}_j)-S(\tilde{v}_{ij})) \tag{7-11}$$

方案 A_i 与负理想方案 A^- 的加权距离为

$$D(A_i,A^-)=S(A_i)-S(A^-)=\sum_{j=1}^{n}\omega_j(S(\tilde{v}_{ij})-S(\tilde{v}_j)) \tag{7-12}$$

式中,$\tilde{v}_j$ 和 $\tilde{v}_{ij}$ 是语言值 $\tilde{r}_j$ 和 $\tilde{r}_{ij}$ 转换而成的区间值 Vague 值。

2)评价步骤

(1)根据语言评价矩阵 $\tilde{\boldsymbol{R}}=(\tilde{r}_{ij})_{m\times n}$,求出地图质量各属性的正理想值 $\tilde{r}_j^+$,得到理想方案 $A^+=(\tilde{r}_1,\tilde{r}_2,\cdots,\tilde{r}_n)$,并将所有语言属性值转化为区间值 Vague 值。

(2)将所有地图方案的属性值转换为 Vague 值形式,设 $\tilde{v}_j$ 和 $\tilde{v}_{ij}$ 是属性语言值 $\tilde{r}_j^+$ 和 $\tilde{r}_{ij}$ 转换成的区间值 Vague 值。选定记分函数 S,计算各地图方案与正理想方案的加权记分值

$$S(A_i)=\sum_{j=1}^{n}\omega_j S(\tilde{v}_{ij}),\ S(A^+)=\sum_{j=1}^{n}\omega_j S(\tilde{v}_j)$$

(3)根据式(7-11),计算各地图方案 A_i 与正理想方案 A^+ 的差距 $D(A_i,A^+)$,并排序选优。显然,$D(A_i,A^+)$ 越小,地图方案 A_i 与正理想方案 A^+ 越接近,方案 A_i 越优。

负理想方案评价步骤与正理想方案评价步骤类似,首先确定负理想方案,计算各地图方案 A_i 与负理想方案 A^- 的差距 $D(A_i,A^-)$,并排序选优。显然,$D(A_i,A^-)$ 越大,地图方案 A_i 与负理想方案 A^- 越远离,方案 A_i 越优。具体步骤,不再赘述。

3)实例分析

例 7-5 选用 5 幅地图 A_1、A_2、A_3、A_4、A_5,已知对 5 幅地图的 7 种质量元素不确定语言评价值,如表 7-15 所示。已知属性的权重向量为 $\boldsymbol{\omega}=[0.18\ 0.12\ 0.16\ 0.13\ 0.16\ 0.14\ 0.11]^{\mathrm{T}}$,现从中选择出综合质量最优的地图方案。

表 7-15 地图质量属性不确定语言评价 $\tilde{\boldsymbol{R}}_1$

地图	c_1	c_2	c_3	c_4	c_5	c_6	c_7
A_1	(SP,SG)	(FG,G)	(SG,FG)	(FG,G)	(FG,G)	(G,VG)	(SP,FG)
A_2	(SG,G)	(SG,VG)	(G,VG)	(SP,SG)	(FG,G)	(M,FG)	(SG,VG)
A_3	(G,VG)	(SG,AG)	(FG,G)	(M,G)	(SG,G)	(VG,AG)	(SG,VG)
A_4	(M,FG)	(FG,G)	(M,SG)	(FG,G)	(M,G)	(FG,VG)	(M,SG)
A_5	(SP,M)	(M,SG)	(SG,G)	(P,FP)	(SP,SG)	(P,FP)	(SP,M)
A^+	(G,VG)	(FG,AG)	(G,VG)	(FG,G)	(FG,G)	(VG,AG)	(SG,VG)
A^-	(SP,M)	(M,SG)	(M,SG)	(P,FP)	(SP,SG)	(P,FP)	(SP,M)

(1)根据表 7-1,将各地图方案的属性值转化为区间值 Vague 值,如表 7-16 所示。

同样选用风险厌恶型记分函数来求得各属性及地图方案的记分值。表 7-17 是基于记分函数 S_{RA} 的属性记分表。

(2)计算各地图方案与正理想方案在每个属性记分值上的差距,如表 7-18 所示。

$$\Delta s_{ij}=S(\hat{r}_j)-S(\hat{r}_{ij})$$

表 7-16 区间值 Vague 集转化为实数值 Vague 集

地图	c_1	c_2	c_3	c_4
A_1	[0.448,0.588]	[0.723,0.810]	[0.588,0.723]	[0.723,0.810]
A_2	[0.588,0.810]	[0.588,0.903]	[0.810,0.903]	[0.448,0.588]
A_3	[0.810,0.903]	[0.588,1.000]	[0.723,0.810]	[0.467,0.810]
A_4	[0.467,0.723]	[0.723,0.810]	[0.467,0.588]	[0.723,0.810]
A_5	[0.448,0.467]	[0.467,0.588]	[0.588,0.810]	[0.217,0.338]
A^+	[0.810,0.903]	[0.723,1.000]	[0.810,0.903]	[0.723,0.810]
A^-	[0.447,0.467]	[0.467,0.588]	[0.467,0.588]	[0.217,0.338]
地图	c_5	c_6	c_7	
A_1	[0.723,0.810]	[0.810,0.903]	[0.448,0.723]	
A_2	[0.723,0.810]	[0.467,0.723]	[0.588,0.903]	
A_3	[0.588,0.810]	[0.903,1.000]	[0.588,0.903]	
A_4	[0.467,0.810]	[0.723,0.903]	[0.467,0.588]	
A_5	[0.448,0.588]	[0.217,0.338]	[0.448,0.467]	
A^+	[0.723,0.810]	[0.903,1.000]	[0.588,0.903]	
A^-	[0.448,0.588]	[0.217,0.338]	[0.448,0.467]	

表 7-17 在风险厌恶型记分函数 S_{RA} 下各地图方案的属性记分值

地图	c_1	c_2	c_3	c_4	c_5	c_6	c_7
A_1	0.478	1.208	0.856	1.208	1.208	1.457	0.571
A_2	0.897	0.923	1.457	0.478	1.208	0.607	0.923
A_3	1.457	0.933	1.208	0.648	0.897	1.717	0.923
A_4	0.607	1.208	0.514	1.208	0.648	1.235	0.514
A_5	0.360	0.514	0.897	−0.283	0.478	−0.283	0.360
A^+	1.457	1.245	1.457	1.208	1.208	1.717	0.923
A^-	0.360	0.514	0.514	−0.283	0.478	−0.283	0.360

表 7-18 各地图方案与正理想方案在每个属性上的记分值差距

记分值差距	c_1	c_2	c_3	c_4	c_5	c_6	c_7
Δs_{1j}	0.979	0.036	0.601	0	0	0.260	0.352
Δs_{2j}	0.560	0.321	0	0.731	0	1.110	0

续表

记分值差距	c_1	c_2	c_3	c_4	c_5	c_6	c_7
Δs_{3j}	0	0.312	0.248	0.560	0.312	0	0
Δs_{4j}	0.849	0.0361	0.942	0	0.560	0.482	0.409
Δs_{5j}	1.097	0.730	0.560	1.491	0.731	2.000	0.563

根据

$$D(A_i,A^+)=S(A^+)-S(A_i)=\sum_{j=1}^{n}\omega_j(S(\hat{r}_j)-S(\hat{r}_{ij}))=\sum_{j=1}^{n}\omega_j\Delta s_{ij}$$

分别计算得到各地图方案 A_i 与正理想方案 A^+ 的差距

$$D(A_1,A^+)=0.351,D(A_2,A^+)=0.390,D(A_3,A^+)=0.200$$

$$D(A_4,A^+)=0.510,D(A_5,A^+)=1.000$$

由 $D(A_3,A^+)<D(A_1,A^+)<D(A_2,A^+)<D(A_4,A^+)<D(A_5,A^+)$ 可知，地图方案的排序为 $A_5>A_4>A_2>A_1>A_3$。因此，A_3 为最优地图方案。

例 7-6 对于例 7-5 提出的问题，采用基于负理想方案的评价方法来评估。计算各地图方案与负理想方案在每个属性记分值上的差距，如表 7-19 所示。

$$\Delta s_{ij}=S(\hat{r}_{ij})-S(\hat{r}_j)$$

表 7-19 各地图方案与负理想方案在每个属性上的记分值差距

记分值差距	c_1	c_2	c_3	c_4	c_5	c_6	c_7
Δs_{1j}	0.118	0.694	0.341	1.491	0.731	1.740	0.211
Δs_{2j}	0.537	0.409	0.942	0.761	0.731	0.890	0.563
Δs_{3j}	1.097	0.418	0.694	0.931	0.419	2.000	0.563
Δs_{4j}	0.247	0.694	0.694	1.491	0.171	1.518	0.154
Δs_{5j}	0	0	0.382	0	0	0	0

同样，计算得到各地图方案 A_i 与负理想方案 A^- 的差距

$$D(A_1,A^-)=0.737,D(A_2,A^-)=0.699,D(A_3,A^-)=0.889$$

$$D(A_4,A^-)=0.579,D(A_5,A^-)=0.061$$

由 $D(A_3,A^-)>D(A_1,A^-)>D(A_2,A^-)>D(A_4,A^-)>D(A_5,A^-)$ 可知，地图方案的排序为 $A_5<A_4<A_2<A_1<A_3$。A_3 为综合质量最优地图方案。这一结果与例 7-5 完全一致。

2. 基于加权计分值和有序加权平均算子的群评价

现假设有 k 位评估者，$k>1$，评估者的权重向量为 $\boldsymbol{\lambda}=[\lambda_1\ \ \lambda_2\ \ \cdots\ \ \lambda_k]^{\mathrm{T}}$，$\sum_{t=1}^{k}\lambda_t=1$。为了尽可能地消除过高或者过低的属性记分值对方案最终评价值的影响，在各方案属性值的集结过程中，采用有序加权平均算子方法。

1)评价步骤

(1)设 $\hat{\boldsymbol{R}}_t$ 是第 t 位评估者对方案集给出的不确定语言评价矩阵,即

$$\widetilde{\boldsymbol{R}}_t=(\widetilde{r}_{ij}^{(t)})_{m\times n}\quad(t=1,2,\cdots,k)$$

式中,$\widetilde{r}_{ij}^{(t)}$ 是第 t 位评估者对方案 A_i 的属性 c_j 给出的不确定语言评价值。

(2)将各评估者的语言评价矩阵转化为Vague值形式的矩阵 $\widetilde{\boldsymbol{V}}_t=(\widetilde{v}_{ij}^{(t)})_{m\times n}$,其中 $\widetilde{v}_{ij}^{(t)}$ 是 $\widetilde{r}_{ij}^{(t)}$ 所转换成的区间值Vague值。

(3)根据各评估者的风险偏好和属性的性质,采用基于风险偏好记分函数的评价方法,选择适当的记分函数 S,计算 $\widetilde{\boldsymbol{V}}_t$ 中各属性值 $\widetilde{v}_{ij}^{(t)}$ 的记分值,得到记分值矩阵

$$\boldsymbol{S}_t=(s_{ij}^{(t)})_{m\times n}\quad(t=1,2,\cdots,k)$$

式中,$s_{ij}^{(t)}$ 为Vague值 $\widetilde{v}_{ij}^{(t)}$ 的记分值。

(4)对于每个方案 A_i,从属性 c_j 出发,根据评估权重 $\boldsymbol{\lambda}=[\lambda_1\ \ \lambda_2\ \ \cdots\ \ \lambda_k]^{\mathrm{T}}$,得到各评估者关于该属性的加权记分值 $\lambda_t s_{ij}^{(t)}$。采用有序加权平均算子,集结得到方案 A_i 在属性 c_j 上的最终记分值 s_{ij},即

$$s_{ij}=OWA_{\boldsymbol{\omega}'}(\lambda_1 s_{ij}^{(1)},\ \lambda_2 s_{ij}^{(2)},\ \cdots,\ \lambda_k s_{ij}^{(k)})$$

式中,$\boldsymbol{\omega}'=[\omega_1'\ \ \omega_2'\ \ \cdots\ \ \omega_k']^{\mathrm{T}}$ 是给定的加权向量。集结后,方案 A_i 的各属性记分矩阵为 $[s_{i1}\ \ s_{i2}\ \ \cdots\ \ s_{in}]$。

(5)利用 a_{ij} 和属性权重 $\boldsymbol{\omega}=[\omega_1\ \ \omega_2\ \ \cdots\ \ \omega_n]^{\mathrm{T}}$,计算各方案最终的记分值

$$S(A_i)=\sum_{j=1}^{n}\omega_j s_{ij}$$

根据 $S(A_i)$ 对方案排序选优。

2)实例分析

例7-7　对于例7-5提出的问题,现有3位评估者所给出的语言评价矩阵,如表7-15、表7-20和表7-21所示,假定其权重向量 $\boldsymbol{\lambda}=[0.3\ \ 0.4\ \ 0.3]^{\mathrm{T}}$。

将各语言评价矩阵转换为区间值Vague值,并利用记分函数 S_{RA},计算各地图方案属性的记分值,如表7-17、表7-22和表7-23所示。

表7-20　不确定语言评价 $\widetilde{\boldsymbol{R}}_2$

地图	c_1	c_2	c_3	c_4	c_5	c_6	c_7
A_1	(M,SG)	(FG,AG)	(SP,SG)	(SG,G)	(FG,G)	(FG,G)	(SP,SG)
A_2	(SG,FG)	(SG,G)	(SG,VG)	(M,SG)	(SG,G)	(M,SG)	(G,VG)
A_3	(FG,VG)	(M,FG)	(SG,G)	(FG,G)	(FG,G)	(M,FG)	(FG,G)
A_4	(FP,M)	(G,AG)	(M,G)	(M,FG)	(M,SG)	(G,VG)	(SG,FG)
A_5	(P,FP)	(M,SG)	(M,FG)	(SG,G)	(SG,G)	(SP,M)	(M,FG)
A^+	(FG,VG)	(G,AG)	(SG,VG)	(FG,G)	(FG,G)	(G,VG)	(G,VG)
A^-	(P,FP)	(M,SG)	(SP,SG)	(M,SG)	(M,SG)	(SP,M)	(M,FG)

表 7-21 不确定语言评价 $\widetilde{R}_3$

地图	c_1	c_2	c_3	c_4	c_5	c_6	c_7
A_1	(SG,FG)	(G,VG)	(M,SG)	(SG,VG)	(FG,VG)	(FG,VG)	(G,AG)
A_2	(SG,G)	(FG,G)	(FG,VG)	(M,FG)	(FG,G)	(SP,SG)	(FG,G)
A_3	(G,VG)	(VG,AG)	(FG,VG)	(FG,VG)	(SG,G)	(SG,FG)	(G,AG)
A_4	(M,SG)	(VG,AG)	(SG,G)	(SG,FG)	(SP,SG)	(FG,VG)	(M,SG)
A_5	(FP,SP)	(FP,SP)	(M,SG)	(FG,G)	(FG,G)	(P,FP)	(P,FP)
A^+	(G,VG)	(VG,AG)	(FG,VG)	(FG,VG)	(FG,VG)	(FG,VG)	(G,AG)
A^-	(FP,SP)	(FP,SP)	(M,SG)	(M,FG)	(SP,SG)	(P,FP)	(P,FP)

表 7-22 $\widetilde{R}_2$ 对应的属性记分值

地图	c_1	c_2	c_3	c_4	c_5	c_6	c_7
A_1	0.514	1.245	0.478	0.897	1.208	1.208	0.856
A_2	0.856	0.897	0.923	0.514	0.897	0.514	1.457
A_3	1.235	0.607	0.897	1.208	1.208	0.607	1.208
A_4	0.116	1.466	0.648	0.607	0.514	1.457	0.856
A_5	−0.283	0.514	0.607	0.897	0.897	0.360	0.607
A^+	1.235	1.466	0.923	1.208	1.208	1.457	1.457
A^-	−0.283	0.514	0.478	0.514	0.514	0.360	0.607

表 7-23 $\widetilde{R}_3$ 对应的属性记分值

地图	c_1	c_2	c_3	c_4	c_5	c_6	c_7
A_1	0.856	1.457	0.514	0.923	1.235	1.235	1.466
A_2	0.897	1.208	1.235	0.607	1.208	0.478	1.208
A_3	1.457	1.717	1.235	1.235	0.897	0.856	1.466
A_4	0.514	1.717	0.897	0.856	0.478	1.235	0.514
A_5	0.099	0.099	0.514	1.208	1.208	−0.283	−0.283
A^+	1.457	1.717	1.235	1.235	1.235	1.235	1.466
A^-	0.099	0.099	0.514	0.607	0.478	−0.283	−0.283

数据计算过程与属性值为确定语言情况的基于加权记分函数和有序加权平均算子的群评价方法原理类似,不再赘述。

最终得到各地图方案各属性经过有序加权平均算子后的得分,如表 7-24 所示。

表 7-24 各地图方案属性值经过有序加权平均算子后的得分

地图	c_1	c_2	c_3	c_4	c_5	c_6	c_7
A_1	0.203	0.434	0.197	0.343	0.391	0.433	0.328
A_2	0.284	0.343	0.384	0.179	0.362	0.179	0.389
A_3	0.448	0.319	0.363	0.358	0.312	0.306	0.416
A_4	0.138	0.499	0.240	0.275	0.187	0.413	0.192
A_5	0.017	0.140	0.230	0.271	0.316	−0.039	0.096

根据属性的权重向量 $\boldsymbol{\omega}=[0.18\ \ 0.12\ \ 0.16\ \ 0.13\ \ 0.16\ \ 0.14\ \ 0.11]^{\mathrm{T}}$，计算可得各方案的记分值，即

$$S(A_1)=0.324, S(A_2)=0.303, S(A_3)=0.362, S(A_4)=0.268, S(A_5)=0.148$$

因此，本例中的地图方案质量排序为 $A_3>A_1>A_2>A_4>A_5$。可知，A_3 是最佳地图方案，这一结果与例 7-5 结果一致。

3. 基于正负理想方案和有序加权平均算子的群评价

1）评价步骤

（1）设 $\hat{\boldsymbol{R}}_t$ 是第 t 位评估者对方案集给出的不确定语言评价矩阵，为

$$\hat{\boldsymbol{R}}_t=(\hat{r}_{ij}^{(t)})_{m\times n}\quad(t=1,2,\cdots,k)$$

式中，$\hat{r}_{ij}^{(t)}$ 为第 t 位评估者对方案 A_i 的属性 c_j 给出的不确定语言评价值。

（2）将各评估者的语言评价矩阵转化为 Vague 值形式的矩阵 $\hat{\boldsymbol{V}}_t=(\hat{v}_{ij}^{(t)})_{m\times n}$，其中 $\hat{v}_{ij}^{(t)}$ 是 $\hat{r}_{ij}^{(t)}$ 所转换成的区间值 Vague 值。

（3）根据各评估者的风险偏好和属性的性质，采用基于风险偏好记分函数的评价方法，选择适当的记分函数 S，计算 $\hat{\boldsymbol{V}}_t$ 中各属性值 $\hat{v}_{ij}^{(t)}$ 的记分值与正理想方案的差距，得到差距值矩阵

$$\boldsymbol{D}_t=(d_{ij}^{(t)})_{m\times n}\quad(t=1,2,\cdots,k)$$

式中，$d_{ij}^{(t)}$ 为 Vague 值 $\hat{v}_{ij}^{(t)}$ 与正理想方案的差距值。

（4）对于每个方案 A_i，从属性 c_j 出发，根据评估权重 $\boldsymbol{\lambda}=[\lambda_1\ \ \lambda_2\ \ \cdots\ \ \lambda_t]^{\mathrm{T}}$，得到各评估者关于该属性的加权记分值 $\lambda_t d_{ij}^{(t)}$。采用有序加权平均算子，集结得到方案 A_i 在属性 c_j 上的最终记分值 d_{ij}，为

$$d_{ij}=OWA_{\boldsymbol{\omega}'}(\lambda_1 d_{ij}^{(1)},\lambda_2 d_{ij}^{(2)},\cdots,\lambda_k d_{ij}^{(k)})$$

式中，$\boldsymbol{\omega}'=[\omega_1'\ \ \omega_2'\ \ \cdots\ \ \omega_k']^{\mathrm{T}}$ 是给定的加权向量。集结后，方案 A_i 与正理想方案差距矩阵为 $[d_{i1}\ \ d_{i2}\ \ \cdots\ \ d_{in}]$。

（5）利用 a_{ij} 和属性权重 $\boldsymbol{\omega}=[\omega_1\ \ \omega_2\ \ \cdots\ \ \omega_n]^{\mathrm{T}}$，计算各方案最终与正理想方案的差距值

$$D(A_i)=\sum_{j=1}^{n}\omega_j d_{ij}$$

根据 $D(A_i)$ 对方案排序选优。

基于负理想方案的评价步骤与上述步骤类似，不再赘述。

2）实例分析

例 7-8　对于例 7-7 提出的问题，现采用基于正理想方案和有序加权平均算子的群评价方法进行评估。首先计算得到 $\widetilde{\boldsymbol{R}}_2$、$\widetilde{\boldsymbol{R}}_3$ 评价矩阵中各地图方案与正理想方案在每个属性记分值上的差距，如表 7-25、表 7-26 所示。

表 7-25　$\widetilde{R}_2$ 各地图方案与正理想方案在每个属性上的记分值差距

记分值差距	c_1	c_2	c_3	c_4	c_5	c_6	c_7
Δs_{1j}	0.721	0.222	0.446	0.312	0	0.248	0.601
Δs_{2j}	0.379	0.570	0	0.694	0.312	0.942	0
Δs_{3j}	0	0.859	0.027	0	0	0.849	0.248
Δs_{4j}	1.119	0	0.275	0.601	0.694	0	0.601
Δs_{5j}	1.518	0.951	0.316	0.312	0.312	1.097	0.849

表 7-26　$\widetilde{R}_3$ 各地图方案与正理想方案在每个属性上的记分值差距

记分值差距	c_1	c_2	c_3	c_4	c_5	c_6	c_7
Δs_{1j}	0.601	0.260	0.721	0.312	0	0	0
Δs_{2j}	0.560	0.509	0	0.628	0.027	0.757	0.258
Δs_{3j}	0	0	0	0	0.338	0.379	0
Δs_{4j}	0.942	0	0.338	0.379	0.757	0	0.952
Δs_{5j}	1.358	1.618	0.721	0.026 6	0.027	1.518	1.749

第一位评估者对地图方案 A_1 给出的加权记分值差距为

$$0.3\times(0.978\,994, 0.036\,1, 0.600\,944, 0, 0, 0.260\,412, 0.352\,4)$$
$$=(0.293\,698, 0.010\,83, 0.180\,283, 0, 0, 0.078\,123\,7, 0.105\,72)$$

第二位评估者对地图方案 A_1 给出的加权记分值差距为

$$0.4\times(0.720\,712, 0.221\,594, 0.445\,55, 0.311\,85, 0, 0.248\,188, 0.600\,944)$$
$$=(0.288\,285, 0.088\,637\,5, 0.178\,22, 0.124\,74, 0, 0.099\,275, 0.240\,378)$$

第三位评估者对地图方案 A_1 给出的加权记分值差距为

$$0.3\times(0.600\,944, 0.260\,412, 0.720\,712, 0.311\,85, 0, 0, 0)$$
$$=(0.180\,283, 0.078\,123\,7, 0.216\,214, 0.093\,555, 0, 0, 0)$$

利用有序加权平均算子集结 A_1 中各属性的记分值。例如，对于属性 c_1，集结后的最终记分值为

$$\begin{aligned}d_{11}&=OWA_{\omega'}(\lambda_1 d_{11}^{(1)}, \lambda_2 d_{11}^{(2)}, \lambda_3 d_{11}^{(3)})\\&=OWA_{\omega'}(0.293\,698, 0.288\,285, 0.180\,283)\\&=0.180\,283\times0.2+0.293\,698\times0.2+0.288\,285\times0.6\\&=0.267\,767\,2\end{aligned}$$

同理，可以计算出 A_1 中所有属性的记分值，最终得到方案 A_1 的各属性的记分值，即

$$(0.267\,767\,2, 0, 066\,767\,7, 0.187\,057, 0.081\,081, 0, 0.066\,729\,2, 0.111\,508)$$

重复以上计算步骤，得到各个地图方案的属性值经有序加权平均算子后与正理想方案记分值的差距值，如表 7-27 所示。

表 7-27　各地图方案属性值经有序加权平均算子后与正理想方案记分差距值

地图	c_1	c_2	c_3	c_4	c_5	c_6	c_7
A_1	0.267 8	0.067	0.187	0.081	0	0.067	0.111
A_2	0.165	0.156	0	0.225	0.030	0.321	0.015
A_3	0	0.125	0.021	0.034	0.076	0.136	0.020
A_4	0.310	0.002	0.143	0.116	0.225	0.029	0.226
A_5	0.431	0.369	0.169	0.166	0.120	0.481	0.343

根据属性的权重向量 $\boldsymbol{\omega}=[0.18\quad 0.12\quad 0.16\quad 0.13\quad 0.16\quad 0.14\quad 0.11]^{\mathrm{T}}$ 计算可得方案 A_1 的记分值，为

$$D(A_1)=0.118$$

类似地，可以得到其余方案的记分值，为

$$D(A_2)=0.130, D(A_3)=0.056, D(A_4)=0.159, D(A_5)=0.295$$

因此，本例中的地图方案质量排序为 $A_3>A_1>A_2>A_4>A_5$。可知，A_3 是最佳地图方案，这一结果与例 7-7 评价结果完全相同。

例 7-9　对于例 7-7 提出的问题，现采用基于负理想方案和有序加权平均算子的群评价方法进行评估。首先计算得到 $\widetilde{\boldsymbol{R}}_2$、$\widetilde{\boldsymbol{R}}_3$ 评价矩阵中各地图方案与负理想方案在每个属性记分值上的差距，如表 7-28 和表 7-29 所示。表 7-30 为各地图方案属性值经过有序加权平均算子后与负理想方案的记分值差距。

表 7-28　$\widetilde{\boldsymbol{R}}_2$ 各地图方案与负理想方案在每个属性上的记分值差距

记分值差距	c_1	c_2	c_3	c_4	c_5	c_6	c_7
Δs_{1j}	0.797	0.730	0	0.382	0.694	0.848	0.248
Δs_{2j}	1.139	0.382	0.446	0	0.382	0.154	0.849
Δs_{3j}	1.518	0.093	0.419	0.694	0.694	0.247	0.601
Δs_{4j}	0.399	0.952	0.171	0.093	0	1.097	0.248
Δs_{5j}	0	0	0.130	0.382	0.382	0	0

表 7-29　$\widetilde{\boldsymbol{R}}_3$ 各地图方案与负理想方案在每个属性上的记分值差距

记分值差距	c_1	c_2	c_3	c_4	c_5	c_6	c_7
Δs_{1j}	0.757	1.358	0	0.316	0.757	1.518	1.749
Δs_{2j}	0.798	1.110	0.721	0	0.731	0.761	1.491
Δs_{3j}	1.358	1.6188	0.721	0.628	0.419	1.139	1.749
Δs_{4j}	0.4158	1.6188	0.3821	0.248	0	1.518	0.797
Δs_{5j}	0	0	0	0.601	0.731	0	0

表 7-30　各地图方案属性值经有序加权平均算子后与负理想方案的记分值差距

地图	c_1	c_2	c_3	c_4	c_5	c_6	c_7
A_1	0.207	0.298	0.020	0.200	0.236	0.445	0.177
A_2	0.267	0.183	0.221	0.0456	0.206	0.203	0.327

续表

地图	c_1	c_2	c_3	c_4	c_5	c_6	c_7
A_3	0.432	0.180	0.202	0.260	0.156	0.345	0.283
A_4	0.122	0.368	0.064	0.142	0.010	0.452	0.117
A_5	0	0	0.054	0.128	0.136	0	0

根据 $D(A_i)$ 计算可得

$$D(A_1)=0.218, D(A_2)=0.209, D(A_3)=0.270, D(A_4)=0.172, D(A_5)=0.047$$

因此，本例中的地图方案质量排序为 $A_3>A_1>A_2>A_4>A_5$。可知，A_3 是最佳地图方案，这一结果与基于正理想方案群评价和例 7-7 评价结果完全一致。

7.3 地图属性权重完全未知且属性值为语言的量化评价方法

有时，由于地图的属性众多或彼此关联，人们在评估地图质量时事先很难明确给出属性权重。这时，在给出的评估表中，属性的权重都是未知的。本节所讨论的就是属性权重完全未知而属性为语言值的地图的综合质量评价方法。

属性权重未知并不意味着在评估者心目中这些属性的权重是相同的，只不过是难以用准确的数值表达，评估者的主观偏好依然存在。同时，与精确的数值不同，属性语言值所特有的内涵使得决策者能在一定程度上推断出评估者对于不同属性的偏好和侧重。因此，这一类决策问题的关键是尽可能根据属性语言值，合理确定属性的权重。

本节提出确定属性权重的两种思路，并据此给出两种评价方法：基于属性区分度的评价方法、基于正理想方案和距离的评价方法。

7.3.1 问题描述

设在地图质量的定性评价问题中，评价方案集为 $A=\{A_1,A_2,\cdots,A_m\}$，$C=\{c_1,c_2,\cdots,c_n\}$ 是属性集，属性的权重完全未知。设 $\boldsymbol{R}$ 为语言评价矩阵(评估表)，其中的属性值为确定语言或不确定语言。设共有 k 位评估者，$k\in N, N\geqslant 1$。第 t 位评估者给出的语言评估矩阵为 $\boldsymbol{R}_t(t=1,2,\cdots,k)$。

7.3.2 基于属性区分度的评价

1. 属性区分度的概念

在利用基于属性区分度确定地图属性权重的方法时应考虑以下两点：

首先，不同的地图方案在某个属性上可能具有相同的值，原因可能有两方面。一方面是这些方案在该属性上确实具有相似的特征，难分伯仲。另一方面则是由于评估者关于该属性的知识不足以对这些方案做出较为明晰的等级划分，而只能以相同的或区别不大的语言指标来描述这些方案关于该属性的值。但无论哪种原因，最终的评价者都有理由给予该属性较小的权值。

其次，一般而言，在关于某个属性评估方案集时，使用的指标越多，则各方案在该属性上的差异可能就越大，属性的区分能力可能越强，但是即使在评估某两个属性时使用的指标个数相同，其内涵和区分能力也不一定相同。例如，关于属性 c_1 对方案集评估时，使用了“好”和“较好”两个指标，而关于属性 c_2 则使用了“很好”和“较差”两个指标。显然，由于“很好”和“较差”之间的差距大于“好”和“较好”之间的差距，因此，可以认为，要么各方案在属性 c_2 上的差异大于在属性 c_1 上的，要么评估者关于属性 c_2 更了解，有相对较高的分辨力。虽然使用的指标数同样是两个，但其内涵却包括了从“很好”到“较差”之间所有的等级划分。因此，有理由给属性 c_2 分配较大的权重。

综上所述，某属性评估方案所使用的指标的数量能够反映但并不能决定属性的区分能力，真正决定属性区分能力的是关于该属性的所有评估值所包含的等级，即属性评估值之间的最大差异。

下面首先给出属性区分度的概念，然后提出根据属性的区分度权重的分配方法。

定义 7-10　在属性完全未知的语言评估表中，属性 $c_j \in C$ 对于方案集的区分度为

$$G_j = \max_{1\leqslant i\leqslant m}\{S(v_{ij})\} - \min_{1\leqslant i\leqslant m}\{S(v_{ij})\} \text{ 或 } G_j = \max_{1\leqslant i\leqslant m}\{S(\tilde{v}_{ij})\} - \min_{1\leqslant i\leqslant m}\{S(\tilde{v}_{ij})\} \tag{7-13}$$

式中，$v_{ij}(\tilde{v}_{ij})$ 为方案 A_i 关于属性 c_j 的确定(不确定)语言评估值转换而成的实数值(区间值)Vague 值；S 是评价者选定的记分函数，由于 $S \in [-1,1]$，所以 $G_j \in [0,2]$。

2. 属性值为确定语言时基于属性区分度的单人评价

1)评价步骤

(1)将各地图方案的确定语言值 r_{ij}(或不确定语言值 $\tilde{r}_{ij}$) 转换为 Vague 值 v_{ij}(或 $\tilde{v}_{ij}$)。选择适当的记分函数 S，计算各属性的记分函数值 $S(v_{ij})$(或 $S(\tilde{v}_{ij})$)。

(2)利用式(7-13)计算各属性的区分度 G_j。利用 G_j 分配各属性的权重

$$\omega_i = \frac{G_i}{\sum_{j=1}^{n} G_j} \quad (i = 1,2,\cdots,n) \tag{7-14}$$

(3)利用步骤(2)得到的属性权重和步骤(1)计算出的各属性的记分函数值，计算各方案的加权记分函数值

$$S(A_i)=\sum_{j=1}^{n}\omega_j S(v_{ij}) \quad (i=1,2,\cdots,n) \tag{7-15}$$

(4)根据 $S(A_i)$ 对各个方案排序选优。

2)实例分析

例 7-10 本例选取 4 幅地图 A_1、A_2、A_3、A_4，已知 7 种质量属性确定语言的评价值，如表 7-31 所示，属性的权重值完全未知（A^+ 为正理想方案）。

表 7-31 确定语言评估表 $\boldsymbol{R}_1$

地图	c_1	c_2	c_3	c_4	c_5	c_6	c_7
A_1	FG	VG	VG	M	FG	G	G
A_2	VG	G	M	G	VG	FG	FP
A_3	G	G	VG	FG	AG	VG	G
A_4	M	SG	FP	FG	VG	FG	FG
A^+	VG	VG	VG	G	AG	VG	G

(1)将各语言指标转换为 Vague 值，选定记分函数 S，得到各个属性语言值转换为 Vague 值后对应的记分值，如表 7-32 所示。

表 7-32 属性语言值转换为 Vague 值后对应的记分值

地图	c_1	c_2	c_3	c_4	c_5	c_6	c_7
A_1	1.168	1.708	1.708	0.400	1.168	1.430	1.430
A_2	1.708	1.430	0.400	1.430	1.708	1.168	0.013
A_3	1.430	1.430	1.708	1.168	2.000	1.708	1.430
A_4	0.400	0.763	0.013	1.168	1.708	1.168	1.168

(2)利用式(7-13)和式(7-14)，计算各属性区分度 G_j 及属性权重 ω_j，如表 7-33 所示。

表 7-33 基于属性区分度的权重分配

	c_1	c_2	c_3	c_4	c_5	c_6	c_7
$S_{\max}$	1.708	1.708	1.708	1.430	2.000	1.708	1.430
$S_{\min}$	0.400	0.763	0.013	0.400	1.168	1.168	0.013
区分度	1.308	0.945	1.696	1.030	0.832	0.540	1.418
权重	0.168	0.122	0.218	0.133	0.107	0.070	0.182

(3)利用得到的属性权重 $\boldsymbol{\omega}=[0.168\,383,0.121\,653,0.218\,267,0.132\,595,0.107\,106,0.069\,516,0.182\,479]^{\mathrm{T}}$ 及表 7-32 的记分值，可得

$$S(A_1)=1.315\,75,S(A_2)=1.004\,89,S(A_3)=1.536\,31,S(A_4)=0.795\,042$$

(4)由于 $S(A_3)>S(A_1)>S(A_2)>S(A_4)$，则有 $A_3>A_1>A_2>A_4$，地图方案 A_3 的综合质量最优。

3. 属性值为不确定语言时基于属性区分度的单人评价

当属性权重为不确定语言值时，也可以利用上节中给出的方法，在确定属性权重后再进行评价，评价步骤类似，不再赘述。

例 7-11　本例选取 5 幅地图 A_1、A_2、A_3、A_4、A_5，已知 7 种质量元素不确定语言的评价值，如表 7-34 所示，属性的权重值完全未知（A^+ 为正理想方案）。

表 7-34　不确定语言评估 $\widetilde{\boldsymbol{R}}_1$

地图	c_1	c_2	c_3	c_4	c_5	c_6	c_7
A_1	(SP,M)	(FG,G)	(M,FG)	(M,SG)	(SG,FG)	(SP,M)	(SG,FG)
A_2	(SG,FG)	(VG,AG)	(SG,VG)	(M,SG)	(SG,G)	(VG,AG)	(G,VG)
A_3	(FG,VG)	(VG,AG)	(FG,G)	(VG,AG)	(G,VG)	(G,AG)	(G,VG)
A_4	(SP,M)	(M,SG)	(SP,M)	(P,FP)	(M,SG)	(SP,M)	(M,SG)
A_5	(VP,P)	(SP,M)	(VP,AP)	(FG,G)	(M,SG)	(SP,M)	(SP,SG)
A^+	(FG,VG)	(VG,AG)	(FG,VG)	(VG,AG)	(G,VG)	(VG,AG)	(G,VG)

根据前面提出的评价方法，首先，将各属性的不确定语言值转换为区间 Vague 值形式的属性值；然后，选择记分函数 S_{RA} 计算各属性的记分值，并确定各属性的区分度，以此分配属性权重，如表 7-35 所示；最后，利用确定的权重计算 A_i 的记分值，即

$$S(A_1)=0.609, S(A_2)=0.771, S(A_3)=0.860, S(A_4)=0.461, S(A_5)=0.296$$

由于 $S(A_3)>S(A_2)>S(A_1)>S(A_4)>S(A_5)$，所以由风险厌恶函数性质可得 $A_3>A_2>A_1>A_4>A_5$，地图方案 A_3 质量最佳。

表 7-35　属性记分值及属性权重的确定

地图	c_1	c_2	c_3	c_4	c_5	c_6	c_7
A_1	0.360	1.208	0.607	0.514	0.856	0.360	0.856
A_2	0.856	1.717	0.923	0.514	0.897	1.717	1.457
A_3	1.235	1.717	1.208	1.717	1.457	1.466	1.457
A_4	0.360	0.514	0.360	−0.283	0.514	0.360	0.514
A_5	−0.651	0.360	−0.698	1.208	0.514	0.360	0.478
$S_{\max}$	1.235	1.717	1.208	1.717	1.457	1.717	1.457
$S_{\min}$	−0.651	0.360	−0.698	−0.283	0.514	0.360	0.478
属性区分度	1.886	1.357	1.907	2.000	0.942	1.357	0.979
属性权重	0.181	0.130	0.183	0.192	0.091	0.130	0.094

7.3.3　基于属性区分度和有序加权平均算子的群评价

1. 属性值为确定语言时基于属性区分度和有序加权平均算子的群评价

1)评价步骤

第 t 位评估者给出的语言评估矩阵为 $\boldsymbol{R}_t$（或 $\widetilde{\boldsymbol{R}}_t$），基于属性区分度和有序加权平均算子的群决策方法步骤如下：

(1)针对每一个评估者给出的评估表$\boldsymbol{R}_t$(或$\widetilde{\boldsymbol{R}}_t$)($t=1,2,\cdots,k$),按照上节所述的单人评价方法根据属性区分度确定属性权重,并得到各地图方案的记分值$S^{(t)}(A_i)(i=1,2,\cdots,m)$。

(2)在集结各评估者所给出的方案记分值时,为了消除过高或过低记分值的影响,采用有序加权平均算子集结得到各地图方案的最终记分值,即

$$S(A_i)=OWA_{\boldsymbol{\omega}'}(S^{(1)}(A_1),S^{(2)}(A_2),\cdots,S^{(k)}(A_i))\quad(i=1,2,\cdots,m)$$

式中,$\boldsymbol{\omega}'$为OWA算子的权重矢量,$\boldsymbol{\omega}'=[\omega_1'\ \ \omega_2'\ \ \cdots\ \ \omega_k']^{\mathrm{T}}$。

(3)比较$S(A_i)$的大小,对地图进行排序选优。

2)实例分析

例 7-12 对于例7-10提出的问题,现有3位评估者对4个地图方案的7项指标进行评估,评估值均是以确定语言形式给出,如表7-31、表7-36、表7-37所示(表中A^+是例7-5中的正理想方案),试确定最佳质量的地图方案。

表 7-36 确定语言评估 $\boldsymbol{R}_2$

地图	c_1	c_2	c_3	c_4	c_5	c_6	c_7
A_1	FG	G	VG	M	G	G	AG
A_2	M	FG	M	FG	G	G	FG
A_3	VG	FG	G	G	AG	AG	FG
A_4	M	FG	M	FG	M	FG	FP
A^+	VG	G	VG	G	AG	AG	AG

表 7-37 确定语言评估 $\boldsymbol{R}_3$

地图	c_1	c_2	c_3	c_4	c_5	c_6	c_7
A_1	M	G	G	FG	VG	G	VG
A_2	G	FG	FG	G	M	G	FP
A_3	G	FG	G	G	G	VG	G
A_4	M	FG	FP	FG	M	M	FG
A^+	G	G	G	G	VG	VG	VG

首先,对于每个评估表$\boldsymbol{R}_t$将属性值转换为Vague值,利用记分函数S_{RA}计算属性记分值,基于属性区分度确定属性权重,如表7-32、表7-38、表7-39所示。

表 7-38 $\boldsymbol{R}_2$ 对应的属性记分值及属性权重

地图	c_1	c_2	c_3	c_4	c_5	c_6	c_7
A_1	1.168	1.430	1.708	0.400	1.430	1.430	2.000
A_2	0.400	1.168	0.400	1.168	1.430	1.430	1.168
A_3	1.708	1.168	1.430	1.430	2.000	2.000	1.168
A_4	0.400	1.168	0.400	1.168	0.400	1.168	0.013
属性权重	0.157	0.031	0.157	0.124	0.192	0.100	0.239

表 7-39　$\boldsymbol{R}_3$ 对应的属性记分值及属性权重

地图	c_1	c_2	c_3	c_4	c_5	c_6	c_7
A_1	0.400	1.430	1.430	1.168	1.708	1.430	1.708
A_2	1.430	1.168	1.168	1.430	0.400	1.430	0.013
A_3	1.430	1.168	1.430	1.430	1.430	1.708	1.430
A_4	0.400	1.168	0.013	1.168	0.400	0.400	1.168
属性权重	0.141	0.036	0.195	0.036	0.180	0.180	0.233

然后，根据方案的属性记分值及属性权重值，分别计算方案在每一位评估者心目中的记分值 $S^{(t)}(A_i)$，如表 7-40 所示。

表 7-40　各地图方案在评估 $\boldsymbol{R}_i\ (i=1,2,3)$ 中的记分值

地图	$\boldsymbol{R}_1$	$\boldsymbol{R}_2$	$\boldsymbol{R}_3$
A_1	1.316	1.441	1.390
A_2	1.005	1.003	0.855
A_3	1.536	1.569	1.471
A_4	0.795	0.503	0.559

利用有序加权平均算子，对方案在不同评价表中的记分值进行集结。假定有序加权平均算子的权重矢量为 $\boldsymbol{\omega}'=[0.3\quad 0.5\quad 0.2]^{\mathrm{T}}$，则有

$$S(A_1)=OWA_{\boldsymbol{\omega}'}(S^{(1)}(A_1),S^{(2)}(A_1),S^{(3)}(A_1))$$
$$=1.44\times 0.3+1.390\times 0.5+1.316\times 0.2=1.390$$

同理可得

$$S(A_2)=0.974,S(A_3)=1.533,S(A_4)=0.619$$

最后，由 $S(A_3)>S(A_1)>S(A_2)>S(A_4)$ 可知，$A_3>A_1>A_2>A_4$。因此，地图方案 A_3 是最佳选择。

2. 属性值为不确定语言时基于属性区分度和有序加权平均算子的群评价

当属性权重为不确定语言值时，也可以利用上节中给出的方法，在确定属性权重后再进行评价，评价步骤类似，不再赘述。

例 7-13　对于例 7-11 提出的问题，现有 3 位评估者的评估值都是以不确定语言形式给出，如表 7-34、表 7-41 和表 7-42（A^+ 是正理想方案）。

表 7-41　不确定语言评估 $\widetilde{\boldsymbol{R}}_2$

地图	c_1	c_2	c_3	c_4	c_5	c_6	c_7
A_1	(SG,FG)	(SG,FG)	(M,SG)	(SG,FG)	(FG,VG)	(FG,VG)	(M,SG)
A_2	(G,VG)	(FG,G)	(FG,VG)	(M,FG)	(FG,G)	(SP,SG)	(G,VG)
A_3	(VG,AG)	(VG,AG)	(G,VG)	(FG,VG)	(G,AG)	(SG,FG)	(VG,AG)
A_4	(M,SG)	(SG,FG)	(M,SG)	(P,M)	(SP,SG)	(FP,SP)	(M,G)
A_5	(VP,P)	(FP,SP)	(M,SG)	(FP,SP)	(SP,M)	(P,FP)	(VP,AP)
A^+	(VG,AG)	(VG,AG)	(G,VG)	(FG,VG)	(G,AG)	(FG,VG)	(VG,AG)

表 7-42 不确定语言评估 $\widetilde{\boldsymbol{R}}_3$

地图	c_1	c_2	c_3	c_4	c_5	c_6	c_7
A_1	(SP,SG)	(FG,G)	(SG,FG)	(FG,G)	(FG,G)	(G,VG)	(SP,FG)
A_2	(SG,G)	(SG,VG)	(G,VG)	(SP,SG)	(FG,G)	(VG,AG)	(SG,VG)
A_3	(VG,AG)	(SG,AG)	(VG,AG)	(VG,AG)	(FG,G)	(VG,AG)	(SG,VG)
A_4	(M,FG)	(SP,M)	(M,SG)	(FG,G)	(M,G)	(P,FP)	(M,G)
A_5	(SP,M)	(P,FP)	(FP,SP)	(P,FP)	(AP,VP)	(P,FP)	(SP,M)
A^+	(VG,AG)	(FG,AG)	(VG,AG)	(VG,AG)	(FG,G)	(VG,AG)	(SG,VG)

首先,对于每个评估表 $\widetilde{\boldsymbol{R}}_t$,将属性值转换为 Vague 值,利用记分函数 S_{RA} 计算属性记分值,并基于属性区分度来确定属性权重,如表 7-35、表 7-43 和表 7-44 所示。

表 7-43 $\widetilde{\boldsymbol{R}}_2$ 对应的属性记分值及属性权重

地图	c_1	c_2	c_3	c_4	c_5	c_6	c_7
A_1	0.857	0.857	0.514	0.857	1.235	1.235	0.514
A_2	1.457	1.208	1.235	0.607	1.208	0.478	1.457
A_3	1.717	1.717	1.457	1.235	1.466	0.856	1.717
A_4	0.514	0.856	0.514	−0.179	0.478	0.099	0.648
A_5	−0.651	0.099	0.514	0.099	0.360	−0.283	−0.698
S_{max}	1.717	1.717	1.457	1.235	1.466	1.235	1.717
S_{min}	−0.651	0.099	0.514	−0.179	0.360	−0.283	−0.698 1
属性区分度	2.368	1.618	0.942	1.414	1.106	1.518	2.415
属性权重	0.208	0.142	0.083	0.124	0.097	0.133	0.212

表 7-44 $\widetilde{\boldsymbol{R}}_3$ 对应的属性记分值及属性权重

地图	c_1	c_2	c_3	c_4	c_5	c_6	c_7
A_1	0.478	1.208	0.856	1.208	1.208	1.457	0.571
A_2	0.897	0.923	1.457	0.478	1.208	0.607	0.923
A_3	1.717	0.933	1.717	1.717	1.208	1.717	0.923
A_4	0.607	0.360	0.514	1.208	0.648	−0.283	0.648
A_5	0.360	−0.283	0.099	−0.283	−0.989	−0.283	0.360
S_{max}	1.717	1.208	1.717	1.717	1.208	1.717	0.923
S_{min}	0.360	−0.283	0.099	−0.283	−0.989	−0.283	0.360
属性区分度	1.357	1.491	1.618	2.000	2.198	2.000	0.563
属性权重	0.121	0.133	0.144	0.178	0.196	0.178	0.050

然后,根据地图方案的属性记分值及属性权重值,分别计算各个方案在每一位评估者心目中的记分值 $S^{(t)}(A_i)$,如表 7-45 所示。

表 7-45　各地图方案 $\widetilde{\boldsymbol{R}}_i (i=1,2,3)$ 中的记分值

地图	$\widetilde{\boldsymbol{R}}_1$	$\widetilde{\boldsymbol{R}}_2$	$\widetilde{\boldsymbol{R}}_3$
A_1	0.609 113	0.611 722	0.660 492
A_2	0.771 419	0.746 885	0.765 814
A_3	0.860 338	0.881 290	0.904 790
A_4	0.461 173	0.488 698	0.532 246
A_5	0.295 597	0.331 331	0.364 073

利用有序加权平均算子，对地图方案在不同评价表中的记分值进行集结。假定有序加权平均算子的权重矢量为 $\boldsymbol{\omega}'=[0.3\ \ 0.5\ \ 0.2]$，则有

$$S(A_1)=OWA_{\boldsymbol{\omega}'}(S^{(1)}(A_1),S^{(2)}(A_1),S^{(3)}(A_1))$$
$$=0.660\times0.3+0.612\times0.5+0.609\times0.2=0.626$$

同理可得

$$S(A_2)=0.763,S(A_3)=0.884,S(A_4)=0.496,S(A_5)=0.334$$

最后，由 $S(A_3)>S(A_2)>S(A_1)>S(A_4)>S(A_5)$ 可知，$A_3>A_2>A_1>A_4>A_5$。因此，地图 A_3 是最佳选择方案。

7.3.4　基于正负理想方案和距离的评价

1. 方案集关于属性到正理想方案的距离

设地图方案集为 $A=\{A_1,A_2,\cdots,A_m\}$，$C=\{c_1,c_2,\cdots,c_n\}$ 是属性集，属性的权重完全未知。对方案集 $\boldsymbol{A}_i$ 的评估矩阵为 $\boldsymbol{A}_i=[r_{i1}\ \ r_{i2}\ \ \cdots\ \ r_{in}]$（或 $\boldsymbol{A}_i=[\tilde{r}_{i1}\ \ \tilde{r}_{i2}\ \ \cdots\ \ \tilde{r}_{in}]$），其中 r_{ij}（或 $\tilde{r}_{ij}$）是属性 c_j 在方案 $\boldsymbol{A}_i$ 中的确定（或不确定）语言值。正理想方案为 $A^+=\{r_1^+,r_2^+,\cdots,r_n^+\}$（或 $A^+=\{\tilde{r}_1^+,\tilde{r}_2^+,\cdots,\tilde{r}_n^+\}$）。

定义 7-11　关于属性 c_j，方案 A_i 到正理想方案 A^+ 的距离定义为

$$d_{ij}=D_W(v_{ij},v_j^+)\text{ 或 }\tilde{d}_{ij}=\tilde{D}(\tilde{v}_{ij},\tilde{v}_j^+)\tag{7-16}$$

式中，v_{ij}（或 $\tilde{v}_{ij}$）是确定（或不确定）语言值所对应的实数值 Vague 值（或区间值 Vague 值）。

定义 7-12　关于属性 c_j，方案集 $A=\{A_1,A_2,\cdots,A_m\}$ 到正理想方案 A^+ 的距离定义为

$$D_j(A,A^+)=\sum_{i=1}^m d_{ij}=\sum_{i=1}^m D_W(v_{ij},v_j^+)\text{ 或 }\mathrm{D}_j(A,A^+)=\sum_{i=1}^m \tilde{d}_{ij}=\sum_{i=1}^m \tilde{D}(\tilde{v}_{ij},\tilde{v}_j^+)\tag{7-17}$$

显然，方案集关于某属性到正理想方案 A^+ 的距离是所有方案关于该属性到正理想方案的距离之和。

一般而言，$D_j(A,A^+)$ 较大，意味着在属性 c_j 上，各方案的评估值与最优方案

的总体差异较大。当$D_i(A,A^+)>D_j(A,A^+)$时，意味着各方案在属性c_i上的评估值的差异要大于在属性c_j上的。由于相对于属性c_j，各方案关于属性c_i的评估差异已经较大，为了防止属性值过度代偿导致决策误差，应该适当降低属性c_i的权重；同时为了增加属性c_j对于各方案的区分度，也应该适当增加权重。

特别地，当方案集关于属性i和属性j的理想值相同时，若$D_i(A,A^+)>D_j(A,A^+)$，意味着在属性i上，方案集的总体评估值较低。因此，从选优的角度来讲，更应该赋予属性i较小一些的权重。这种确定权重的方法有助于减少决策的误差，增强决策的客观性。

一个特殊情况是，若$D_j(A,A^+)=0$，意味着各方案到最优方案的距离都是0。根据新的距离D_W和$\vec{D}$的定义可知，这时的"最优"方案只能是不包含未知信息的"极好"或"极差"，但无论怎样，在属性c_i上各方案之间没有区别了，所以可以令权重$\omega_j=0$。

基于上述原因，探讨基于正理想方案与距离的决策方法：方案集关于某属性j到正理想方案的距离越大，赋予的权重越小。特别地，若距离为0时，权重为0。

2. 属性值为确定语言时基于正负理想方案和距离的单人评价

1)评价步骤

(1)在语言评估表中，确定正理想方案，并将所有方案的确定语言值r_{ij}或不确定语言值$\tilde{r}_{ij}$转换为Vague值v_{ij}(或$\tilde{v}_{ij}$)。

(2)利用距离公式D_W或$\vec{D}$，根据式(7-16)和式(7-17)，计算所有方案关于每个属性到正理想方案A^+的距离d_{ij}以及方案集关于每个属性到正理想方案A^+的距离$D_j(A,A^+)$。

(3)利用步骤(2)得到的距离$D_j(A,A^+)$，确定各属性权重，即

$$\omega_j=(1/D_j(A,A^+))\Big/\Big(\sum_{j=1}^{n}(1/D_j(A,A^+))\Big)\quad(i=1,2,\cdots,n)\tag{7-18}$$

式中，若$D_j(A,A^+)=0$，则令$1/D_j(A,A^+)=0$。

(4)根据ω_j计算各方案到正理想方案A^+的距离，为

$$d_i=\sum_{j=1}^{n}\omega_j d_{ij}\text{ 或 }d_{ij}=\sum_{j=1}^{n}\omega_j\tilde{d}_{ij}\quad(i=1,2,\cdots,n)\tag{7-19}$$

(5)根据d_i进行排序选优。若$d_j=\min\limits_{1\leqslant i\leqslant m}\{d_i\}$，则方案$A_j$最优。

2)实例分析

例7-14 对于例7-10提出的问题，采用基于正理想方案和距离的权重确定方法来评价。

首先，在表7-31中确定正理想方案，即

$$A^+=(\text{VG},\text{VG},\text{VG},\text{G},\text{AG},\text{VG},\text{G})$$

然后，将各方案的确定语言值转换为实数值 Vague 值，并根据式(7-16)和式(7-17)计算各地图方案 $d_{ij}(i=1,2,3,4)$，以及方案集到正理想方案的距离 D_j；根据式(7-18)确定权重 ω_j，具体结果如表 7-46 所示。

最后，根据得到的权重 ω_j 利用式(7-19)计算各方案相对于正理想方案的距离

$$d_1=0.155\,721, d_2=0.174\,327, d_3=0.053\,565, d_4=0.271\,908$$

由 $d_3<d_1<d_2<d_4$，可知 $A_3>A_1>A_2>A_4$。因此，A_3 是最佳选择方案。这个排序和评价结果与例 7-10 的结论完全一致。

表 7-46　各地图方案各属性到正理想方案的距离

距离	c_1	c_2	c_3	c_4	c_5	c_6	c_7
d_{1j}	0.183	0.017	0.017	0.400	0.250	0.100	0.033
d_{2j}	0.017	0.100	0.467	0.033	0.083	0.183	0.517
d_{3j}	0.100	0.100	0.017	0.117	0	0.017	0.033
d_{4j}	0.467	0.333	0.583	0.117	0.083	0.467	0.117
D_j	0.767	0.550	1.083	0.667	0.417	0.767	0.700
ω_j	0.122	0.170	0.086	0.140	0.225	0.122	0.134

例 7-15　对于例 7-10 提出的问题，现采用基于负理想方案和距离的权重确定方法来评价。首先，在评估表 7-31 中确定负理想方案

$$A^-=(\mathrm{M}, \mathrm{SG}, \mathrm{FP}, \mathrm{M}, \mathrm{FG}, \mathrm{FG}, \mathrm{FP})$$

然后，将各方案的确定语言值转换为实数值 Vague 值，根据式(7-16)和式(7-17)，计算所有地图方案关于每个属性到负理想方案 A^- 的距离 d_{ij}，以及方案集关于每个属性到负理想方案 A^- 的距离 $D_j(A, A^-)$。

根据式(7-18)确定权重 ω_j，具体结果如表 7-47 所示。

最后，根据得到的权重 ω_j，利用式(7-19)计算各方案相对于负理想方案的距离

$$d_1=0.238, d_2=0.215, d_3=0.324, d_4=0.211$$

由 $d_3>d_1>d_2>d_4$，可知 $A_3>A_1>A_2>A_4$。因此，A_3 是最佳选择方案。这个排序和评价结果与例 7-10 的结论完全一致。

表 7-47　各地图方案关于各属性到负理想方案的距离

距离	c_1	c_2	c_3	c_4	c_5	c_6	c_7
d_{1j}	0.333	0.333	0.583	0.067	0.050	0.117	0.517
d_{2j}	0.467	0.267	0.183	0.400	0.183	0.050	0.050
d_{3j}	0.400	0.267	0.583	0.333	0.250	0.183	0.517
d_{4j}	0.067	0.050	0.050	0.333	0.183	0.333	0.450
D_j	1.267	0.917	1.400	1.133	0.667	0.683	1.530
ω_j	0.111	0.154	0.101	0.124	0.211	0.206	0.092

3. 属性值为不确定语言时基于正负理想方案和距离的单人评价

当属性权重为不确定语言值时，也可以利用上节给出的方法，在确定属性权重

后再进行评价，评价步骤类似，不再赘述。

例 7-16 对于例 7-11 提出的问题，采用基于正理想方案和距离的单人评价的方法确定权重，并进行评估。

首先，在表 7-34 的不确定语言评估矩阵中确定正理想方案

$$A^+=\{(FG,VG),(VG,AG),(FG,VG),(VG,AG),(G,VG),(VG,AG),(G,VG)\}$$

然后，将各方案的确定语言值转换为实数值 Vague 值，根据式(7-16)和式(7-17)，计算所有方案关于每个属性到正理想方案 A^+ 的距离 d_{ij}，以及方案集关于每个属性到正理想方案 A^+ 的距离 $D_j(A,A^+)$。

根据式(7-18)确定权重 ω_j，具体结果如表 7-48 所示。

表 7-48 各地图方案及方案集关于各属性到正理想方案的距离

距离	c_1	c_2	c_3	c_4	c_5	c_6	c_7
d_{1j}	0.438	0.196	0.288	0.463	0.250	0.538	0.250
d_{2j}	0.217	0.013	0.125	0.463	0.204	0.013	0.038
d_{3j}	0.050	0.013	0.096	0.013	0.038	0.058	0.038
d_{4j}	0.438	0.463	0.438	0.696	0.396	0.538	0.396
d_{5j}	0.704	0.538	0.813	0.196	0.396	0.538	0.400
D_j	1.846	1.221	1.758	1.829	1.283	1.683	1.121
ω_j	0.114	0.173	0.120	0.115	0.164	0.125	0.188

最后，得到属性的权重为

$$\boldsymbol{\omega}=[0.114\quad 0.173\quad 0.120\quad 0.115\quad 0.164\quad 0.125\quad 0.188]^T$$

由式(7-19)计算各方案相对于正理想方案的距离为

$$d_1=0.327,d_2=0.137,d_3=0.041,d_4=0.469,d_5=0.501$$

由 $d_3<d_2<d_1<d_4<d_5$，可知 $A_3>A_2>A_1>A_4>A_5$。因此，方案 A_3 是最佳选择。这个排序和评价结果与例 7-11 的结论完全一致。

例 7-17 对例 7-11 提出的问题，采用基于负理想方案和距离的单人评价的方法确定权重，并进行评价。

首先，在表 7-34 的不确定语言评估矩阵中确定负理想方案，即

$$A^-=\{(VP,P),(SP,M),(VP,AP),(P,FP),(M,SG),(SP,M),(SP,SG)\}$$

然后，将各方案的不确定语言值转换为区间值 Vague 值，并根据式(7-16)和式(7-17)计算各方案 d_{ij} 及方案集到负理想方案的距离 D_j。

根据方案集到负理想方案的距离 D_j，根据式(7-18)确定权重 ω_j，具体结果如表 7-49 所示。

表 7-49　各方案及方案集关于各属性到负理想方案的距离

距离	c_1	c_2	c_3	c_4	c_5	c_6	c_7
d_{1j}	0.371	0.396	0.638	0.3298	0.217	0.088	0.225
d_{2j}	0.575	0.513	0.750	0.329	0.246	0.513	0.388
d_{3j}	0.71	0.513	0.796	0.679	0.379	0.483	0.388
d_{4j}	0.371	0.163	0.488	0.063	0.088	0.088	0.096
d_{5j}	0.038	0.088	0.013	0.563	0.088	0.088	0.075
D_j	2.063	1.671	2.680	1.963	1.017	1.258	1.170
ω_j	0.105	0.130	0.081	0.111	0.214	0.173	0.186

最后，得到的权重为

$$\boldsymbol{\omega}=[0.105\quad 0.130\quad 0.081\quad 0.111\quad 0.214\quad 0.173\quad 0.186]^{\mathrm{T}}$$

由式(7-19)计算各方案相对于负理想方案的距离为

$$d_1=0.282, d_2=0.438, d_3=0.518, d_4=0.158, d_5=0.126$$

由 $d_5<d_4<d_1<d_2<d_3$，可知 $A_3>A_2>A_1>A_4>A_5$。因此，方案 A_3 是最佳选择。这个排序和评价结果与例 7-11 的结论完全一致。

7.3.5　基于正负理想方案和距离的群评价

1. 属性值为确定语言时基于正负理想方案和距离的群评价

1)评价步骤

假设有 $k(k>1)$ 位评估者，其评价权重为 $\boldsymbol{\lambda}=[\lambda_1\ \lambda_2\ \cdots\ \lambda_k]^{\mathrm{T}}$，第 t 位评估者给出的评估矩阵为 $\boldsymbol{R}_t$。

大多数情况下，由于相关知识与经验及主观偏好等因素的影响，同一个属性在不同评估者心目中的权重、评估标准和最优值是不同的。两个相同的地图方案在不同评估者心目中的差异，即距离也是不同的。因此，正理想方案仅存在于同一个评估体系中，不可能成为所有评估人在不同评估指标基础上的理想方案。

为此，在信息集结的顺序上，应该以每个评估者为主体，先在每个评估者给出的评估表中计算各方案到正理想方案的距离，然后再根据评价权重集结方案总的距离。这种集结顺序，能较大限度地保持评价者对方案的排序。

基于正理想方案和距离的群评价的步骤如下所述。

(1)针对每一个评估者给出的评估表 $\boldsymbol{R}_t$，按照上节所述的单人评价方法，根据正理想方案和距离确定属性权重，并得到各地图方案的距离 $d_i^{(t)}(t=1,2,\cdots,k; i=1,2,\cdots,m)$。

(2)根据评价权重，对于每个方案，集结各评估者所给出的距离，得到

$$d_i=\sum_{t=1}^{k}\lambda_t d_i^{(t)}\quad (i=1,2,\cdots,m)$$

式中，$\boldsymbol{\lambda}=[\lambda_1\ \ \lambda_2\ \cdots\ \lambda_k]^T$ 是评价向量。

(3)比较 d_i 的大小，对方案排序选优。d_i 越小，方案越优。

2)实例分析

例 7-18 对于例 7-12 提出的问题，现采用基于正理想方案的评价方法进行评估。首先确定正理想方案，如表 7-31、表 7-36 和表 7-37 所示。

然后，计算属性权重，如表 7-46、表 7-50、表 7-51 所示，各方案到正理想的距离如表 7-52 所示。假设评价权重为 $\boldsymbol{\lambda}=[0.3\ \ 0.5\ \ 0.2]^T$。

表 7-50 $\boldsymbol{R}_2$ 中各方案关于各属性到正理想方案的距离及属性权重

地图	c_1	c_2	c_3	c_4	c_5	c_6	c_7
A_1	0.183	0.033	0.017	0.400	0.167	0.167	0
A_2	0.467	0.117	0.467	0.117	0.167	0.167	0.250
A_3	0.017	0.117	0.100	0.033	0	0	0.250
A_4	0.467	0.117	0.467	0.117	0.533	0.250	0.650
D_j	1.133	0.383	1.050	0.667	0.867	0.583	1.150
属性权重	0.091	0.269	0.098	0.155	0.119	0.177	0.090

表 7-51 $\boldsymbol{R}_3$ 中各方案关于各属性到正理想方案的距离及属性权重

地图	c_1	c_2	c_3	c_4	c_5	c_6	c_7
A_1	0.400	0.033	0.033	0.117	0.017	0.100	0.017
A_2	0.033	0.117	0.117	0.033	0.467	0.100	0.583
A_3	0.033	0.117	0.033	0.033	0.100	0.017	0.100
A_4	0.400	0.117	0.517	0.117	0.467	0.467	0.183
D_j	0.867	0.383	0.700	0.300	1.050	0.683	0.883
属性权重	0.096	0.216	0.118	0.276	0.079	0.121	0.094

表 7-52 各方案到正理想方案的距离及评价权重

评估者	方案 A_1	方案 A_2	方案 A_3	方案 A_4	决策权重
$\boldsymbol{R}_1$	0.155 721	0.174 327	0.053 565	0.271 908	0.3
$\boldsymbol{R}_2$	0.138 684	0.209 787	0.070 413 6	0.304 172	0.5
$\boldsymbol{R}_3$	0.096 591 7	0.155 045	0.060 831 4	0.267 371	0.2
d_i	0.135 277	0.181 108	0.062 252 8	0.280 68	—

最后，比较得到 $d_3 < d_1 < d_2 < d_4$，可知 $A_3 > A_1 > A_2 > A_4$。因此方案 A_3 是最佳选择。

例 7-19 对于例 7-12 提出的问题，现采用基于负理想方案和距离的评价方法进行评估。

首先确定负理想方案，如表 7-31、表 7-36 和表 7-37 所示。

然后，计算属性权重，如表 7-47、表 7-53 和表 7-54 所示，各方案到负理想的距离如表 7-55 所示。假设评价者权重为 $\boldsymbol{\lambda}=[0.3\ \ 0.5\ \ 0.2]^T$。

表 7-53　$\boldsymbol{R}_2$ 中各方案关于各属性到负理想方案的距离及属性权重

地图	c_1	c_2	c_3	c_4	c_5	c_6	c_7
A_1	0.333	0.117	0.467	0.067	0.400	0.117	0.650
A_2	0.067	0.050	0.067	0.333	0.400	0.117	0.450
A_3	0.467	0.050	0.400	0.400	0.533	0.250	0.450
A_4	0.067	0.050	0.067	0.333	0.067	0.050	0.050
D_j	0.933	0.267	1.000	1.133	1.400	0.533	1.600
属性权重	0.108	0.378	0.101	0.089	0.072	0.189	0.063

表 7-54　$\boldsymbol{R}_3$ 中各方案关于各属性到负理想方案的距离及属性权重

地图	c_1	c_2	c_3	c_4	c_5	c_6	c_7
A_1	0.067	0.117	0.517	0.050	0.467	0.400	0.583
A_2	0.400	0.050	0.450	0.117	0.067	0.400	0.050
A_3	0.400	0.050	0.517	0.117	0.400	0.467	0.517
A_4	0.067	0.050	0.050	0.050	0.067	0.067	0.450
D_j	0.933	0.267	1.533	0.333	1.000	1.333	1.600
属性权重	0.099	0.346	0.060	0.277	0.092	0.069	0.058

表 7-55　各地图方案到负理想方案的距离及评价权重

评估者	方案 A_1	方案 A_2	方案 A_3	方案 A_4	决策权重
$\boldsymbol{R}_1$	0.237 567	0.214 872	0.323 961	0.210 542	0.3
$\boldsymbol{R}_2$	0.224 928	0.141 704	0.259 264	0.079 887 7	0.5
$\boldsymbol{R}_3$	0.196 075	0.152 782	0.219 009	0.077 379	0.2
d_i	0.222 949	0.169 193	0.270 622	0.118 582	—

最后，比较得到 $d_3 > d_1 > d_2 > d_4$，可知 $A_3 > A_1 > A_2 > A_4$。因此方案 A_3 是最佳选择，该结果与例 7-12 的结论完全一致。

2. 属性值为不确定语言时基于正负理想方案和距离的群评价

当属性权重为不确定语言值时，也可以利用上述中给出的方法，在确定属性权重后再进行评价，评价步骤类似，不再赘述。

例 7-20　对于例 7-13 提出的问题，现采用基于正理想方案和距离的评价方法进行评估。

首先，在各评估者给出的评估表中，确定正理想方案，如表 7-34、表 7-41 和表 7-42 所示。

然后，计算属性权重，如表 7-48、表 7-56 和表 7-57 所示。各方案到正理想方案的距离如表 7-58 所示，假设评价权重为 $\boldsymbol{\lambda} = [0.3\ \ 0.5\ \ 0.2]^{\mathrm{T}}$。

表 7-56　$\widetilde{R}_2$ 各地图方案关于各属性到正理想方案的距离

距离	c_1	c_2	c_3	c_4	c_5	c_6	c_7
d_{1j}	0.317	0.317	0.396	0.217	0.117	0.050	0.463
d_{2j}	0.104	0.196	0.083	0.288	0.163	0.367	0.104
d_{3j}	0.013	0.013	0.038	0.050	0.025	0.217	0.013
d_{4j}	0.463	0.317	0.396	0.542	0.433	0.492	0.342
d_{5j}	0.804	0.592	0.396	0.492	0.504	0.596	0.913
D_j	1.700	1.433	1.308	1.588	1.242	1.721	1.833
ω_j	0.128	0.151	0.166	0.137	0.175	0.126	0.118

表 7-57　$\widetilde{R}_3$ 各地图方案关于各属性到正理想方案的距离

距离	c_1	c_2	c_3	c_4	c_5	c_6	c_7
d_{1j}	0.467	0.129	0.317	0.196	0.063	0.104	0.217
d_{2j}	0.271	0.158	0.104	0.467	0.063	0.388	0.050
d_{3j}	0.013	0.113	0.013	0.013	0.063	0.013	0.050
d_{4j}	0.388	0.471	0.463	0.196	0.208	0.696	0.167
d_{5j}	0.538	0.629	0.592	0.696	0.779	0.696	0.363
D_j	1.675	1.500	1.488	1.567	1.175	1.896	0.846
ω_j	0.116	0.130	0.131	0.124	0.166	0.103	0.230

表 7-58　各地图方案到正理想方案的距离及评价权重

评估者	方案 A_1	方案 A_2	方案 A_3	方案 A_4	方案 A_5	决策权重
$\widetilde{R}_1$	0.327	0.137	0.041	0.469	0.501	0.300
$\widetilde{R}_2$	0.265	0.183	0.050	0.424	0.596	0.500
$\widetilde{R}_3$	0.208	0.185	0.042 0	0.335	0.592	0.200
d_i	0.272	0.175	0.044 0	0.420	0.575	—

最后，比较得到 $d_3 < d_2 < d_1 < d_4 < d_5$，可知 $A_3 > A_2 > A_1 > A_4 > A_5$。故 A_3 是最佳质量的地图方案，该结果与例 7-13 的结论完全一致。

例 7-21　对于例 7-13 提出的问题，采用基于负理想方案和距离的评价方法进行评估。

首先，在各评估者给出的评估表中，确定负理想方案，如表 7-34、表 7-41 和表 7-42 所示。

然后，计算属性权重，如表 7-49、表 7-59 和表 7-60 所示，各方案到负理想方案的距离如表 7-61 所示，假设评价权重为 $\boldsymbol{\lambda} = [0.3\ \ 0.5\ \ 0.2]^{\mathrm{T}}$。

表 7-59　$\widetilde{R}_2$ 各地图方案及属性集关于各属性到负理想方案的距离

距离	c_1	c_2	c_3	c_4	c_5	c_6	c_7
d_{1j}	0.575	0.350	0.088	0.408	0.425	0.592	0.563
d_{2j}	0.738	0.454	0.350	0.354	0.396	0.308	0.854

续表

距离	c_1	c_2	c_3	c_4	c_5	c_6	c_7
d_{3j}	0.796	0.571	0.379	0.542	0.483	0.458	0.913
d_{4j}	0.446	0.352	0.088	0.083	0.142	0.183	0.667
d_{5j}	0.038	0.075	0.088	0.133	0.088	0.063	0.013
D_j	2.592	1.822	0.992	1.521	1.533	1.604	3.008
ω_j	0.092	0.132	0.239	0.156	0.155	0.148	0.079

表 7-60　$\widetilde{\boldsymbol{R}}_3$ 各地图方案关于各属性到正理想方案的距离

距离	c_1	c_2	c_3	c_4	c_5	c_6	c_7
d_{1j}	0.142	0.563	0.350	0.563	0.796	0.621	0.217
d_{2j}	0.322	0.517	0.513	0.308	0.796	0.404	0.350
d_{3j}	0.513	0.546	0.571	0.679	0.796	0.679	0.350
d_{4j}	0.238	0.254	0.221	0.563	0.667	0.063	0.267
d_{5j}	0.088	0.063	0.075	0.063	0.013	0.063	0.088
D_j	1.300	1.940	1.729	2.175	3.067	1.829	1.271
ω_j	0.193	0.129	0.145	0.115	0.082	0.137	0.198

表 7-61　各地图方案到负理想方案的距离及评价权重

评估者	方案 A_1	方案 A_2	方案 A_3	方案 A_4	方案 A_5	评价者权重
$\widetilde{\boldsymbol{R}}_1$	0.282	0.438	0.518	0.158	0.126	0.300
$\widetilde{\boldsymbol{R}}_2$	0.381	0.441	0.538	0.222	0.079	0.500
$\widetilde{\boldsymbol{R}}_3$	0.409	0.429	0.558	0.292	0.070	0.200
d_i	0.370	0.437	0.540	0.230	0.091	—

最后，比较得到 $d_3 > d_2 > d_1 > d_4 > d_5$，可知 $A_3 > A_2 > A_1 > A_4 > A_5$。故 A_3 是最佳质量的地图方案，该结果与例 7-13 的结论完全一致。

7.4　属性权重和属性值均为确定语言的量化评价方法

在实际的评价问题中，有时候地图的属性权重和属性值都是以语言形式给出的，这就大大增加了问题的不确定性和评价的难度。关于这一类的评价问题，尚未有确定的方法。在可供参考的方法中，有的是将属性权重和属性值放在一起，采用最大最小算子进行集结。这种方法计算简便，能够快捷地得到地图方案的质量优劣排序结果。但可理解性较差，同时也损失掉较多的不确定信息，不利于区分那些属性值差别不大的方案，当方案之间的相对优势区别不大时，评价结果的准确性是难以保证的。

如果将语言型的属性值和属性权重同时转化为 Vague 值，在求解上会比较困难。为此，可以先将其中某一种语言指标转化为实数值，然后再进行评估。根据语言转化的先后顺序，探讨两种评价思路：优先确定属性权重评价和优先确定属性记分值评价。

7.4.1 问题描述

在地图质量的定性评价问题中，评价方案集为 $A=\{A_1,A_2,\cdots,A_m\}$，$C=\{c_1,c_2,\cdots,c_n\}$ 是属性集，属性权重为 $\tilde{\boldsymbol{\omega}}=[\tilde{\omega}_1\ \ \tilde{\omega}_2\ \ \cdots\ \ \tilde{\omega}_n]^{\mathrm{T}}$，其中 $\tilde{\omega}_j(j=1,2,\cdots,n)$ 均为确定语言值。设共有 k 位评估者，$k\in N,N\geqslant 1$。设 $\boldsymbol{R}=(r_{ij})_{m\times n}$ 为语言评价矩阵，r_{ij} 是对 A_i 中第 j 个属性的评价值，均为确定语言值。方案 A_i 的属性值为

$$\boldsymbol{R}_i=[r_{i1}\ \ r_{i2}\ \ \cdots\ \ r_{in}]\quad (i=1,2,\cdots,m)$$

第 t 位评估者给出的语言评估矩阵为 $\boldsymbol{R}_t(t=1,2,\cdots,k)$。

7.4.2 优先确定属性权重的单人评价

1. 评价步骤

(1)将各地图方案 A_i 的语言属性值 r_{ij} 转换为 Vague 值 v_{ij}。根据语言属性权重指标集 $\tilde{\omega}=\{\tilde{\omega}_1,\tilde{\omega}_2,\cdots,\tilde{\omega}_n\}$，确定各属性的权重。具体转换方法如下：

选定记分函数 S，设 $S(V_j)$ 是语言属性权重 $\tilde{\omega}_j$ 转换为 Vague 值 v_j 后所对应的记分值，如表 7-62 所示，则可确定属性 c_j 的实数权重为

$$\omega_j=\frac{S(v_j)}{\sum_{i=1}^{n}S(v_i)}\quad (j=1,2,\cdots n) \tag{7-20}$$

于是，得到实数形式的属性权重为

$$\boldsymbol{\omega}=[\omega_1\ \ \omega_2\ \ \cdots\ \ \omega_n]^{\mathrm{T}}$$

属性权重确定为实数时，就可以按照上节所提出的方法进行评价。由于这类评价问题本身就带有较多的不确定因素，为了尽可能地降低误差，选择基于最大最小可能记分值的评价方法。

表 7-62 11 级语言权重指标在 3 种风险偏好类型下对应记分值

等级	对应的 Vague 值	风险厌恶函数 S_{RA} 下的记分值	风险中立函数 S_C 下的记分值	风险追求函数 S_{RP} 下的记分值
极高(AH)	[1,1]	1.000	1.000	1.000
很高(VH)	[0.9,0.95]	0.903	0.925	0.948
高(H)	[0.8,0.9]	0.810	0.850	0.890
较高(FH)	[0.7,0.85]	0.723	0.775	0.828
稍高(SH)	[0.55,0.7]	0.588	0.625	0.663
中等(F)	[0.4,0.6]	0.467	0.500	0.553
稍低(SL)	[0.4,0.55]	0.448	0.475	0.503

续表

等级	对应的 Vague 值	风险厌恶函数 S_{RA} 下的记分值	风险中立函数 S_C 下的记分值	风险追求函数 S_{RP} 下的记分值
较低(FL)	[0.3,0.45]	0.338	0.375	0.400
低(L)	[0.2,0.3]	0.217	0.250	0.267
很低(VL)	[0.1,0.15]	0.104	0.125	0.133
极低(AL)	[0,0]	0.000	0.000	0.000

(2)根据评价者的主观偏好，选择风险记分函数 S，对于每个地图方案 A_i，根据 $S_{ij}^{\min}=2t_{ij}-1$ 与 $S_{ij}^{\max}=2(1-f_{ij})-1$，计算每个属性值 v_{ij} 的记分值的最小值 $S_{ij}^{\min}$ 与最大值 $S_{ij}^{\max}$。

(3)根据步骤(1)得到属性权重值，根据方案 A_i 的每个属性记分值，得到方案 A_i 的可能记分值的最小值 $S_{\min}(A_i)$ 与最大 $S_{\max}(A_i)$ 值，即

$$S_{\min}(A_i)=\sum_{j=1}^{n}\omega_j S_{ij}^{\min},\ S_{\max}(A_i)=\sum_{j=1}^{n}\omega_j S_{ij}^{\max}$$

这样，方案 A_i 的记分值可视为 Vague 值，为

$$V(A_i)=[S_{\min}(A_i),S_{\max}(A_i)]$$

同理，计算出所有方案以 Vague 值形式表示的记分值。

(4)利用同样的风险记分函数 S，计算并比较 $S(V(A_i))$ 的大小，对方案排序选优。$S(V(A_i))$ 越大，方案越好。

2. 实例分析

例 7-22　本例选取 4 幅地图，已知对 4 幅地图 A_1、A_2、A_3、A_4 的 7 个质量元素的语言评价值，如表 7-63 所示。现要对 4 幅地图质量进行优劣排序，评估出综合质量最佳的地图方案。

表 7-63　4 幅地图的语言评价值

地图	c_1	c_2	c_3	c_4	c_5	c_6	c_7
A_1	SG	FG	M	VG	FG	G	FP
A_2	M	FG	VG	FG	SP	FP	VG
A_3	FG	SG	FG	VG	VG	SP	FG
A_4	FG	VG	FG	SP	SG	VG	VG

已知属性的权重为

$\tilde{\omega}=${较低(FL)，中等(F)，较高(FH)，高(H)，很高(VH)，稍低(SL)，较高(FH)}

现在利用优先确定属性权重的评价方法进行计算，计算步骤如下：

(1)假设选择风险厌恶函数 S_{RA}，根据表 7-62，得到各属性权重 $\tilde{\omega}_j$ 所对应的记分值 $S(v_j)$ 分别为(0.338，0.467，0.723，0.810，0.903，0.448，0.723)，利用式(7-20)计算各属性的权重，得到属性的实数权重向量为

$$\boldsymbol{\omega}=[0.077\quad 0.106\quad 0.164\quad 0.184\quad 0.205\quad 0.102\quad 0.162]^{\mathrm{T}}$$

(2)假设选择风险厌恶函数 S_{RA}，设 Vague 值为 $[t,1-f]$，则有

$$S_{\min}([t,1-f])=S_{RA}([t,t])=S_{RP}([t,t])=S_C([t,t])=2t-1$$

$$S_{\max}[t,1-f]=S_{RA}[1-f,1-f]=S_{RP}[1-f,1-f]=S_C[1-f,1-f]=2(1-f)-1 \tag{7-21}$$

根据式(7-21)计算各语言指标可能记分值的最大值 $S_{\max}$ 与最小值 $S_{\min}$，确定属性 $[S_{\min},S_{\max}]$ 记分值区间，如表 7-64 所示。

表 7-64 各地图方案的属性记分值区间

地图	c_1	c_2	c_3	c_4
A_1	[0.1,0.4]	[0.4,0.7]	[−0.2,0.2]	[0.8,0.9]
A_2	[−0.2,0.2]	[0.4,0.7]	[0.8,0.9]	[0.4,0.7]
A_3	[0.4,0.7]	[0.1,0.4]	[0.4,0.7]	[0.8,0.9]
A_4	[0.4,0.7]	[0.8,0.9]	[0.4,0.7]	[0.2,0.1]
ω_j	0.077	0.106	0.164	0.184
地图	c_5	c_6	c_7	
A_1	[0.4,0.7]	[0.6,0.8]	[−0.4,−0.2]	
A_2	[−0.2,0.1]	[−0.4,−0.2]	[0.8,0.9]	
A_3	[0.8,0.9]	[−0.2,0.1]	[0.4,0.7]	
A_4	[0.1,0.4]	[0.8,0.9]	[0.8,0.9]	
ω_j	0.205	0.102	0.162	

(3)计算所有方案在风险厌恶函数 S_{RA} 下可能取得的记分值范围。对于方案 A_1 有

$$\begin{aligned}S_{\min}(A_i)&=\sum_{j=1}^{n}\omega_j S_{ij}^{\min}\\&=0.1\times 0.077+0.4\times 0.106+(-0.2)\times 0.164+0.8\times 0.184+\\&\quad 0.4\times 0.205+0.6\times 0.102+(-0.4)\times 0.162=0.243\end{aligned}$$

$$\begin{aligned}S_{\max}(A_i)&=\sum_{j=1}^{n}\omega_j S_{ij}^{\max}\\&=0.4\times 0.077+0.7\times 0.106+0.2\times 0.164+0.9\times 0.184+\\&\quad 0.7\times 0.205+0.8\times 0.102+(-0.2)\times 0.162=0.496\end{aligned}$$

于是，方案 A_1 的可能取值区间为 $V(A_1)=[0.243,0.496]$。

同理，可以得到方案 A_2、A_3、A_4 的可能取值区间为

$$V(A_2)=[0.280,0.512],V(A_3)=[0.463,0.685],V(A_4)=[0.376,0.602]$$

(4)根据计算方案的 Vague 值，由记分函数 S_{RA} 性质知，$S_{RA}(V(A_1))<S_{RA}(V(A_2))<S_{RA}(V(A_4))<S_{RA}(V(A_3))$。因此，$A_3>A_4>A_2>A_1$，即地图方案 A_3 综合质量最好。

在例 7-22 中，如果在开始时选择的是风险中立型记分函数 S_C，根据表 7-62，得到各属性 $\tilde{\omega}_j$ 所对应的记分值 $S(v_j)$ 分别为 (0.375,0.500,0.775,0.850,0.925,0.475,0.775)。

利用式(7-20)计算各属性的权重，得到属性的实数权重向量为

$$\boldsymbol{\omega}=[0.080\quad 0.107\quad 0.166\quad 0.182\quad 0.198\quad 0.102\quad 0.165]^{\mathrm{T}}$$

按照同样的方法，可以计算出方案 A_1、A_2、A_3、A_4 的可能取值区间，分别为

$$V(A_1)=[0.237,0.490],\ V(A_2)=[0.284,0.516]$$

$$V(A_3)=[0.459,0.683],\ V(A_4)=[0.381,0.606]$$

因此，地图方案 A_3 综合质量最优的结论。

比较在两种不同风险偏好的记分函数下所确定的属性权重，可以看到差别很小，这是由于属性权重不仅取决于该属性记分值的大小，还取决于全体属性值之和。同时，在这两种不同记分函数下，地图方案的最终记分值具有同样的排序关系，可见，记分函数的选择对最终结果的影响较小。究其原因，主要是由于在方案记分值的集结过程中，已经充分考虑了每个属性能取得的最大和最小记分值，将主观因素的影响降至最低。在实际的评价中，如果评价者没有特别的风险偏好，为了保持客观性，可以利用风险中立记分函数 S_C 来确定属性的权重。

7.4.3　优先确定属性记分值的单人评价

1. 评价步骤

(1)将属性权重 $\tilde{\omega}_i$ 转化为 Vague 值 $v_j=[v_{j1},v_{j2}]$，这时，可认为属性 c_j 的权值 ω_j 变化范围是 $[v_{j1},v_{j2}]$；再将各地图方案的语言属性值 r_{ij} 转化为 Vague 值 v_{ij}，并根据选择的记分函数 S 求出属性 Vague 值的记分值 s_{ij}，$s_{ij}=S(v_{ij})$。

(2)对于每个地图方案 $A_i(i=1,2,\cdots,m)$，根据属性权重 v_j 的变化范围构造线性规划问题(L1)、(L2)，计算地图方案 A_i 记分值的最大值和最小值。

(L1)
$$\min S=\sum_{j=1}^{n}\omega_j s_{ij}$$
$$\text{s.t.}\ \ v_{j1}\leqslant\omega_j\leqslant v_{j2}\quad(j=1,2,\cdots,n)$$

(L2)
$$\max S=\sum_{j=1}^{n}\omega_j s_{ij}$$
$$\text{s.t.}\ \ v_{j1}\leqslant\omega_j\leqslant v_{j2}\quad(j=1,2,\cdots,n)$$

假设(L1)、(L2)的最优值分别为 S_i^L 和 S_i^U，则地图方案的记分值取值范围为 $[S_i^L,S_i^U]$，可将其视为 Vague 值 $V(A_i)$，即 $V(A_i)=[S_i^L,S_i^U]$。

(3)根据选择的记分函数 S 计算比较 $S(V(A_i))$，排序选优。

2. 实例分析

例 7-23　对例 7-22 提出的问题，现采用优先确定属性记分值的方法来进行

评估。

(1)假设选择风险厌恶型记分函数 S_{RA}，利用表 7-1 将属性权重 $\tilde{\omega}_j$ 转化为 Vague 值 v_j，该 Vague 值各属性 c_j 的权重的变化范围为

$$\omega_1 \in [0.300,0.450], \omega_2 \in [0.400,0.600], \omega_3 \in [0.700,0.850]$$
$$\omega_4 \in [0.800,0.900], \omega_5 \in [0.900,0.950], \omega_6 \in [0.400,0.550]$$
$$\omega_7 \in [0.700,0.850]$$

将各个地图方案的语言属性值转化为 Vague 值，并计算其记分值，如表 7-65 所示。

表 7-65 各地图方案语言属性值转化为 Vague 值后对应的记分值

地图	c_1	c_2	c_3	c_4	c_5	c_6	c_7
A_1	0.175	0.445	−0.067	0.805	0.445	0.620	−0.325
A_2	−0.067	0.445	0.805	0.445	−0.105	−0.325	0.805
A_3	0.445	0.175	0.445	0.805	0.805	−0.105	0.445
A_4	0.445	0.805	0.445	−0.105	0.175	0.805	0.805

(2)计算各方案可能记分值的最大值和最小值。以方案 A_1 为例，构造线性规划问题(L1)，即

$$\min S(A_1) = 0.175\omega_1 + 0.445\omega_2 - 0.067\omega_3 + 0.805\omega_4 + 0.445\omega_5 + 0.62\omega_6 - 0.325\omega_7$$

使得 $0.3 \leqslant \omega_1 \leqslant 0.45, 0.4 \leqslant \omega_2 \leqslant 0.6, 0.7 \leqslant \omega_3 \leqslant 0.85, 0.8 \leqslant \omega_4 \leqslant 0.9$, $0.9 \leqslant \omega_5 \leqslant 0.95, 0.4 \leqslant \omega_6 \leqslant 0.55, 0.7 \leqslant \omega_7 \leqslant 0.85$。

构造线性规划问题(L2)，即

$$\max S(A_1) = 0.175\omega_1 + 0.445\omega_2 - 0.067\omega_3 + 0.805\omega_4 + 0.445\omega_5 + 0.62\omega_6 - 0.325\omega_7$$

使得 $0.3 \leqslant \omega_1 \leqslant 0.45, 0.4 \leqslant \omega_2 \leqslant 0.6, 0.7 \leqslant \omega_3 \leqslant 0.85, 0.8 \leqslant \omega_4 \leqslant 0.9, 0.9 \leqslant \omega_5 \leqslant 0.95, 0.4 \leqslant \omega_6 \leqslant 0.55, 0.7 \leqslant \omega_7 \leqslant 0.85$。

分别求解(L1)和(L2)，得到目标的最优解：$S_1^L = 1.190$ 和 $S_1^U = 1.492$。这就是方案 A_1 可能取得的记分值范围，可将其视为 Vague 值 $V(A_1)$，即

$$V(A_1) = [1.190, 1.492]$$

同理，可以得到其余方案的 Vague 值形式的记分值，即

$$V(A_2) = [1.574, 2.018], V(A_3) = [3.117, 4.298], V(A_4) = [2.180, 2.754]$$

(3)显然，根据计算方案的 Vague 值，由记分函数 S_{RA} 性质知，$S_{RA}(V(A_1)) < S_{RA}(V(A_2)) < S_{RA}(V(A_4)) < S_{RA}(V(A_3))$，则有 $A_3 > A_4 > A_2 > A_1$，即地图 A_3 综合质量最好。这个结果与优先确定属性权重的评价结果一致。

7.4.4 优先确定属性权重的群评价

在优先确定属性权重的评价中，假设有 $k(k \geqslant 2)$ 位评价者，如果评价权重 $\tilde{\lambda} =$

$[\tilde{\lambda}_1\ \tilde{\lambda}_2\ \cdots\ \tilde{\lambda}_k]^T$ 也是语言型的，那么也可以按照和确定属性权重一样的方法，将其转化为实数型的评价权重 $\boldsymbol{\lambda}=[\lambda_1\ \lambda_2\ \cdots\ \lambda_k]^T$。

例 7-24　现有 3 位评估专家对 4 幅地图方案 A_1、A_2、A_3、A_4 的 7 项指标进行评估，语言评价值已知，如表 7-66、表 7-67 和表 7-68 所示。同时根据 11 级语言评价指标，给出属性权重 $\tilde{\omega}$ ={稍高(SH)，中等(F)，很高(VH)，高(H)，高(H)，中等(F)，较高(FH)}。3 位评估者的权重向量为 $\tilde{\lambda}$ ={中等(F)，很高(VH)，较高(FH)}。试确定质量最佳地图方案。

表 7-66　语言评价 $\boldsymbol{R}_1$

地图	c_1	c_2	c_3	c_4	c_5	c_6	c_7
A_1	FG	VG	VG	SG	FG	G	VG
A_2	VG	G	SG	FG	VG	G	FG
A_3	G	FG	VG	SG	VG	VG	G
A_4	FG	G	M	SG	VG	SG	G

表 7-67　语言评价 $\boldsymbol{R}_2$

地图	c_1	c_2	c_3	c_4	c_5	c_6	c_7
A_1	VG	G	G	M	FG	VG	SG
A_2	FG	SG	M	M	VG	G	VG
A_3	M	SG	VG	G	VG	G	VG
A_4	SG	SG	SG	SG	FG	G	SG

表 7-68　语言评价 $\boldsymbol{R}_3$

地图	c_1	c_2	c_3	c_4	c_5	c_6	c_7
A_1	SG	G	G	SG	VG	G	SG
A_2	FG	SG	SG	FG	FG	M	VG
A_3	VG	G	FG	FG	VG	G	G
A_4	SG	SG	M	M	SG	G	SG

(1)确定属性权重与评价权重。由于问题的描述全是建立在语言指标的基础上，本身就含有较多的不确定因素，为了减小主观因素的影响，选定风险中立函数 S_C 来确定各项权重。

权重向量 $\tilde{\omega}$ 中各语言属性权重转换成 Vague 值后，在 S_C 下的记分值为(0.625,0.500,0.925,0.850,0.850,0.500,0.775)。根据式(7-20)，计算得到实数形式的属性权重 $\boldsymbol{\omega}=[0.124\ \ 0.100\ \ 0.184\ \ 0.169\ \ 0.169\ \ 0.100\ \ 0.154]^T$。

评价向量 $\tilde{\lambda}$ 中各语言属性权重转换为 Vague 值后，在 S_C 下的记分值为(0.500,0.925,0.775)。根据式(7-20)，计算得到实数形式的评价向量 $\boldsymbol{\lambda}=[0.227\ \ 0.421\ \ 0.352]^T$。

(2)采用上节提到的优先确定权重的评价方法，根据每个评估者给出的评价表，计算所有方案记分值的范围。

表 7-69、表 7-70 和表 7-71 是各评价中的语言属性值在转换成 Vague 值后，对应于记分函数 S_C 的记分值变化范围。同例 7-22 的计算过程，可以得到各方案在每个评价表中的记分值范围，如表 7-72 所示。

(3)根据决策权重，集结各方案记分值的可能范围。以 A_1 为例，有

$$S_{min}(A_1)=0.227\times 0.541+0.421\times 0.272+0.352\times 0.408=0.381$$

$$S_{max}(A_1)=0.227\times 0.743+0.421\times 0.553+0.352\times 0.635=0.625$$

即方案 A_1 记分值可视为 Vague 值 $V(A_1)=[0.381,0.625]$。

同理，可以计算出其余方案记分值的可能范围 $V(A_i)$。为了比较方案的优劣，计算 $V(A_i)$ 在记分函数 S_C 下的记分值，如表 7-72 所示。可知，$A_3>A_1>A_2>A_4$，由风险中立型函数性质知，A_3 地图方案是最优选择。

表 7-69 转换成 Vague 值后 $\boldsymbol{R}_1$ 在风险中立函数下的属性记分值区间

地图	c_1	c_2	c_3	c_4
A_1	[0.40,0.70]	[0.80,0.90]	[0.80,0.90]	[0.10,0.40]
A_2	[0.80,0.90]	[0.60,0.80]	[0.10,0.40]	[0.40,0.70]
A_3	[0.60,0.80]	[0.40,0.70]	[0.80,0.90]	[0.10,0.40]
A_4	[0.40,0.70]	[0.60,0.80]	[−0.20,0.20]	[0.10,0.40]
地图	c_5	c_6	c_7	
A_1	[0.40,0.70]	[0.60,0.80]	[0.80,0.90]	
A_2	[0.80,0.90]	[0.60,0.80]	[0.40,0.70]	
A_3	[0.80,0.90]	[0.80,0.90]	[0.60,0.80]	
A_4	[0.80,0.90]	[0.10,0.40]	[0.60,0.80]	

表 7-70 转换成 Vague 值后 $\boldsymbol{R}_2$ 在风险中立函数下的属性记分值区间

地图	c_1	c_2	c_3	c_4
A_1	[0.80,0.90]	[0.60,0.80]	[0.60,0.80]	[−0.20,0.20]
A_2	[0.40,0.70]	[0.10,0.40]	[−0.20,0.20]	[−0.20,0.20]
A_3	[−0.20,0.20]	[0.10,0.40]	[0.80,0.90]	[0.60,0.80]
A_4	[0.10,0.40]	[0.10,0.40]	[0.10,0.40]	[0.10,0.40]
地图	c_5	c_6	c_7	
A_1	[0.40,0.70]	[0.80,0.90]	[0.10,0.40]	
A_2	[0.80,0.90]	[0.60,0.80]	[0.80,0.90]	
A_3	[0.80,0.90]	[0.60,0.80]	[0.80,0.90]	
A_4	[0.40,0.70]	[0.60,0.80]	[0.10,0.40]	

表 7-71　转换成 Vague 值后 $\boldsymbol{R}_3$ 在风险中立函数下的属性记分值区间

地图	c_1	c_2	c_3	c_4
A_1	[0.10,0.40]	[0.60,0.80]	[0.6,0.80]	[0.10,0.40]
A_2	[0.40,0.70]	[0.10,0.40]	[0.10,0.40]	[0.40,0.70]
A_3	[0.80,0.90]	[0.60,0.80]	[0.40,0.70]	[0.40,0.70]
A_4	[0.10,0.40]	[0.10,0.40]	[−0.20,0.20]	[−0.20,0.20]
地图	c_5	c_6	c_7	
A_1	[0.80,0.90]	[0.60,0.80]	[0.10,0.40]	
A_2	[0.4,0.70]	[−0.20,0.20]	[0.80,0.90]	
A_3	[0.80,0.90]	[0.60,0.80]	[0.60,0.80]	
A_4	[0.10,0.40]	[0.60,0.80]	[0.10,0.40]	

表 7-72　地图方案在各评价表中的记分区间及最终 S_C 记分值

评价表	评价权重	A_1	A_2	A_3	A_4
$\boldsymbol{R}_1$	0.227	[0.545,0.745]	[0.502,0.723]	[0.586,0.768]	[0.327,0.587]
$\boldsymbol{R}_2$	0.421	[0.399,0.643]	[0.307,0.568]	[0.552,0.736]	[0.201,0.491]
$\boldsymbol{R}_3$	0.352	[0.410,0.638]	[0.316,0.597]	[0.588,0.794]	[0.044,0.369]
方案最终记分值 $V(A_i)$		[0.455,0.678]	[0.380,0.635]	[0.579,0.770]	[0.210,0.497]
$S_C(V(A_i))$		0.133	0.014	0.349	−0.293

7.4.5　优先确定属性记分值的群评价

假设有 $k(k \geqslant 2)$ 位评价者，如果评价权重 $\tilde{\boldsymbol{\lambda}} = [\tilde{\lambda}_1 \ \tilde{\lambda}_2 \ \cdots \ \tilde{\lambda}_k]$ 是语言型的，首先利用式(7-20)，计算评价权重值。然后采用上节提到的优先确定属性记分值的评价方法，根据每个评估者给出的评价值，计算所有地图方案记分值的范围。结合计算出的评价权重，合理集结出每个地图方案最终记分值的 Vague 范围。最后根据所选择的风险偏好记分函数 S，计算最终记分值。

例 7-25　对例 7-24 提出的问题，现采用优先确定属性记分值的方法进行评估。

(1)假设选择风险中立型记分函数 S_C，利用表 7-62 将属性权重 $\tilde{\omega}_j$ 转化为 Vague 值 v_j，该 Vague 值各属性 c_j 的权重的变化范围为

$\omega_1 \in [0.55,0.7],\omega_2 \in [0.4,0.6],\omega_3 \in [0.9,0.95],\omega_4 \in [0.8,0.9]$

$\omega_5 \in [0.8,0.9],\omega_6 \in [0.4,0.6],\omega_7 \in [0.7,0.85]$

(2)评价向量 $\tilde{\boldsymbol{\lambda}}$ 中各语言属性权重转换为 Vague 值后，在 S_C 下的记分值为 (0.500,0.925,0.775)。根据式(7-20)，计算得到实数形式的评价向量 $\boldsymbol{\lambda} = [0.227 \ \ 0.421 \ \ 0.352]^{\mathrm{T}}$。

(3)将各个评估者对各地图方案的语言属性值转化为 Vague 值，并计算其记分值，如表 7-73、表 7-74 和表 7-75 所示。

(4)对于每个评估者的每个地图方案 $A_i^{(t)}$ $(i=1,2,\cdots,m)$，根据属性权重 $v_j^{(t)}$ 的变化范围构造线性规划，计算地图方案记分值的 $A_i^{(t)}$ 的最大值和最小值，具体公式不再赘述。

(5)利用评价权重值对地图方案记分值进行集结，得到各个地图方案的最终记分值，如表 7-76 所示。

表 7-73 语言评价 $\boldsymbol{R}_1$ 记分值

地图	c_1	c_2	c_3	c_4	c_5	c_6	c_7
A_1	0.55	0.85	0.85	0.25	0.55	0.70	0.85
A_2	0.85	0.70	0.25	0.55	0.85	0.70	0.55
A_3	0.70	0.55	0.85	0.25	0.85	0.85	0.70
A_4	0.55	0.70	0	0.25	0.85	0.25	0.70

表 7-74 语言评价 $\boldsymbol{R}_2$ 记分值

地图	c_1	c_2	c_3	c_4	c_5	c_6	c_7
A_1	0.85	0.70	0.70	0	0.55	0.85	0.25
A_2	0.55	0.25	0	0	0.85	0.70	0.85
A_3	0	0.25	0.85	0.70	0.85	0.70	0.85
A_4	0.25	0.25	0.25	0.25	0.55	0.70	0.25

表 7-75 语言评价 $\boldsymbol{R}_3$ 记分值

地图	c_1	c_2	c_3	c_4	c_5	c_6	c_7
A_1	0.25	0.70	0.70	0.25	0.85	0.70	0.25
A_2	0.55	0.25	0.25	0.55	0.55	0	0.70
A_3	0.85	0.70	0.55	0.55	0.85	0.70	0.85
A_4	0.25	0.25	0	0	0.25	0.70	0.85

表 7-76 地图方案在各评价表中的记分区间及最终 S_C 记分值

评价表	评价权重	A_1	A_2	A_3	A_4
$\boldsymbol{R}_1$	0.227	[2.923,3.565]	[2.758,3.400]	[3.080,3.723]	[2.053,2.540]
$\boldsymbol{R}_2$	0.421	[2.333,2.898]	[1.958,2.443]	[2,980,3.495]	[1.558,1.915]
$\boldsymbol{R}_3$	0.352	[2.383,2.883]	[2.103,2.485]	[3.133,3.813]	[0.893,1.183]
方案最终记分值 $V(A_i)$		[2.561,3.129]	[2.300,2.797]	[3.076,3.703]	[1.581,1.969]
$S_C(V(A_i))$		4.690	4.098	5.778	2.550

可知，$A_3 > A_1 > A_2 > A_4$，由风险中立型函数性质知，A_3 地图方案是最优选择，与例 7-24 评价结果一致。

第8章　直觉语言数的空间数据质量评价

本章主要研究直觉语言数、直觉不确定语言数、区间直觉语言数和区间直觉不确定语言数用于空间数据质量评价的原理和方法。

8.1　概　述

在语言多准则评价中，评价者需要利用语言标度对评价对象进行定性评估。然而，在用语言短语表示评价信息时，其中暗含了一个这样的假设，即若元素隶属于该语言短语的程度等于1，则没有反映出评价者对其给出的语言评价的信心程度和犹豫程度。因此，王坚强等[215]在直觉模糊集的基础上，将语言标度进行拓展，定义了直觉语言数的概念。直觉语言数用一个语言短语以及元素对该语言短语的隶属度和非隶属度表示，能反映出评价者对其评价结果的信心水平和犹豫程度。因此，直觉语言数在刻画评价信息时比语言标度和直觉模糊数更细致、更实用。王坚强等[215]进一步定义了直觉语言数的运算法则，给出了两种直觉语言数集结算子，即直觉语言加权算术平均(ILWAA)算子和直觉语言加权几何平均(ILWGA)算子，并提出了一种基于该两种算子的多准则评价方法。由于该两种算子仅根据直觉语言数本身的重要性进行加权集结，应用范围有限。因此，本章将首先定义两种新的直觉语言数集结算子，包括直觉语言有序加权平均(ILOWA)算子和直觉语言有序加权几何(ILOGA)算子。它们的共同特点是：首先将直觉语言数按照从大到小的顺序重新进行排序，然后按照它们所处的位置进行加权，最后将这些直觉语言数进行集结。但这里的权重是位置权重，只与直觉语言数所处的位置有关，而与直觉语言数本身无关。进一步，在ILWAA算子和ILOWA算子中，权重代表了不同的方面，但这两个算子均只考虑了其中的一个方面，在ILWGA算子和ILOGA算子中同样如此。因此，本章将提出另外两种新的直觉语言数集结算子，即直觉语言混合平均(ILHA)算子和直觉语言混合几何(ILHG)算子。它们的共同特点是：首先对直觉语言数本身进行加权，然后按照从大到小的顺序对这些加权数据进行排序，最后按照这些加权数据所处的位置进行加权集结。ILHA算子同时推广了ILWAA算子和ILOWA算子，而ILHG算子同时推广了ILWGA算子和ILOWG算子，不仅反映了直觉语言数本身的重要性程度，也反映了这些数据所处位置的重要性程度。新提出的几种算子均可用于单人评价情形和群评价情形。

8.2 直觉语言数及相关概念

8.2.1 直觉语言数定义

由于用语言标度表示决策信息时没有反映出评价者对其给出的语言评价的信心程度，为克服此缺陷，王坚强等[215]在直觉模糊集的基础上将上述语言标度进行拓展，定义了直觉语言数集及其相关概念。

定义 8-1 设 X 为一个论域，$s_{\theta(x)} \in \bar{S}_1$，则 X 上的一个直觉语言数集 A 定义为

$$A = \{(x, < s_{\theta(x)}, \mu_A(x), v_A(x) >) \mid x \in X\} \tag{8-1}$$

式中，$s_\theta: X \to \bar{S}, x \mapsto s_{\theta(x)}; \mu_A: X \to [0,1], x \mapsto \mu_A(x); v_A: X \to [0,1], x \mapsto v_A(x)$。函数 $\mu_A(x)$ 和 $v_A(x)$ 分别表示 X 中元素 x 属于语言评价值 $s_{\theta(x)}$ 的隶属度和非隶属度，且对所有元素 $x \in X$ 均满足条件 $0 \leqslant \mu_A(x) + v_A(x) \leqslant 1$。

设 $\pi_A(x) = 1 - \mu_A(x) - v_A(x), x \in X$，则称 $\pi_A(x)$ 为 X 中元素 x 属于语言评价值 $s_{\theta(x)}$ 的犹豫度或不确定度。

当 $\mu_A(x) = 1, v_A(x) = 0$ 时，直觉语言数集退化为语言短语集。为了方便，将直觉语言数记为 $\beta = < s_{\theta(\beta)}, \mu(\beta), v(\beta) >$，其中，$s_{\theta(\beta)} \in \bar{S}, \mu(\beta) \in [0,1], v(\beta) \in [0,1], \mu(\beta) + v(\beta) \leqslant 1$。显然，直觉语言数同时推广了语言标度和直觉模糊数，在表达决策信息时比语言标度和直觉模糊数更细致、更实用。

8.2.2 直觉语言数的运算法则

定义 8-2 设 $\beta_1 = < s_{\theta(\beta_1)}, \mu(\beta_1), v(\beta_1) >$ 和 $\beta_2 = < s_{\theta(\beta_2)}, \mu(\beta_2), v(\beta_2) >$ 为两个直觉语言数，则

$$\beta_1 \oplus \beta_2 = < s_{\theta(\beta_1)+\theta(\beta_2)}, \frac{\theta(\beta_1)\mu(\beta_1) + \theta(\beta_2)\mu(\beta_2)}{\theta(\beta_1) + \theta(\beta_2)}, \frac{\theta(\beta_1)v(\beta_1) + \theta(\beta_2)v(\beta_2)}{\theta(\beta_1) + \theta(\beta_2)} >$$

$$\lambda\beta_1 = < s_{\lambda\theta(\beta_1)}, \mu(\beta_1), v(\beta_1) >, \lambda \in [0,1]$$

8.2.3 直觉语言数的比较

设 $\beta = < s_{\theta(\beta)}, \mu(\beta), v(\beta) >$ 为一个直觉语言数，由直觉语言数的定义可知，评价者对语言评价值 $s_{\theta(\beta)}$ 完全有把握的程度为 $\mu(\beta)$，完全没有把握的程度为 $v(\beta)$，犹豫的程度为 $1 - \mu(\beta) - v(\beta)$，即评价者对语言评价值 $s_{\theta(\beta)}$ 的信心程度为区间数 $[\mu(\beta), 1 - v(\beta)]$，故实际的准则值在 $s_{\theta(\beta)\mu(\beta)}$ 和 $s_{\theta(\beta)(1-v(\beta))}$ 之间波动，即属于区间语言数 $[s_{\theta(\beta)\mu(\beta)}, s_{\theta(\beta)(1-v(\beta))}]$。根据这一分析，为了对直觉语言数进行比较，王坚强等[215]定义了直觉语言数的极大期望值、极小期望值和折中期望值，然后利用折中

期望值定义了直觉语言数的记分函数和精确函数，最后根据记分函数和精确函数进行比较。

定义 8-3　设 $\beta = < s_{\theta(\beta)}, \mu(\beta), v(\beta) >$ 为任意的直觉语言数，则其折中期望值为

$$E(\beta) = \theta(\beta) \times (\mu(\beta) + 1 - v(\beta))/2 \tag{8-2}$$

定义 8-4　设 $\beta = < s_{\theta(\beta)}, \mu(\beta), v(\beta) >$ 为任意直觉语言数，则称

$$S(\beta) = E(\beta)(\mu(\beta) - v(\beta)) \tag{8-3}$$

是 β 的记分函数。

定义 8-5　设 $\beta = < s_{\theta(\beta)}, \mu(\beta), v(\beta) >$ 为任意直觉语言数，则称

$$H(\beta) = E(\beta)(\mu(\beta) + v(\beta)) \tag{8-4}$$

为 β 的精确函数。

记分函数和精确函数之间的关系类似于统计中均值和均方差的关系[216]。因此，根据均值方差准则，基于记分函数 $S(\beta)$ 和精确函数 $H(\beta)$ 本章给出一种直觉语言数的比较与排序方法。

定义 8-6　设 $\beta_1 = < s_{\theta(\beta_1)}, \mu(\beta_1), v(\beta_1) >$ 和 $\beta_2 = < s_{\theta(\beta_2)}, \mu(\beta_2), v(\beta_2) >$ 为两个直觉语言数，则：

(1)如果 $S(\beta_1) < S(\beta_2)$，则 β_1 小于 β_2，记作 $\beta_1 < \beta_2$。

(2)如果 $S(\beta_1) = S(\beta_2)$，则有：① 如果 $H(\beta_1) = H(\beta_2)$，则 β_1 等于 β_2，记作 $\beta_1 = \beta_2$；② 如果 $H(\beta_1) < H(\beta_2)$，则 β_1 大于 β_2，记作 $\beta_1 > \beta_2$；③ 如果 $H(\beta_1) > H(\beta_2)$，则 β_1 小于 β_2，记作 $\beta_1 < \beta_2$。

8.3　直觉语言数集结算子

本节分别从算术集结和几何集结的角度提出直觉语言信息集结算子，以适应不同的决策环境。

8.3.1　直觉语言数算术集结算子

在定义 8-2 的基础上，王坚强等[215]将加权算术平均(WAA)算子拓展至直觉语言环境下，定义了一种直觉语言数算术集结算子，即直觉语言加权算术平均(ILWAA)算子。

定义 8-7　设 $\beta_j = < s_{\theta(\beta_j)}, \mu(\beta_j), v(\beta_j) > (j = 1, 2, \cdots, n)$ 为一组直觉语言数，令 ILWAA：$\Omega^n \to \Omega$，使得

$$ILWAA_w(\beta_1,\beta_2,\cdots,\beta_n)=w_1\beta_1\oplus w_2\beta_2\oplus\cdots\oplus w_n\beta_n=\bigoplus_{i=1}^{n}w_i\beta_i$$

$$=\left\langle s_{\sum_{j=1}^{n}w_j\theta(\beta_j)},\frac{\sum_{j=1}^{n}w_j\theta(\beta_j)\mu(\beta_j)}{\sum_{j=1}^{n}w_j\theta(\beta_j)},\frac{\sum_{j=1}^{n}w_j\theta(\beta_j)v(\beta_j)}{\sum_{j=1}^{n}w_j\theta(\beta_j)}\right\rangle \tag{8-5}$$

考虑到ILWAA算子仅根据直觉语言数本身的重要性进行加权集结,应用范围有限,下面提出一种新的直觉语言数算术集结算子,即直觉语言有序加权平均(ILOWA)算子。

定义 8-8 设 $\beta_j=\langle s_{\theta(\beta_j)},\mu(\beta_j),v(\beta_j)\rangle\ (j=1,2,\cdots,n)$ 为一组直觉语言数。令 $ILOWA:\Omega^n\rightarrow\Omega$,使得

$$ILOWA_\omega(\beta_1,\beta_2,\cdots,\beta_n)=\omega_1\beta_{\tau(1)}\oplus\omega_2\beta_{\tau(2)}\oplus\cdots\oplus\omega_n\beta_{\tau(n)}$$

$$=\left\langle s_{\sum_{j=1}^{n}\omega_j\theta(\beta_{\tau(j)})},\frac{\sum_{j=1}^{n}\omega_j\theta(\beta_{\tau(j)})\mu(\beta_{\tau(j)})}{\sum_{j=1}^{n}\omega_j\theta(\beta_{\tau(j)})},\frac{\sum_{j=1}^{n}\omega_j\theta(\beta_{\tau(j)})v(\beta_{\tau(j)})}{\sum_{j=1}^{n}\omega_j\theta(\beta_{\tau(j)})}\right\rangle \tag{8-6}$$

式中,$\boldsymbol{\omega}=[\omega_1\ \ \omega_2\ \ \cdots\ \ \omega_n]^{\mathrm{T}}$ 是与ILOWA算子相关联的位置加权向量,满足 $\omega_j\in[0,1]\ (j=1,2,\cdots,n)$ 和 $\sum_{j=1}^{n}\omega_j=1$;$\tau(1)$、$\tau(2)$、…、$\tau(n)$ 是1、2、…、n 的一个置换,使得对任意 j 满足 $\beta_{\tau(j-1)}\geqslant\beta_{\tau(j)}$。

ILOWA 算子的根本特点是:先对直觉语言数 β_1、β_2、…、β_n 按从大到小的顺序进行排序,再利用位置加权向量 $\boldsymbol{\omega}$ 对排序后的数据进行加权集结,其中元素 β_r 与 ω_r 无关,ω_r 只与集结过程中的第 r 个位置有关。有关加权向量 $\boldsymbol{\omega}$ 可以利用类似于求OWA 算子加权向量的方法确定,如可以利用基于正态分布的赋权方法求取[58]。

例 8-1 设 $\beta_1=\langle s_2,0.7,0.1\rangle$、$\beta_2=\langle s_6,0.8,0.1\rangle$、$\beta_3=\langle s_4,0.9,0.1\rangle$、$\beta_4=\langle s_5,0.7,0.2\rangle$ 和 $\beta_5=\langle s_3,0.6,0.3\rangle$ 均为直觉语言数,$\boldsymbol{\omega}=[0.1117\ \ 0.2365\ \ 0.3036\ \ 0.236\ \ 0.1117]^{\mathrm{T}}$ 是与ILOWA相关的位置加权向量,则

$$s_{\theta(\beta_1)}=s_2,\mu(\beta_1)=0.7,v(\beta_1)=0.1,\theta(\beta_1)=2$$

$$s_{\theta(\beta_2)}=s_6,\mu(\beta_2)=0.8,v(\beta_2)=0.1,\theta(\beta_2)=6$$

$$s_{\theta(\beta_3)}=s_4,\mu(\beta_3)=0.9,v(\beta_3)=0.1,\theta(\beta_3)=4$$

$$s_{\theta(\beta_4)}=s_5,\mu(\beta_4)=0.7,v(\beta_4)=0.2,\theta(\beta_4)=5$$

$$s_{\theta(\beta_5)}=s_3,\mu(\beta_5)=0.6,v(\beta_5)=0.3,\theta(\beta_5)=3$$

利用式(8-6)计算得到 $\beta_j\ (j=1,2,\cdots,5)$ 的记分值为

$$S(\beta_1)=1.2, S(\beta_2)=4.2, S(\beta_3)=3.2, S(\beta_4)=2.5, S(\beta_5)=0.9$$

因为

$$S(\beta_2)>S(\beta_3)>S(\beta_4)>S(\beta_1)>S(\beta_5)$$

所以

$$\beta_{\tau(1)}=<s_6, 0.8, 0.1>, \beta_{\tau(2)}=<s_4, 0.9, 0.1>, \beta_{\tau(3)}=<s_5, 0.7, 0.2>$$

$$\beta_{\tau(4)}=<s_2, 0.7, 0.1>, \beta_{\tau(5)}=<s_3, 0.6, 0.3>$$

于是，根据式(8-6)可得

$$\begin{aligned} ILOWA_\omega(\beta_1,\beta_2,\beta_3,\beta_4,\beta_5) &= 0.1117<s_6,0.8,0.1>\oplus 0.2365<s_4,0.9,\\ &\quad 0.1>\oplus 0.3036<s_5,0.7,0.2>\oplus 0.2365\\ &\quad <s_2,0.7,0.1>\oplus 0.1117<s_3,0.6,0.3>\\ &=<s_{3.9423},0.6485,0.1555> \end{aligned}$$

定义 8-9　设 $\beta_j=<s_{\theta(\beta_j)}, \mu(\beta_j), v(\beta_j)>$ $(j=1,2,\cdots,n)$ 为一组直觉语言数，直觉语言混合加权(ILHA)算子是一个映射，$ILHA:\Omega^n\rightarrow\Omega$，使得

$$ILHA_{w,\omega}(\beta_1,\beta_2,\cdots,\beta_n)=\omega_1\beta'_{\tau(1)}\oplus\omega_2\beta'_{\tau(2)}\oplus\cdots\oplus\omega_n\beta'_{\tau(n)}$$

$$=<s_{\sum_{j=1}^{n}\omega_j\theta(\beta'_{\tau(j)})}, \frac{\sum_{j=1}^{n}\omega_j\theta(\beta'_{\tau(j)})\mu(\beta'_{\tau(j)})}{\sum_{j=1}^{n}\omega_j\theta(\beta'_{\tau(j)})}, \frac{\sum_{j=1}^{n}\omega_j\theta(\beta'_{\tau(j)})v(\beta'_{\tau(j)})}{\sum_{j=1}^{n}\omega_j\theta(\beta'_{\tau(j)})}> \quad (8\text{-}7)$$

式中，$\boldsymbol{\omega}=[\omega_1\ \ \omega_2\ \ \cdots\ \ \omega_n]^{\mathrm{T}}$ 是与 ILHA 算子相关的位置权重向量，满足 $\omega_j\in[0,1]$ $(j=1,2,\cdots,n)$ 和 $\sum_{j=1}^{n}\omega_j=1$；$\beta'_{\tau(j)}$ 是加权的直觉语言数组 $(nw_1\beta_1, nw_2\beta_2, \cdots, nw_n\beta_n)$ 中第 j 个大的元素；$\boldsymbol{w}=[w_1\ \ w_2\ \ \cdots\ \ w_n]^{\mathrm{T}}$ 是 β_j $(j=1,2,\cdots,n)$ 的加权向量，满足 $w_j\in[0,1]$，$\sum_{j=1}^{n}w_j=1$，n 是平衡系数。

例 8-2　设 $\beta_1=<s_4,0.8,0.1>$、$\beta_2=<s_6,0.7,0.2>$、$\beta_3=<s_5,0.9,0.1>$、$\beta_4=<s_3,0.7,0.1>$ 和 $\beta_5=<s_3,0.8,0.2>$ 均为直觉语言数，$\boldsymbol{w}=[0.22\ \ 0.26\ \ 0.15\ \ 0.17\ \ 0.20]^{\mathrm{T}}$ 是 β_j $(j=1,2,\cdots,5)$ 的加权向量，计算 $ILHA_{w,\omega}(\beta_1,\beta_2,\cdots,\beta_5)$。

首先，根据直觉语言数运算法则，求得加权的直觉语言数为

$$\beta'_1=<s_{4.40},0.8,0.1>, \beta'_2=<s_{7.80},0.7,0.2>, \beta'_3=<s_{3.75},0.9,0.1>$$

$$\beta'_4=<s_{2.55},0.7,0.1>, \beta'_5=<s_{3.00},0.8,0.2>$$

又由式(8-6)求得 β'_j $(j=1,2,\cdots,5)$ 的记分值为

$$S(\beta'_1)=3.08, S(\beta'_2)=3.90, S(\beta'_3)=3.00, S(\beta'_4)=1.53, S(\beta'_5)=1.80$$

因为

$$S(\beta'_2)>S(\beta'_1)>S(\beta'_3)>S(\beta'_5)>S(\beta'_4)$$

所以

$\beta'_{\tau(1)} = < s_{7.80}, 0.7, 0.2 >, \beta'_{\tau(2)} = < s_{4.40}, 0.8, 0.1 >, \beta'_{\tau(3)} = < s_{3.75}, 0.9, 0.1 >$

$\beta'_{\tau(4)} = < s_{3.00}, 0.8, 0.2 >, \beta'_{\tau(5)} = < s_{2.55}, 0.7, 0.1 >$

假设利用基于正态分布的赋权法得到与ILHA算子相关的位置权重向量为 $\boldsymbol{\omega} = [0.1117\ \ 0.2365\ \ 0.3036\ \ 0.2365\ \ 0.1117]^{\mathrm{T}}$，则根据式(8-7)可得

$$ILHA_{w,\omega}(\beta_1, \beta_2, \beta_3, \beta_4, \beta_5) = < s_{4.0447}, 0.7996, 0.1391 >$$

显然，ILHA算子同时推广了ILWAA算子和ILOWA算子，既考虑了直觉语言数本身的重要程度，又考虑了直觉语言数重新排序后所在位置的重要程度。

8.3.2 直觉语言数几何集结算子

当决策者利用积性语言标度进行决策时，需要用几何类算子集结决策信息。本节提出几种直觉语言数几何集结算子，即直觉语言加权几何平均算子、直觉语言有序加权几何算子和直觉语言混合几何算子。

1. 直觉语言数的积性运算法则

定义 8-10 设 $\beta_1 = < s_{\theta(\beta_1)}, \mu(\beta_1), v(\beta_1) >$ 和 $\beta_2 = < s_{\theta(\beta_2)}, \mu(\beta_2), v(\beta_2) >$ 为两个直觉语言数，则

$$\beta_1 \otimes \beta_2 = < s_{\theta(\beta_1)\theta(\beta_2)}, \mu(\beta_1)\mu(\beta_2), v(\beta_1) + v(\beta_2) - v(\beta_1)v(\beta_2) >$$

$$(\beta_1)^{\lambda} = < s_{(\theta(\beta_1))^{\lambda}}, (\mu(\beta_1))^{\lambda}, 1 - (1 - v(\beta_1))^{\lambda} >, \lambda \in [0,1]$$

2. 直觉语言加权几何平均算子

定义 8-11 设 $\beta_j = < s_{\theta(\beta_j)}, \mu(\beta_j), v(\beta_j) > (j = 1, 2, \cdots, n)$ 为一组直觉语言数，令 $ILWGA: \Omega^n \to \Omega$，且

$$ILWGA_w(\beta_1, \beta_2, \cdots, \beta_n) = \beta_1^{w_1} \otimes \beta_2^{w_2} \otimes \cdots \otimes \beta_n^{w_n} = \bigotimes_{i=1}^{n} \beta_i^{w_i}$$

$$= < s_{\prod\limits_{j=1}^{n}(\theta(\beta_j))^{w_j}}, \prod_{j=1}^{n}(\mu(\beta_j))^{w_j}, 1 - \prod_{j=1}^{n}(1 - v(\beta_j))^{w_j} >$$

则称其为直觉语言加权几何平均(ILWGA)算子，其中 $\boldsymbol{w} = [w_1\ \ w_2\ \ \cdots\ \ w_n]^{\mathrm{T}}$ 为 $\beta_j (j = 1, 2, \cdots, n)$ 的加权向量，满足 $w_j \in [0,1]$ 和 $\sum\limits_{j=1}^{n} w_j = 1$。

3. 直觉语言有序加权几何算子

定义 8-12 设 $\beta_j = < s_{\theta(\beta_j)}, \mu(\beta_j), v(\beta_j) > (j = 1, 2, \cdots, n)$ 为一组直觉语言数，令 $ILOWG: \Omega^n \to \Omega$，且

$$ILOWG_{\omega}(\beta_1, \beta_2, \cdots, \beta_n) = \beta_{\tau(1)}^{\omega_1} \otimes \beta_{\tau(2)}^{\omega_2} \otimes \cdots \otimes \beta_{\tau(n)}^{\omega_n} = \bigotimes_{i=1}^{n} \beta_{\tau(i)}^{\omega_i}$$

$$= < s_{\prod\limits_{j=1}^{n}(\theta(\beta_{\tau(j)}))^{\omega_j}}, \prod_{j=1}^{n}(\mu(\beta_{\tau(j)}))^{\omega_j}, 1 - \prod_{j=1}^{n}(1 - v(\beta_{\tau(j)}))^{\omega_j} >$$

则称其为直觉语言有序加权几何(ILOWG)算子，其中 $\boldsymbol{\omega}=[\omega_1\ \ \omega_2\ \ \cdots\ \ \omega_n]^{\mathrm{T}}$ 是与 ILOWG 相关联的位置加权向量，满足 $\omega_j\in[0,1]$ 和 $\sum_{j=1}^{n}\omega_j=1$；$\tau(1)$、$\tau(2)$、…、$\tau(n)$ 是 1、2、…、n 的一个置换，使得 j 满足 $\beta_{\tau(j-1)}\geqslant\beta_{\tau(j)}$。

ILOWG 算子的根本特点是：对直觉语言数 β_1、β_2、…、β_n，按从大到小的顺序重新排序后加权集结，且元素 β_r 与 ω_r 无关，ω_r 只与集结过程中的第 r 个位置有关。有关加权向量 $\boldsymbol{\omega}$ 可以利用类似于求 OWA 算子加权向量的方法确定，如可以利用基于正态分布的赋权方法求取[58]。

4. 直觉语言混合几何算子

定义 8-13　设 $\beta_j=<s_{\theta(\beta_j)},\mu(\beta_j),v(\beta_j)>(j=1,2,\cdots,n)$ 为一组直觉语言数，令 $ILHG:\Omega^n\to\Omega$，且

$$ILHG_{w,\omega}(\beta_1,\beta_2,\cdots,\beta_n)=\beta'^{\omega_1}_{\tau(1)}\otimes\beta'^{\omega_2}_{\tau(2)}\otimes\cdots\otimes\beta'^{\omega_n}_{\tau(n)}=\bigotimes_{i=1}^{n}\beta'^{\omega_i}_{\tau(i)}$$

$$=<s_{\prod_{j=1}^{n}(\theta(\beta'_{\tau(j)}))^{\omega_j}},\prod_{j=1}^{n}(\mu(\beta'_{\tau(j)}))^{\omega_j},1-\prod_{j=1}^{n}(1-v(\beta'_{\tau(j)}))^{\omega_j}>$$

则称其为直觉语言混合几何(ILHG)算子，其中 $\boldsymbol{\omega}=[\omega_1\ \ \omega_2\ \ \cdots\ \ \omega_n]^{\mathrm{T}}$ 是与 ILHG 相关联的位置加权向量，满足 $\omega_j\in[0,1]$ 和 $\sum_{j=1}^{n}\omega_j=1$；$\beta'_{\tau(j)}$ 是加权的直觉语言数组 $\beta'_j(\beta'_j=\beta_j^{nw_j};j=1,2,\cdots,n)$ 中第 j 个大的元素；$\boldsymbol{w}=[w_1\ \ w_2\ \ \cdots\ \ w_n]^{\mathrm{T}}$ 是 $\beta_j(j=1,2,\cdots,n)$ 的加权向量，满足 $w_j\in[0,1]$ 和 $\sum_{j=1}^{n}w_j=1$，n 是平衡系数；$\tau(1)$、$\tau(2)$、…、$\tau(n)$ 是 1、2、…、n 的一个置换，使得 j 满足 $\beta'_{\tau(j-1)}\geqslant\beta'_{\tau(j)}$。

显然，ILHG 算子同时推广了 ILWGA 算子和 ILOWG 算子，既考虑了直觉语言数本身的重要程度，又考虑了直觉语言数重新排序后所在的位置的重要程度。

8.4　直觉语言数的空间数据质量评价

8.4.1　单人评价

1. 方法与步骤

本章中算子均可用于单人决策情形。鉴于 ILHA 算子和 ILHG 算子的优点，提出一种基于 ILHA 算子(或 ILHG 算子)的直觉语言多准则决策方法。

对于某一直觉语言多准则决策问题，设 $X=\{X_1,X_2,\cdots,X_m\}$ 为方案集，$C=\{C_1,C_2,\cdots,C_n\}$ 为准则集，$\boldsymbol{w}=[w_1\ \ w_2\ \ \cdots\ \ w_n]^{\mathrm{T}}$ 为准则 C 的权重向量，满足 $w_j\in[0,1]$ 和 $\sum_{j=1}^{n}w_j=1$；假设决策者应用语言短语集 $\bar{S}_1$(或 $\bar{S}_2$)对各方案进行评

价，方案 X_i 在准则下的准则值用直觉语言数 $\beta_{ij}=<s_{\theta(\beta_{ij})},\mu(\beta_{ij}),v(\beta_{ij})>(i=1,2,\cdots,m;j=1,2,\cdots,n)$ 表示，决策矩阵为 $\boldsymbol{R}=(\beta_{ij})_{m\times n}$，其中 $s_{\theta(\beta_{ij})}\in\overline{S}_1$（或 $s_{\theta(\beta_{ij})}\in\overline{S}_2$）是方案 X_i 在准则 C_j 下的语言评价值，$\mu(\beta_{ij})$ 表示方案 X_i 在准则 C_j 下属于语言评价值 $s_{\theta(\beta_{ij})}$ 的程度，$v(\beta_{ij})$ 表示方案 X_i 在准则 C_j 下不属于语言评价值 $s_{\theta(\beta_{ij})}$ 的程度，满足 $0\leqslant\mu(\beta_{ij})+v(\beta_{ij})\leqslant 1$。

为确定方案的排序并择优，下面给出基于 ILHA 算子（或 ILHG 算子）的直觉语言多准则决策方法的步骤。

（1）对决策矩阵 $\boldsymbol{R}=(\beta_{ij})_{m\times n}$ 进行规范化处理，得到决策矩阵 $\bar{\boldsymbol{R}}=(\bar{\beta}_{ij})_{m\times n}$。一般，准则分为效益型和成本型两类。效益型准则的准则值越大越好，而成本型准则的准则值越小越好。在直觉语言多准则决策中，对于效益型准则，不需要进行处理；对于成本型准则，可采用式（8-8）和式（8-9）对其中的语言短语进行规范化。

$$s_{\theta(\bar{\beta}_{ij})}=neg(s_{\theta(\beta_{ij})})=s_{-\theta(\beta_{ij})},\ s_{\theta(\beta_{ij})}\in\overline{S}_1 \tag{8-8}$$

$$s_{\theta(\bar{\beta}_{ij})}=rec(s_{\theta(\beta_{ij})})=s_{1/\theta(\beta_{ij})},\ s_{\theta(\beta_{ij})}\in\overline{S}_2 \tag{8-9}$$

（2）利用 ILHA 算子，即

$$\bar{\beta}_i=ILHA_{w,\omega}(\bar{\beta}_1,\bar{\beta}_2,\cdots,\bar{\beta}_n) \tag{8-10}$$

或 ILHG 算子，得

$$\bar{\beta}_i=ILHG_{w,\omega}(\bar{\beta}_1,\bar{\beta}_2,\cdots,\bar{\beta}_n) \tag{8-11}$$

对决策矩阵 $\bar{\boldsymbol{R}}=(\bar{\beta}_{ij})_{m\times n}$ 中第 i 行的直觉语言准则值进行加权集结，得到方案 X_i 的综合评价值 $\bar{\beta}_i(i=1,2,\cdots,m)$，其中 $\boldsymbol{\omega}=[\omega_1\ \ \omega_2\ \ \cdots\ \ \omega_n]^{\mathrm{T}}$ 是与 ILHA 算子（或 ILHG 算子）相关联的位置加权向量，满足 $\omega_j\in[0,1]$ 和 $\sum_{j=1}^{n}\omega_j=1$，可以利用基于正态分布的赋权方法确定，或其他类似于求 OWA 算子权重向量的方法确定。

（3）利用式（8-5）和式（8-6）分别计算 $\bar{\beta}_i$ 的记分值 $S(\bar{\beta}_i)$ 和精确度 $H(\bar{\beta}_i)$。

（4）根据定义 8-5，利用 $S(\bar{\beta}_i)$ 和 $H(\bar{\beta}_i)$，对所有方案 $X_i(i=1,2,\cdots,m)$ 进行排序，并确定最优方案。

2. 实例分析

现对 4 幅地图进行评价，主要考虑地图的 7 个方面指标，即位置精度（u_1）、属性精度（u_2）、逻辑一致性（u_3）、完整性（u_4）、现势性（u_5）、装饰质量（u_6）和附件质量（u_7），其属性权重为 $\boldsymbol{W}=[0.2\ \ 0.3\ \ 0.15\ \ 0.1\ \ 0.1\ \ 0.1\ \ 0.05]^{\mathrm{T}}$，专家采用粒度为 9 的语言术语集 $S=\{s_{-4}$：极差，s_{-3}：非常差，s_{-2}：差，s_{-1}：有点差，s_0：一般，s_1：有点好，s_2：好，s_3：非常好，s_4：极好$\}$，采用直觉语言数对地图质量进行语言评价，其评价结果如表 8-1 所示。

表 8-1 直觉语言数评价结果

地图	u_1	u_2	u_3	u_4
D_1	$<s_1,0.7,0.2>$	$<s_3,0.8,0.2>$	$<s_2,0.7,0.2>$	$<s_2,0.9,0.1>$
D_2	$<s_3,0.8,0.1>$	$<s_2,0.8,0.1>$	$<s_1,0.8,0.1>$	$<s_3,0.7,0.1>$
D_3	$<s_2,0.7,0.1>$	$<s_3,0.7,0.1>$	$<s_2,0.8,0.1>$	$<s_2,0.7,0.2>$
D_4	$<s_1,0.6,0.2>$	$<s_2,0.9,0.1>$	$<s_3,0.7,0.2>$	$<s_1,0.9,0.1>$
地图	u_5	u_6	u_7	
D_1	$<s_0,0.8,0.1>$	$<s_3,0.9,0.1>$	$<s_4,0.8,0.2>$	
D_2	$<s_1,0.6,0.3>$	$<s_3,0.8,0.2>$	$<s_4,0.6,0.3>$	
D_3	$<s_2,0.8,0.1>$	$<s_4,0.6,0.3>$	$<s_3,0.9,0.1>$	
D_4	$<s_0,0.7,0.1>$	$<s_3,0.8,0.1>$	$<s_4,0.6,0.3>$	

由于都是效益型准则，因此对评价矩阵不必进行规范化处理。为了简化计算，直接按式(8-6)进行计算，可得

$z_1 = <s_{2.1},0.8,0.18>, z_2 = <s_{2.25},0.76,0.14>, z_3 = <s_{2.55},0.72,0.14>$

$z_4 = <s_{1.85},0.77,0.16>$

计算各评价结果的记分函数为

$$S(z_1)=1.05, S(z_2)=1.13, S(z_3)=1.17, S(z_4)=0.91$$

因此，第三幅地图质量最佳。

8.4.2 群评价

1. 方法与步骤

由于现代社会更加注重民主性和科学性，遇到大的问题往往是多个评价者共同参与决策。下面提出一种基于 ILWAA 算子和 ILHA 算子(或 ILWGA 算子和 ILHG 算子)的直觉语言多准则群评价方法。

对于某一直觉语言多准则群评价问题，设 $X=\{X_1,X_2,\cdots,X_m\}$ 为方案集，$C=\{C_1,C_2,\cdots,C_n\}$ 为准则集，$\boldsymbol{w}=[w_1 \ \ w_2 \ \ \cdots \ \ w_n]^{\mathrm{T}}$ 为准则 C 的权重向量，满足 $w_j \in [0,1]$ 和 $\sum_{j=1}^{n} w_j = 1$；又设 $D=\{d_1,d_2,\cdots,d_t\}$ 为评价者集，$\boldsymbol{e}=[e_1 \ \ e_2 \ \ \cdots \ \ e_t]^{\mathrm{T}}$ 为评价者 D 的权重向量，满足 $e_k \in [0,1]$ 和 $\sum_{k=1}^{t} e_k = 1$。假设评价者 $d_k(k=1,2,\cdots,t)$ 应用语言短语集 $\bar{S}_1$(或 $\bar{S}_2$) 对各方案进行评价，方案 $X_i(i=1,2,\cdots,m)$ 在准则 $C_j(j=1,2,\cdots,n)$ 下的准则值用直觉语言数 $\beta_{ij}^k = <s_{\theta(\beta_{ij}^k)}, \mu(\beta_{ij}^k), v(\beta_{ij}^k)> (i=1,2,\cdots,m; j=1,2,\cdots,n; k=1,2,\cdots,t)$ 表示，评价矩阵为 $\boldsymbol{R}^k=(\beta_{ij}^k)_{m\times n}(k=1,2,\cdots,t)$，其中 $s_{\theta(\beta_{ij}^k)} \in \bar{S}_1$(或 $s_{\theta(\beta_{ij}^k)} \in \bar{S}_2$) 是评价者 d_k 给出的方案 X_i 在准则 C_j 下的语言评价值，$\mu(\beta_{ij}^k)$ 表示评价者给出的关于方案 X_i 在准则下属于语言评价值 $s_{\theta(\beta_{ij}^k)}$

的程度，$v(\beta_{ij}^k)$ 表示评价者给出的关于方案 X_i 在准则下不属于语言评价值 $s_{\theta(\beta_{ij}^k)}$ 的程度，满足 $0 \leqslant \mu(\beta_{ij}^k) + v(\beta_{ij}^k) \leqslant 1$。

为确定方案的排序并择优，下面给出一种基于 ILWAA 算子和 ILHA 算子(或 ILWGA 算子和 ILHG 算子)的直觉语言多准则群评价方法，具体步骤如下。

(1)对评价矩阵 $\boldsymbol{R}^k = (\beta_{ij}^k)_{m\times n}$ 进行规范化处理，得到评价矩阵 $\bar{\boldsymbol{R}}^k = (\bar{\beta}_{ij}^k)_{m\times n}$，对于效益型准则，不需要进行处理；对于成本型准则，可采用式(8-12)和式(8-13)进行规范化。

$$s_{\theta(\bar{\beta}_{ij}^k)} = neg(s_{\theta(\beta_{ij}^k)}) = s_{-\theta(\beta_{ij}^k)},\ s_{\theta(\beta_{ij}^k)} \in \bar{S}_1 \tag{8-12}$$

$$s_{\theta(\bar{\beta}_{ij}^k)} = rec(s_{\theta(\beta_{ij}^k)}) = s_{1/\theta(\beta_{ij}^k)},\ s_{\theta(\beta_{ij}^k)} \in \bar{S}_2 \tag{8-13}$$

(2)利用 ILWAA 算子，即

$$\bar{\beta}_i^k = ILWAA_w(\bar{\beta}_{i1}^k, \bar{\beta}_{i2}^k, \cdots, \bar{\beta}_{in}^k)$$

或 ILWGA 算子，得

$$\bar{\beta}_i^k = ILWGA_w(\bar{\beta}_{i1}^k, \bar{\beta}_{i2}^k, \cdots, \bar{\beta}_{in}^k)$$

对评价矩阵 $\bar{\boldsymbol{R}}^k = (\bar{\beta}_{ij}^k)_{m\times n}$ 中第 i 行的直觉语言准则值进行加权集结，得到评价者 d_k 给出的关于方案 X_i 的个体综合评价值 $\bar{\beta}_i^k (i=1,2,\cdots,m; k=1,2,\cdots,t)$。

(3)利用 ILHA 算子，即

$$\bar{\beta}_i = ILHA_{w,\omega}(\bar{\beta}_i^1, \bar{\beta}_i^2, \cdots, \bar{\beta}_i^t) = \omega_1 \bar{\beta}'^{(\tau(1))}_i \oplus \omega_2 \bar{\beta}'^{(\tau(2))}_i \oplus \cdots \oplus \omega_t \bar{\beta}'^{(\tau(t))}_i$$

或 ILHG 算子，得

$$\bar{\beta}_i = ILHG_{w,\omega}(\bar{\beta}_i^1, \bar{\beta}_i^2, \cdots, \bar{\beta}_i^t) = (\bar{\beta}'^{(\tau(1))}_i)^{\omega_1} \otimes (\bar{\beta}'^{(\tau(2))}_i)^{\omega_2} \otimes \cdots \otimes (\bar{\beta}'^{(\tau(t))}_i)^{\omega_t}$$

对个体综合评价值 $\bar{\beta}_i^1$、$\bar{\beta}_i^2$、…、$\bar{\beta}_i^t$ 进行加权集结，得到方案 X_i 的群体综合评价值 $\bar{\beta}_i (i=1,2,\cdots,m)$，其中 $\bar{\beta}'^{(\tau(k))}_i$ 是加权的直觉语言数组$(te_1\bar{\beta}_i^1, te_2\bar{\beta}_i^2, \cdots, te_t\bar{\beta}_i^t)$ 或$((\bar{\beta}_i^1)^{te_1}, (\bar{\beta}_i^2)^{te_2}, \cdots, (\bar{\beta}_i^t)^{te_t})$ 中第 k 个大的元素，$(\tau(1), \tau(2), \cdots, \tau(n))$ 是$(1,2,\cdots,n)$ 的一个置换，t 是平衡系数。$\boldsymbol{\omega} = [\omega_1\ \omega_2\ \cdots\ \omega_t]^{\mathrm{T}}$ 是与 ILHA 算子(或 ILHG 算子)相关联的位置加权向量，满足 $\omega_j \in [0,1]$ 和 $\sum_{j=1}^{n} \omega_j = 1$，可以利用基于正态分布的赋权方法确定，或其他类似于求 OWA 算子权重向量的方法确定。

(4)利用式(8-5)和式(8-6)分别计算 $\bar{\beta}_i$ 的记分值 $S(\bar{\beta}_i)$ 和精确度 $H(\bar{\beta}_i)$。

(5)根据定义 8-5，利用 $S(\bar{\beta}_i)$ 和 $H(\bar{\beta}_i)$，对所有方案 $X_i (i=1,2,\cdots,m)$ 进行排序，并确定最优方案。

2. 实例分析

有 3 位专家对 3 幅地图进行评价，主要考虑地图的 7 个方面指标，即位置精度(u_1)、属性精度(u_2)、逻辑一致性(u_3)、完整性(u_4)、现势性(u_5)、装饰质量(u_6)

和附件质量(u_7)，其属性权重为 $\boldsymbol{W}=[0.2\ 0.3\ 0.15\ 0.1\ 0.1\ 0.1\ 0.05]^{\mathrm{T}}$。由于多方面因素考虑，给 3 位专家的权重不一样，其专家权重为 $\boldsymbol{\omega}=[0.3\ 0.4\ 0.3]^{\mathrm{T}}$，专家采用粒度为 9 的语言标度 $S=\{s_{-4}$:极差，s_{-3}:非常差，s_{-2}:差，s_{-1}:有点差，s_0:一般，s_1:有点好，s_2:好，s_3:非常好，s_4:极好$\}$，用直觉语言数对地图质量进行语言评价。每位专家的语言评价结果如表 8-2 至表 8-4 所示。

表 8-2　专家一的直觉语言数评价结果

地图	u_1	u_2	u_3	u_4
D_1	$\langle s_1, 0.8, 0.1\rangle$	$\langle s_3, 0.7, 0.2\rangle$	$\langle s_3, 0.6, 0.3\rangle$	$\langle s_0, 0.7, 0.1\rangle$
D_2	$\langle s_3, 0.8, 0.2\rangle$	$\langle s_2, 0.8, 0.1\rangle$	$\langle s_0, 0.6, 0.3\rangle$	$\langle s_2, 0.7, 0.1\rangle$
D_3	$\langle s_2, 0.7, 0.1\rangle$	$\langle s_2, 0.8, 0.1\rangle$	$\langle s_3, 0.7, 0.1\rangle$	$\langle s_1, 0.7, 0.2\rangle$
地图	u_5	u_6	u_7	
D_1	$\langle s_1, 0.8, 0.1\rangle$	$\langle s_2, 0.7, 0.2\rangle$	$\langle s_3, 0.7, 0.1\rangle$	
D_2	$\langle s_3, 0.8, 0.1\rangle$	$\langle s_1, 0.7, 0.2\rangle$	$\langle s_{-1}, 0.6, 0.3\rangle$	
D_3	$\langle s_4, 0.9, 0.1\rangle$	$\langle s_3, 0.7, 0.2\rangle$	$\langle s_2, 0.6, 0.2\rangle$	

表 8-3　专家二的直觉语言数评价结果

地图	u_1	u_2	u_3	u_4
D_1	$\langle s_1, 0.9, 0.1\rangle$	$\langle s_2, 0.7, 0.2\rangle$	$\langle s_3, 0.8, 0.1\rangle$	$\langle s_0, 0.6, 0.3\rangle$
D_2	$\langle s_0, 0.8, 0.1\rangle$	$\langle s_1, 0.7, 0.1\rangle$	$\langle s_0, 0.9, 0.1\rangle$	$\langle s_1, 0.7, 0.2\rangle$
D_3	$\langle s_3, 0.7, 0.1\rangle$	$\langle s_1, 0.8, 0.2\rangle$	$\langle s_2, 0.9, 0.1\rangle$	$\langle s_2, 0.8, 0.1\rangle$
地图	u_5	u_6	u_7	
D_1	$\langle s_2, 0.7, 0.1\rangle$	$\langle s_2, 0.7, 0.2\rangle$	$\langle s_4, 0.9, 0.1\rangle$	
D_2	$\langle s_2, 0.6, 0.2\rangle$	$\langle s_2, 0.8, 0.1\rangle$	$\langle s_1, 0.7, 0.2\rangle$	
D_3	$\langle s_4, 0.9, 0.1\rangle$	$\langle s_1, 0.7, 0.1\rangle$	$\langle s_1, 0.8, 0.2\rangle$	

表 8-4　专家三的直觉语言数评价结果

地图	u_1	u_2	u_3	u_4
D_1	$\langle s_1, 0.7, 0.3\rangle$	$\langle s_2, 0.8, 0.1\rangle$	$\langle s_3, 0.9, 0.1\rangle$	$\langle s_0, 0.7, 0.3\rangle$
D_2	$\langle s_0, 0.7, 0.2\rangle$	$\langle s_1, 0.8, 0.1\rangle$	$\langle s_0, 0.8, 0.2\rangle$	$\langle s_1, 0.8, 0.2\rangle$
D_3	$\langle s_3, 0.9, 0.1\rangle$	$\langle s_1, 0.8, 0.2\rangle$	$\langle s_2, 0.7, 0.2\rangle$	$\langle s_2, 0.9, 0.1\rangle$
地图	u_5	u_6	u_7	
D_1	$\langle s_2, 0.9, 0.1\rangle$	$\langle s_2, 0.8, 0.1\rangle$	$\langle s_4, 0.9, 0.1\rangle$	
D_2	$\langle s_2, 0.9, 0.1\rangle$	$\langle s_2, 0.8, 0.1\rangle$	$\langle s_1, 0.9, 0.1\rangle$	
D_3	$\langle s_4, 0.7, 0.2\rangle$	$\langle s_4, 0.8, 0.1\rangle$	$\langle s_1, 0.7, 0.1\rangle$	

由于都是效益型准则，因此对评价矩阵不必进行规范化处理。为了简化计算，直接按式(8-6)进行计算，可得每位专家的评价结果为

$$z_1^1=\langle s_2, 0.693, 0.200\rangle, z_2^1=\langle s_{1.75}, 0.762, 0.134\rangle$$

$$z_3^1=\langle s_{2.35}, 0.755, 0.121\rangle$$

$$z_1^2 = < s_{1.85}, 0.768, 0.143 >, z_2^2 = < s_{0.85}, 0.700, 0.141 >$$

$$z_2^3 = < s_{1.95}, 0.800, 0.118 >$$

$$z_1^3 = < s_{1.85}, 0.835, 0.123 >, z_2^3 = < s_{0.85}, 0.829, 0.135 >$$

$$z_3^3 = < s_{2.25}, 0.802, 0.144 >$$

根据专家的权重,综合得到最终评价结果为

$$z_1 = < s_{1.895}, 0.764, 0.155 >, z_2 = < s_{1.12}, 0.759, 0.136 >$$

$$z_3 = < s_{2.16}, 0.786, 0.127 >$$

计算其记分函数,为

$$S(z_1) = s_{0.928}, S(z_2) = s_{0.566}, S(z_3) = s_{1.181}$$

因此,第三幅地图最优。

8.5 直觉不确定语言数的空间数据质量评价

8.5.1 直觉不确定语言数

定义 8-14 设 X 为一个非空集合,不确定语言变量 $\bar{s} = [s_{\alpha(x)}, s_{\beta(x)}] \in \bar{S}$,则称

$$A = \{(x, < [s_{\alpha(x)}, s_{\beta(x)}], \mu_A(x), v_A(x) >) \mid x \in X\}$$

为直觉不确定语言数集,其中,$\mu_A(x): X \to [0,1]$ 和 $v_A(x): X \to [0,1]$ 分别表示 x 对于不确定语言变量 $[s_{\alpha(x)}, s_{\beta(x)}]$ 的隶属度和非隶属度,且满足 $0 \leqslant \mu_A(x) + v_A(x) \leqslant 1$。同时,$\pi_A(x) = 1 - \mu_A(x) - v_A(x)$ 表示 x 对于不确定语言变量 $[s_{\alpha(x)}, s_{\beta(x)}]$ 的犹豫度或不确定度。$< [s_{\alpha(x)}, s_{\beta(x)}], \mu_A(x), v_A(x) >$ 为直觉不确定语言数或直觉不确定语言变量,其中 $[s_{\alpha(x)}, s_{\beta(x)}]$ 称为直觉不确定语言数的不确定语言部,$\mu_A(x)$、$v_A(x)$ 称为直觉不确定语言数的直觉部。

8.5.2 直觉不确定语言数运算法则

设 $\beta_1 = < [s_{\alpha(x_1)}, s_{\beta(x_1)}], \mu_A(x_1), v_A(x_1) >$ 和 $\beta_2 = < [s_{\alpha(x_2)}, s_{\beta(x_2)}], \mu_A(x_2), v_A(x_2) >$ 为两个直觉不确定语言数,其运算法则如下

$$\beta_1 \oplus \beta_2 = < [s_{\alpha(x_1)+\alpha(x_2)}, s_{\beta(x_1)+\beta(x_2)}], (1 - (1 - \mu_A(x_1))(1 - \mu_A(x_2)), v_A(x_1) v_A(x_2) >$$

$$\beta_1 \otimes \beta_2 = < [s_{\alpha(x_1)\times\alpha(x_2)}, s_{\beta(x_1)\times\beta(x_2)}], \mu_A(x_1)\mu_A(x_2), v_A(x_1) + v_A(x_2) - v_A(x_1) v_A(x_2) >$$

$$\lambda\beta_1 = < [s_{\lambda\alpha(x_1)}, s_{\lambda\beta(x_1)}], 1 - (1 - \mu_A(x_1)^\lambda), v_A(x_1))^\lambda >, \ \lambda \geqslant 0$$

$$\beta_1^\lambda = < [s_{(\alpha(x_1))^\lambda}, s_{(\beta(x_1))^\lambda}], \mu_A(x_1)^\lambda, 1 - (1 - v_A(x_1))^\lambda >, \ \lambda \geqslant 0$$

8.5.3 直觉不确定语言数的比较

定义 8-15　对于直觉不确定语言数 $\beta=\langle[s_{\alpha(x)},s_{\beta(x)}],\mu_A(x),v_A(x)\rangle$，称 $E(\beta)$ 为直觉不确定语言数的折中数学期望，且

$$E(\beta)=\frac{1}{4}(\mu_A(x)+(1-v_A(x)))\times(\alpha(x)+\beta(x))$$

定义 8-16　对于直觉不确定语言数 $\beta=\langle[s_{\alpha(x)},s_{\beta(x)}],\mu_A(x),v_A(x)\rangle$，称

$$S(\beta)=E(\beta)\times(\mu_A(x)-v_A(x))\tag{8-14}$$

为 β 的记分函数。

定义 8-17　对于直觉不确定语言数 $\beta=\langle[s_{\alpha(x)},s_{\beta(x)}],\mu_A(x),v_A(x)\rangle$，称

$$H(\beta)=E(\beta)\times(\mu_A(x)+v_A(x))\tag{8-15}$$

为 β 的精确函数。

定义 8-18　设 $\beta_1=\langle[s_{\alpha(x_1)},s_{\beta(x_1)}],\mu(x_1),v(x_1)\rangle$ 和 $\beta_2=\langle[s_{\alpha(x_2)},s_{\beta(x_2)}],\mu(x_2),v(x_2)\rangle$ 为两个直觉不确定语言数，则有

(1)如果 $S(\beta_1)<S(\beta_2)$，则 β_1 小于 β_2，记作 $\beta_1<\beta_2$。

(2)如果 $S(\beta_1)=S(\beta_2)$，则有：① 如果 $H(\beta_1)=H(\beta_2)$，则 β_1 等于 β_2，记作 $\beta_1=\beta_2$；② 如果 $H(\beta_1)<H(\beta_2)$，则 β_1 大于 β_2，记作 $\beta_1>\beta_2$；③ 如果 $H(\beta_1)>H(\beta_2)$，则 β_1 小于 β_2，记作 $\beta_1<\beta_2$。

8.5.4 直觉不确定语言数集成算子

定义 8-19　设 $\beta_i=\langle[s_{\alpha(x_i)},s_{\beta(x_i)}],\mu_A(x_i),v_A(x_i)\rangle(i=1,2,\cdots,n)$ 为一组直觉不确定语言数，且 $IUPLWA:\Omega^n\rightarrow\Omega$，若

$$\begin{aligned}IUPLWA_w(\beta_1,\beta_2,\cdots,\beta_n)&=\bigoplus_{i=1}^{n}w_1\beta_i\\&=\left\langle\left[s_{\sum_{i=1}^{n}w_i\alpha(x_i)},s_{\sum_{i=1}^{n}w_i\beta(x_i)}\right],1-\prod_{i=1}^{n}(1-\mu_A(x_i))^{w_i},\prod_{i=1}^{n}(v_A(x_i))^{w_i}\right\rangle\end{aligned}\tag{8-16}$$

则称其为直觉不确定语言数加权平均（IUPLWA）算子，式中 $w=[w_1\ w_2\ \cdots\ w_n]^{\mathrm{T}}$ 为$(\beta_1,\beta_2,\cdots,\beta_n)$的权重向量，且满足 $w_j\in[0,1]$ 和 $\sum_{j=1}^{n}w_j=1$。

定义 8-20　设 $\beta_i=\langle[s_{\alpha(x_i)},s_{\beta(x_i)}],\mu_A(x_i),v_A(x_i)\rangle(i=1,2,\cdots,n)$ 为一组直觉不确定语言数，且 $IUPLWGA:\Omega^n\rightarrow\Omega$，若

$$\begin{aligned}IUPLWGA_w(\beta_1,\beta_2,\cdots,\beta_n)&=\bigotimes_{i=1}^{n}w_1\beta_i\\&=\left\langle\left[s_{\prod_{i=1}^{n}w_i\alpha(x_i)},s_{\prod_{i=1}^{n}w_i\beta(x_i)}\right],\prod_{i=1}^{n}(\mu_A(x_i))^{w_i},1-\prod_{i=1}^{n}(1-v_A(x_i))^{w_i}\right\rangle\end{aligned}\tag{8-17}$$

则称其为直觉不确定语言数加权几何平均（IUPLWGA）算子，式中 $\boldsymbol{w}=[w_1\ \ w_2\ \ \cdots\ \ w_n]^{\mathrm{T}}$ 为 $(\beta_1,\beta_2,\cdots,\beta_n)$ 的权重向量，且满足 $w_j\in[0,1]$，$\sum_{j=1}^{n}w_j=1$。

8.5.5 评价方法与步骤

对于一个纯语言多属性群评价问题，设群评价专家集 $D=\{d_1,d_2,\cdots,d_t\}$，其权重向量为 $\boldsymbol{\lambda}=[\lambda_1\ \ \lambda_2\ \ \cdots\ \ \lambda_t]^{\mathrm{T}}$，$\lambda_i\in[0,1]$，$\sum_{i=1}^{t}\lambda_i=1$；属性集 $G=\{g_1,g_2,\cdots,g_n\}$，其权重向量为 $\boldsymbol{w}=[w_1\ \ w_2\ \ \cdots\ \ w_n]^{\mathrm{T}}$，$w_i\in[0,1]$，$\sum_{i=1}^{n}w_i=1$；$X=\{x_1,x_2,\cdots,x_m\}$ 表示方案集。评价专家 d_k 对方案 x_i 按属性 g_j 进行测度，得到 x_i 关于 g_j 属性值 β_{ij}^k，从而构造直觉不确定变量评价矩阵 $\mathbf{A}^k=(\beta_{ij}^k)_{m\times n}$。下面给出一种基于直觉不确定变量的纯语言多属性群评价方法，步骤如下。

(1)对评价矩阵 $\mathbf{A}^k=(\beta_{ij}^k)_{m\times n}$ 进行规范化处理，得到评价矩阵 $\bar{\mathbf{A}}^k=(\bar{\beta}_{ij}^k)_{m\times n}$，对于效益型准则，不需要进行处理；对于成本型准则，可采用式(8-18)和式(8-19)进行规范化。

$$[s_{\alpha(x_{ij}^k)},s_{\beta(x_{ij}^k)}]=neg([s_{\alpha(x_{ij}^k)},s_{\beta(x_{ij}^k)}])=[s_{-\beta(x_{ij}^k)},s_{-\alpha(x_{ij}^k)}],\ s_{\alpha(x_{ij}^k)}、s_{\beta(x_{ij}^k)}\in\bar{S}_1 \tag{8-18}$$

$$[s_{\alpha(x_{ij}^k)},s_{\beta(x_{ij}^k)}]=rec([s_{\alpha(x_{ij}^k)},s_{\beta(x_{ij}^k)}])=[s_{1/\beta(x_{ij}^k)},s_{1/\alpha(x_{ij}^k)}],\ s_{\alpha(x_{ij}^k)}、s_{\beta(x_{ij}^k)}\in\bar{S}_2 \tag{8-19}$$

(2)利用 IUPLWA 算子或 IUPLWGA 算子对直觉不确定变量评价矩阵 $\bar{\mathbf{A}}^k=(\bar{\beta}_{ij}^k)_{m\times n}$ 中第 i 列的属性值进行集结，得到评价专家 d_k 所给出的评价方案 x_i 的综合属性值，即

$$A_i^k=IUPLWA(\bar{\beta}_{1i}^k,\bar{\beta}_{2i}^k,\cdots,\bar{\beta}_{ni}^k)\quad(i=1,2,\cdots,m;k=1,2,\cdots,t)$$

或

$$A_i^k=IUPLWGA(\bar{\beta}_{1i}^k,\bar{\beta}_{2i}^k,\cdots,\bar{\beta}_{ni}^k)\quad(i=1,2,\cdots,m;k=1,2,\cdots,t)$$

(3)利用 IUPLWA 算子或 IUPLWGA 算子对 t 个评价专家给出关于评价方案 x_i 的综合属性值 $A_i^k(k=1,2,\cdots,t)$ 进行集结，得到评价方案 x_i 的群体综合属性值，即

$$A_i=IUPLWA(A_i^1,A_i^2,\cdots,A_i^t)\quad(i=1,2,\cdots,m)$$

或

$$A_i=IUPLWGA(A_i^1,A_i^2,\cdots,A_i^t)\quad(i=1,2,\cdots,m)$$

(4)通过式(8-16)和式(8-17)，根据需要分别计算以直觉不确定语言数变量表示的群体综合属性值 $A_i(i=1,2,\cdots,m)$ 的记分函数 $S(A_i)$ 和精确函数 $H(A_i)$。

(5)通过比较 $S(A_i)$ 和 $H(A_i)$，对决策方案进行排序，并选择最优方案。

8.5.6　实例分析

有 3 位专家对 3 幅地图进行评价，主要考虑地图的 7 个方面指标，即位置精度(u_1)、属性精度(u_2)、逻辑一致性(u_3)、完整性(u_4)、现势性(u_5)、装饰质量(u_6)和附件质量(u_7)，其属性权重为 $\boldsymbol{W}=[0.2\ 0.3\ 0.15\ 0.1\ 0.1\ 0.1\ 0.05]^{\mathrm{T}}$。由于多方面因素考虑，给 3 位专家的权重不一样，其专家权重为 $\boldsymbol{\omega}=[0.3\ 0.4\ 0.3]^{\mathrm{T}}$，专家采用粒度为 7 的语言标度 $S=\{s_{-3}$：很差，s_{-2}：差，s_{-1}：有点差，s_0：一般，s_1：有点好，s_2：好，s_3：很好}，用直觉不确定语言数对地图质量进行语言评价。每位专家的语言评价结果如表 8-5 至表 8-7 所示。

表 8-5　专家一的直觉不确定语言数评价结果

地图	u_1	u_2	u_3	u_4
D_1	$<[s_1,s_2],(0.6,0.1)>$	$<[s_2,s_3],(0.5,0.2)>$	$<[s_2,s_3],(0.7,0.1)>$	$<[s_{-1},s_0],(0.6,0.1)>$
D_2	$<[s_2,s_3],(0.5,0.2)>$	$<[s_{-1},s_1],(0.6,0.2)>$	$<[s_1,s_3],(0.6,0.3>$	$<[s_2,s_3],(0.9,0.1)>$
D_3	$<[s_0,s_1],(0.5,0.3)>$	$<[s_1,s_2],(0.5,0.1)>$	$<[s_1,s_3],(0.8,0.1)>$	$<[s_2,s_3],(0.7,0.2)>$
地图	u_5	u_6	u_7	
D_3	$<[s_1,s_2],(0.8,0.1)>$	$<[s_2,s_3],(0.7,0.2)>$	$<[s_2,s_3],(0.7,0.1)>$	
D_2	$<[s_2,s_3],(0.8,0.1)>$	$<[s_1,s_2],(0.7,0.2)>$	$<[s_{-1},s_0],(0.6,0.3)>$	
D_3	$<[s_2,s_3],(0.9,0.1)>$	$<[s_2,s_3],(0.7,0.2)>$	$<[s_2,s_2],(0.6,0.2)>$	

表 8-6　专家二的直觉不确定语言数评价结果

地图	u_1	u_2	u_3	u_4
D_1	$<[s_2,s_3],(0.7,0.2)>$	$<[s_0,s_1],(0.6,0.2)>$	$<[s_1,s_2],(0.6,0.3)>$	$<[s_0,s_1],(0.7,0.1)>$
D_2	$<[s_1,s_1],(0.7,0.2)>$	$<[s_0,s_1],(0.8,0.2)>$	$<[s_{-2},s_{-1}],(0.6,0.1)>$	$<[s_1,s_2],(0.8,0.1)>$
D_3	$<[s_2,s_3],(0.6,0.3)>$	$<[s_{-1},s_0],(0.7,0.1)>$	$<[s_1,s_2],(0.6,0.1)>$	$<[s_1,s_2],(0.5,0.2)>$
地图	u_5	u_6	u_7	
D_1	$<[s_1,s_2],(0.7,0.1)>$	$<[s_2,s_3],(0.7,0.2)>$	$<[s_3,s_3],(0.9,0.1)>$	
D_2	$<[s_2,s_3],(0.6,0.2)>$	$<[s_1,s_2],(0.8,0.1)>$	$<[s_0,s_1],(0.7,0.2)>$	
D_3	$<[s_2,s_3],(0.9,0.1)>$	$<[s_0,s_1],(0.7,0.1)>$	$<[s_1,s_2],(0.8,0.2)>$	

表 8-7　专家三的直觉不确定语言数评价结果

地图	u_1	u_2	u_3	u_4
D_1	$<[s_0,s_1],(0.6,0.2)>$	$<[s_1,s_2],(0.6,0.3)>$	$<[s_0,s_1],(0.6,0.1)>$	$<[s_0,s_1],(0.8,0.1)>$
D_2	$<[s_3,s_3],(0.7,0.3)>$	$<[s_{-1},s_0],(0.8,0.2)>$	$<[s_0,s_1],(0.6,0.1)>$	$<[s_1,s_2],(0.6,0.3)>$
D_3	$<[s_1,s_2],(0.6,0.1)>$	$<[s_1,s_3],(0.6,0.3)>$	$<[s_1,s_2],(0.7,0.1)>$	$<[s_{-1},s_0],(0.5,0.3)>$
地图	u_5	u_6	u_7	
D_1	$<[s_1,s_3],(0.9,0.1)>$	$<[s_2,s_3],(0.8,0.1)>$	$<[s_3,s_3],(0.9,0.1)>$	
D_2	$<[s_1,s_2],(0.9,0.1)>$	$<[s_2,s_3],(0.8,0.1)>$	$<[s_0,s_1],(0.9,0.1)>$	
D_3	$<[s_2,s_3],(0.7,0.2)>$	$<[s_3,s_3],(0.8,0.1)>$	$<[s_1,s_2],(0.7,0.1)>$	

由于都是效益型准则，因此对评价矩阵不必进行规范化处理。为了简化计算，直接按式(8-16)进行计算，可得每位专家的评价结果为

$z_1^1 = < [s_{1.4}, s_{2.4}], (0.634, 0.132) >, z_2^1 = < [s_{0.7}, s_{2.15}], (0.670, 0.189) >$

$z_3^1 = < [s_{1.15}, s_{2.25}], (0.669, 0.148) >$

$z_1^2 = < [s_1, s_{1.95}], (0.677, 0.179) >, z_2^2 = < [s_{0.3}, s_{1.1}], (0.737, 0.157) >$

$z_3^2 = < [s_{0.6}, s_{1.6}], (0.693, 0.138) >$

$z_1^3 = < [s_{0.75}, s_{1.8}], (0.717, 0.160) >, z_2^3 = < [s_{0.7}, s_{1.5}], (0.768, 0.171) >$

$z_3^3 = < [s_{1.1}, s_{1.9}], (0.645, 0.166) >$

根据专家的权重，综合每个专家评价结果，可得

$z_1 = < [s_{1.045}, s_{2.04}], (0.677, 0.158) >, z_2 = < [s_{0.54}, s_{1.535}], (0.729, 0.170) >$

$z_3 = < [s_{0.915}, s_{1.885}], (0.672, 0.149) >$

按式(8-15)计算其记分函数，即

$$S(z_1) = s_{0.608}, S(z_2) = s_{0.452}, S(z_3) = s_{0.558}$$

可知，方案 1 最佳。

8.6 区间直觉语言数的空间数据质量评价

8.6.1 区间直觉语言数定义

1. 区间直觉语言集及其关系

定义 8-21 设 $s_{\theta(x)} \in \overline{S}$，$X$ 为给定论域，则 X 上的一个区间直觉语言数集为

$$\widetilde{A} = \{< x, [s_{\theta(x)}, \widetilde{\mu}_A(x), \widetilde{v}_A(x)] > \mid x \in X\}$$

式中，$\widetilde{\mu}_A(x): X \rightarrow \mathrm{int}([0,1])$ 和 $\widetilde{v}_A(x): X \rightarrow \mathrm{int}([0,1])$ 分别表示 x 对于语言评价值 $s_{\theta(x)}$ 的隶属度和非隶属度，且满足条件 $0 \leqslant \sup\widetilde{\mu}_A(x) + \sup\widetilde{v}_A(x) \leqslant 1$，$\mathrm{int}([0,1])$ 表示$[0,1]$ 区间是所有闭子区间的集合。

一般地，将语言评价值 $s_{\theta(x)}$、X 中的元素 x 对于 $s_{\theta(x)}$ 的隶属度区间 $\widetilde{\mu}_A(x)$ 及非隶属度区间 $\widetilde{v}_A(x)$ 所组成的有序对 $< s_{\theta(x)}, \widetilde{\mu}_A(x), \widetilde{v}_A(x) >$ 称为区间直觉语言数。为方便起见，可将区间直觉语言数记为 $< s_{\theta(x)}, [\mu_A^L(x), \mu_A^U(x)], [v_A^L(x), v_A^U(x)] >$。其中，$0 \leqslant \mu_A^U(x) + v_A^U(x) \leqslant 1, \mu_A^L(x) \geqslant 0, v_A^L(x) \geqslant 0$。$\pi_A(x) = [1 - \mu_A^U(x) - v_A^U(x), 1 - \mu_A^L(x) - v_A^L(x)]$ 表示区间直觉语言数的犹豫度或不确定度。

为方便起见，把区间直觉语言数的一般形式简记为 $< s_{\theta(x)}, [a,b], [c,d] >$。其中，$[a,b] \subset [0,1], [c,d] \subset [0,1], b + d \leqslant 1$。

2. 区间直觉语言数的运算法则

定义 8-22 设 $\widetilde{\beta}_1 = < s_{\theta(\beta_1)}, [a_1, b_1], [c_1, d_1] >$ 和 $\widetilde{\beta}_2 = < s_{\theta(\beta_2)}, [a_2, b_2], [c_2,$

$d_2]>$ 为任意两个区间直觉语言数，则

$$\tilde{\beta}_1 \oplus \tilde{\beta}_2 = < s_{\theta(\tilde{\beta}_1)+\theta(\tilde{\beta}_2)}, \left[\frac{\theta(\tilde{\beta}_1)a_1+\theta(\tilde{\beta}_2)a_2}{\theta(\tilde{\beta}_1)+\theta(\tilde{\beta}_2)}, \frac{\theta(\tilde{\beta}_1)b_1+\theta(\tilde{\beta}_2)b_2}{\theta(\tilde{\beta}_1)+\theta(\tilde{\beta}_2)}\right],$$

$$\left[\frac{\theta(\tilde{\beta}_1)c_1+\theta(\tilde{\beta}_2)c_2}{\theta(\tilde{\beta}_1)+\theta(\tilde{\beta}_2)}, \frac{\theta(\tilde{\beta}_1)d_1+\theta(\tilde{\beta}_2)d_2}{\theta(\tilde{\beta}_1)+\theta(\tilde{\beta}_2)}\right]>$$

$$\tilde{\beta}_1 \otimes \tilde{\beta}_2 = < s_{\theta(\tilde{\beta}_1)\times\theta(\tilde{\beta}_2)}, [a_1a_2, b_1b_2], [c_1+c_2-c_1c_2, d_1+d_2-d_1d_2]>$$

$$\lambda\tilde{\beta}_1 = < s_{\lambda\theta(\tilde{\beta}_1)}, [a_1, b_1], [c_1, d_1]>$$

$$\tilde{\beta}_1^{\lambda} = < s_{\theta(\tilde{\beta}_1)^{\lambda}}, [a_1^{\lambda}, b_1^{\lambda}], [1-(1-c_1)^{\lambda}, 1-(1-d_1)^{\lambda}]>$$

3. 区间直觉语言数的比较

定义 8-23　设 $\tilde{\beta} = < s_{\theta(\tilde{\beta})}, [\mu^L(\tilde{\beta}), \mu^U(\tilde{\beta})], [v^L(\tilde{\beta}), v^U(\tilde{\beta})]>$ 为区间直觉语言数，可知语言值 $s_{\theta(\tilde{\beta})}$ 的信任区间为 $[\mu^L(\tilde{\beta}), \mu^U(\tilde{\beta})]$，$[1-v^U(\tilde{\beta}), 1-v^L(\tilde{\beta})]$，那么 $\tilde{\beta}$ 的折中数学期望为

$$E(\tilde{\beta}) = \theta(\tilde{\beta})(2+\mu^L(\tilde{\beta})+\mu^U(\tilde{\beta})-v^L(\tilde{\beta})-v^U(\tilde{\beta}))/4 \tag{8-20}$$

定义 8-24　设 $\tilde{\beta} = < s_{\theta(\tilde{\beta})}, [\mu^L(\tilde{\beta}), \mu^U(\tilde{\beta})], [v^L(\tilde{\beta}), v^U(\tilde{\beta})]>$ 为区间直觉语言数，则 $\tilde{\beta}$ 的记分函数为

$$S(\tilde{\beta}) = E(\tilde{\beta})(\mu^L(\tilde{\beta})+\mu^U(\tilde{\beta})-v^L(\tilde{\beta})-v^U(\tilde{\beta}))/2 \tag{8-21}$$

定义 8-25　设 $\tilde{\beta} = < s_{\theta(\tilde{\beta})}, [\mu^L(\tilde{\beta}), \mu^U(\tilde{\beta})], [v^L(\tilde{\beta}), v^U(\tilde{\beta})]>$ 为区间直觉语言数，则 $\tilde{\beta}$ 的精确函数为

$$H(\tilde{\beta}) = E(\tilde{\beta})(\mu^L(\tilde{\beta})+\mu^U(\tilde{\beta})+v^L(\tilde{\beta})+v^U(\tilde{\beta}))/2 \tag{8-22}$$

定义 8-26　设 $\tilde{\beta}_1$ 和 $\tilde{\beta}_2$ 为两个区间直觉语言数，则

(1)如果 $S(\tilde{\beta}_1) < S(\tilde{\beta}_2)$，则 $\tilde{\beta}_1$ 小于 $\tilde{\beta}_2$，记作 $\tilde{\beta}_1 < \tilde{\beta}_2$。

(2)如果 $S(\tilde{\beta}_1) = S(\tilde{\beta}_2)$，则有：① 如果 $H(\tilde{\beta}_1) = H(\tilde{\beta}_2)$，则 $\tilde{\beta}_1$ 等于 $\tilde{\beta}_2$，记作 $\tilde{\beta}_1 = \tilde{\beta}_2$；② 如果 $H(\tilde{\beta}_1) < H(\tilde{\beta}_2)$，则 $\tilde{\beta}_1$ 大于 $\tilde{\beta}_2$，记作 $\tilde{\beta}_1 > \tilde{\beta}_2$；③ 如果 $H(\tilde{\beta}_1) > H(\tilde{\beta}_2)$，则 $\tilde{\beta}_1$ 小于 $\tilde{\beta}_2$，记作 $\tilde{\beta}_1 < \tilde{\beta}_2$。

8.6.2　区间直觉语言数集结算子

定义 8-27　设 $\tilde{\beta}_j = < s_{\theta(\tilde{\beta}_j)}, [\mu^L(\tilde{\beta}_j), \mu^U(\tilde{\beta}_j)], [v^L(\tilde{\beta}_j), v^U(\tilde{\beta}_j)]> (j=1, 2, \cdots, n)$ 为一组区间直觉语言数，且 $IVILWAA: \tilde{\beta}^n \rightarrow \tilde{\beta}$，则称其为区间直觉语言数的加权算术平均(IVILWAA)算子，且

$$IVILWAA(\tilde{\beta}_1, \tilde{\beta}_2, \cdots, \tilde{\beta}_n) = \bigoplus_{j=1}^{n} w_j\tilde{\beta}_j$$

$$=<\sum_{j=1}^{n}w_j\theta(\tilde{\beta}_j),\left[\frac{\sum_{j=1}^{n}w_j\theta(\tilde{\beta}_j)\mu^L(\tilde{\beta}_j)}{\sum_{j=1}^{n}w_j\theta(\tilde{\beta}_j)},\frac{\sum_{j=1}^{n}w_j\theta(\tilde{\beta}_j)\mu^U(\tilde{\beta}_j)}{\sum_{j=1}^{n}w_j\theta(\tilde{\beta}_j)}\right],$$

$$\left[\frac{\sum_{j=1}^{n}w_j\theta(\tilde{\beta}_j)v^L(\tilde{\beta}_j)}{\sum_{j=1}^{n}w_j\theta(\tilde{\beta}_j)},\frac{\sum_{j=1}^{n}w_j\theta(\tilde{\beta}_j)v^U(\tilde{\beta}_j)}{\sum_{j=1}^{n}w_j\theta(\tilde{\beta}_j)}\right]> \tag{8-23}$$

式中，$\boldsymbol{W}=[w_1\ \ w_2\ \ \cdots\ \ w_n]^{\mathrm{T}}$ 为 $\tilde{\beta}_j(j=1,2,\cdots,n)$ 的权重向量，$w_j\in[0,1]$，$\sum_{j=1}^{n}w_j=1$。

定义 8-28 设 $\tilde{\beta}_j=<s_{\theta(\tilde{\beta}_j)},[\mu^L(\tilde{\beta}_j),\mu^U(\tilde{\beta}_j)],[v^L(\tilde{\beta}_j),v^U(\tilde{\beta}_j)]>(j=1,2,\cdots,n)$ 为一组区间直觉语言数，且 IVILWGA：$\tilde{\beta}^n\rightarrow\tilde{\beta}$，则称其为区间直觉语言数的加权几何平均(IVILWGA)算子，且

$$IVILWGA(\tilde{\beta}_1,\tilde{\beta}_2,\cdots,\tilde{\beta}_n)=\bigotimes_{j=1}^{n}\tilde{\beta}_j^{w_j}$$

$$=<\prod_{j=1}^{n}\theta(\tilde{\beta}_j)^{w_j},\left[\prod_{j=1}^{n}\mu^L(\tilde{\beta}_j)^{w_j},\prod_{j=1}^{n}\mu^U(\tilde{\beta}_j)^{w_j}\right],$$

$$\left[1-\prod_{j=1}^{n}(1-v^L(\tilde{\beta}_j))^{w_j},1-\prod_{j=1}^{n}(1-v^U(\tilde{\beta}_j))^{w_j}\right]> \tag{8-24}$$

式中，$\boldsymbol{W}=[w_1\ \ w_2\ \ \cdots\ \ w_n]^{\mathrm{T}}$ 为 $\tilde{\beta}_j(j=1,2,\cdots,n)$ 的权重向量，$w_j\in[0,1]$，$\sum_{j=1}^{n}w_j=1$。

8.6.3 评价方法与步骤

对某一多准则评价问题，设 $X=\{x_1,x_2,\cdots,x_n\}$ 为方案集，$C=\{c_1,c_2,\cdots,c_m\}$ 为准则集，$D=\{d_1,d_2,\cdots,d_t\}$ 为评价者集。$\boldsymbol{W}=[w_1\ \ w_2\ \ \cdots\ \ w_m]^{\mathrm{T}}$ 为准则的权重向量，其中 $w_j\in[0.1](j=1,2,\cdots,m)$，且 $\sum_{j=1}^{m}w_j=1$。$\boldsymbol{\lambda}=[\lambda_1\ \ \lambda_2\ \ \cdots\ \ \lambda_t]^{\mathrm{T}}$ 为评价者的权重向量，其中 $\lambda_k\in[0,1](k=1,2,\cdots,t)$ 且 $\sum_{k=1}^{t}\lambda_k=1$。评价者 d_k 对方案 x_i 在准则 c_j 下所给出的评价值为区间直觉语言数，构成的评价矩阵记为 $\tilde{\boldsymbol{\beta}}^k=(\tilde{x}_{ij}^k)_{n\times m}$。试确定方案的排序。

综合上述分析，下面给出基于区间直觉语言集结算子的群决策方法及步骤。

(1)规范化评价矩阵。对于多准则评价问题，最常见的有效益型准则和成本型准则，对于效益型准则无须进行规范，对于成本型准则则采用语言逆算子对语言评

价值进行转化，即

$$s'_{\theta(\tilde{x}_{ij})}=neg(s_{\theta(\tilde{x}_{ij})})=s_{-\theta(\tilde{x}_{ij})}$$

对评价者 d_k 给出的评价矩阵 $\tilde{\boldsymbol{\beta}}^k=(\tilde{x}_{ij}^k)_{n\times m}$ 规范化后，得到规范化评价矩阵 $\tilde{\boldsymbol{R}}^k=(\tilde{x}_{ij}^k)_{n\times m}$。

(2) 计算各专家对各个方案的综合准则值。利用 IVILWAA 算子和 IVILWGA 算子对 $\tilde{\boldsymbol{R}}^k=(\tilde{x}_{ij}^k)_{n\times m}$ 的第 i 行元素进行集结，得到评价者 d_k 对方案 x_i 的综合准则值 z_i^k。

(3)计算方案的群体综合评价值。利用 IVILOWA 算子对各专家的综合准则值进行集结，得到方案 x_i 的群体综合区间直觉语言值 z_i。

(4)计算 z_i 的记分函数值和精确函数值，并对方案集进行排序。

8.6.4 实例分析

有 3 位专家对 3 幅地图进行评价，主要考虑地图的 7 个方面指标，即位置精度(u_1)、属性精度(u_2)、逻辑一致性(u_3)、完整性(u_4)、现势性(u_5)、装饰质量(u_6)和附件质量(u_7)，其属性权重为 $\boldsymbol{W}=[0.2\ \ 0.3\ \ 0.15\ \ 0.1\ \ 0.1\ \ 0.1\ \ 0.05]^{\mathrm{T}}$。由于多方面因素考虑，给 3 位专家的权重不一样，其专家权重为 $\boldsymbol{\omega}=[0.3\ \ 0.4\ \ 0.3]^{\mathrm{T}}$，专家采用粒度为 7 的语言标度 $S=\{s_{-3}$:很差，s_{-2}:差，s_{-1}:有点差，s_0:一般，s_1:有点好，s_2:好，s_3:很好$\}$，用区间直觉语言数对地图质量进行语言评价。每位专家的语言评价结果如表 8-8 至表 8-10 所示。

表 8-8　专家一的区间直觉语言数评价结果

地图	u_1	u_2
D_1	$\langle s_1,[0.5,0.7],[0.2,0.3]\rangle$	$\langle s_2,[0.6,0.7],[0.1,0.2]\rangle$
D_2	$\langle s_2,[0.6,0.7],[0.2,0.3]\rangle$	$\langle s_0,[0.5,0.7],[0.2,0.3]\rangle$
D_3	$\langle s_0,[0.6,0.8],[0.1,0.2]\rangle$	$\langle s_1,[0.6,0.7],[0.1,0.2]\rangle$
地图	u_3	u_4
D_1	$\langle s_2,[0.6,0.7],[0.2,0.3]\rangle$	$\langle s_0,[0.5,0.6],[0.2,0.3]\rangle$
D_2	$\langle s_2,[0.5,0.6],[0.1,0.2]\rangle$	$\langle s_2,[0.6,0.7],[0.1,0.2]\rangle$
D_3	$\langle s_2,[0.6,0.7],[0.1,0.2]\rangle$	$\langle s_2,[0.5,0.6],[0.2,0.3]\rangle$
地图	u_5	u_6
D_1	$\langle s_1,[0.6,0.7],[0.2,0.3]\rangle$	$\langle s_2,[0.6,0.7],[0.1,0.3]\rangle$
D_2	$\langle s_2,[0.5,0.6],[0.1,0.2]\rangle$	$\langle s_1,[0.7,0.8],[0.1,0.2]\rangle$
D_3	$\langle s_2,[0.6,0.7],[0.2,0.3]\rangle$	$\langle s_3,[0.6,0.7],[0.2,0.3]\rangle$
地图	u_7	
D_1	$\langle s_2,[0.5,0.6],[0.2,0.3]\rangle$	
D_2	$\langle s_{1},[0.6,0.7],[0.1,0.2]\rangle$	
D_3	$\langle s_2,[0.5,0.7],[0.1,0.3]\rangle$	

表 8-9 专家二的区间直觉语言数评价结果

地图	u_1	u_2
D_1	$\langle s_2,[0.6,0.7],[0.2,0.3]\rangle$	$\langle s_0,[0.5,0.6],[0.1,0.2]\rangle$
D_2	$\langle s_1,[0.6,0.7],[0.2,0.3]\rangle$	$\langle s_0,[0.5,0.6],[0.3,0.4]\rangle$
D_3	$\langle s_2,[0.5,0.6],[0.2,0.3]\rangle$	$\langle s_{-1},[0.5,0.7],[0.1,0.2]\rangle$
地图	u_3	u_4
D_1	$\langle s_1,[0.6,0.7],[0.2,0.3]\rangle$	$\langle s_0,[0.7,0.8],[0.1,0.2]\rangle$
D_2	$\langle s_{-1},[0.5,0.6],[0.2,0.3]\rangle$	$\langle s_1,[0.6,0.7],[0.2,0.3]\rangle$
D_3	$\langle s_1,[0.6,0.7],[0.2,0.3]\rangle$	$\langle s_2,[0.5,0.6],[0.2,0.3]\rangle$
地图	u_5	u_6
D_1	$\langle s_1,[0.7,0.8],[0.1,0.2]\rangle$	$\langle s_2,[0.6,0.7],[0.1,0.3]\rangle$
D_2	$\langle s_2,[0.5,0.6],[0.2,0.3]\rangle$	$\langle s_1,[0.7,0.8],[0.1,0.2]\rangle$
D_3	$\langle s_2,[0.5,0.7],[0.2,0.3]\rangle$	$\langle s_0,[0.5,0.6],[0.2,0.3]\rangle$
地图	u_7	
D_1	$\langle s_3,[0.5,0.6],[0.2,0.3]\rangle$	
D_2	$\langle s_0,[0.5,0.7],[0.2,0.3]\rangle$	
D_3	$\langle s_1,[0.5,0.6],[0.2,0.3]\rangle$	

表 8-10 专家三的区间直觉语言数评价结果

地图	u_1	u_2
D_1	$\langle s_0,[0.5,0.6],[0.2,0.3]\rangle$	$\langle s_1,[0.5,0.7],[0.2,0.3]\rangle$
D_2	$\langle s_3,[0.6,0.8],[0.1,0.2]\rangle$	$\langle s_0,[0.5,0.6],[0.3,0.3]\rangle$
D_3	$\langle s_1,[0.6,0.7],[0.1,0.3]\rangle$	$\langle s_2,[0.6,0.8],[0.1,0.2]\rangle$
地图	u_3	u_4
D_1	$\langle s_1,[0.5,0.6],[0.2,0.4]\rangle$	$\langle s_0,[0.6,0.8],[0.1,0.2]\rangle$
D_2	$\langle s_0,[0.5,0.6],[0.2,0.3]\rangle$	$\langle s_1,[0.6,0.7],[0.2,0.3]\rangle$
D_3	$\langle s_1,[0.5,0.7],[0.2,0.3]\rangle$	$\langle s_0,[0.5,0.7],[0.1,0.3]\rangle$
地图	u_5	u_6
D_1	$\langle s_2,[0.5,0.7],[0.1,0.3]\rangle$	$\langle s_2,[0.5,0.6],[0.1,0.3]\rangle$
D_2	$\langle s_1,[0.7,0.8],[0.1,0.2]\rangle$	$\langle s_2,[0.5,0.7],[0.1,0.2]\rangle$
D_3	$\langle s_2,[0.6,0.7],[0.1,0.2]\rangle$	$\langle s_3,[0.6,0.7],[0.2,0.3]\rangle$
地图	u_7	
D_1	$\langle s_3,[0.5,0.6],[0.2,0.3]\rangle$	
D_2	$\langle s_0,[0.7,0.8],[0.1,0.2]\rangle$	
D_3	$\langle s_1,[0.6,0.7],[0.1,0.3]\rangle$	

由于都是效益型准则，因此对评价矩阵不必进行规范化处理。

按式(8-24)计算每位专家的评价结果，即

$$z_1^1 = < s_{1.5}, [0.580, 0.693], [0.147, 0.260] >$$
$$z_2^1 = < s_{1.15}, [0.565, 0.665], [0.135, 0.217] >$$
$$z_3^1 = < s_{1.4}, [0.579, 0.686], [0.150, 0.257] >$$
$$z_1^2 = < s_1, [0.595, 0.695], [0.170, 0.290] >$$
$$z_2^2 = < s_{0.45}, [0.556, 0.711], [0.178, 0.278] >$$
$$z_3^2 = < s_{0.70}, [0.521, 0.607], [0.243, 0.343] >$$
$$z_1^3 = < s_1, [0.500, 0.650], [0.160, 0.315] >$$
$$z_2^3 = < s_1, [0.590, 0.770], [0.110, 0.210] >$$
$$z_3^3 = < s_{1.5}, [0.590, 0.740], [0.130, 0.247] >$$

根据专家的权重，综合得到最终评价结果为

$$z_1 = < s_{1.15}, [0.564, 0.683], [0.158, 0.285] >$$
$$z_2 = < s_{0.825}, [0.593, 0.737], [0.140, 236] >$$
$$z_3 = < s_{1.15}, [0.569, 0.688], [0.158, 0.274] >$$

按式(8-21)计算记分函数为

$$S(z_1) = s_{0.324}, S(z_2) = s_{0.291}, S(z_3) = s_{0.335}$$

因此，第三幅地图质量最优。

8.7 区间直觉不确定语言数的空间数据质量评价

在现有直觉语言集理论的研究基础上，将隶属度、非隶属度和犹豫度扩展为区间值，以及语言信息扩展为不确定语言的情况进行了研究，给出了区间直觉不确定语言信息的相关概念和决策方法，使得对于复杂决策问题的评价能力和决策结果的表达更加完善和具体，在适用范围和非隶属度上都有较高的优势。同时，针对区间直觉不确定语言信息的多属性决策情况，目前国内外鲜有研究，本书正是在这样的研究背景下展开的，并对区间直觉不确定语言信息多属性决策方法进行了较为深入的探讨，是关于模糊多属性决策方法的补充和完善。

8.7.1 区间直觉不确定语言数

1. 区间直觉不确定语言数定义

定义 8-29　设 X 为一给定论域，则区间直觉不确定语言集(IVIULS)可以表示为

$$\widetilde{A} = \{ < x(\tilde{s}_x, \tilde{\mu}_{\widetilde{A}}(x), \tilde{v}_{\widetilde{A}}(x)) > \mid x \in X \} \tag{8-25}$$

式中，$\tilde{s}_x = [s_{\alpha(x)}, s_{\beta(x)}]$ 为不确定语言变量，$\alpha(x)$、$\beta(x)$ 分别为不确定语言变量 $\tilde{s}_x$

的下限和上限语言评价值的下标；$\tilde{\mu}_{\tilde{A}}:X\rightarrow\text{int}[0,1]$ 和 $\tilde{v}_{\tilde{A}}:X\rightarrow\text{int}[0,1]$ 分别表示 x 隶属于和非隶属于不确定语言评价值 $\tilde{s}_x=[s_{\alpha(x)},s_{\beta(x)}]$ 的程度，且有 $0\leqslant\sup\tilde{\mu}_{\tilde{A}}(x)+\sup\tilde{v}_{\tilde{A}}(x)\leqslant 1,x\in X$。

对于任意 $x\in X$，$\tilde{\mu}_{\tilde{A}}(x)$ 和 $\tilde{v}_{\tilde{A}}(x)$ 的下限和上限分别表示为 $\tilde{\mu}^L_{\tilde{A}}(x)$、$\tilde{\mu}^U_{\tilde{A}}(x)$、$\tilde{v}^L_{\tilde{A}}(x)$、$\tilde{v}^U_{\tilde{A}}(x)$，因此，式(8-25)可以表示为

$$\widetilde{A}=\{<x([s_{\alpha(x)},s_{\beta(x)}],[\mu^L_{\tilde{A}}(x),\mu^U_{\tilde{A}}(x)],[v^L_{\tilde{A}}(x),v^U_{\tilde{A}}(x)])>\mid x\in X\} \tag{8-26}$$

则称 $<[s_{\alpha(x)},s_{\beta(x)}],[\mu^L_{\tilde{A}}(x),\mu^U_{\tilde{A}}(x)],[v^L_{\tilde{A}}(x),v^U_{\tilde{A}}(x)]>$ 为区间直觉不确定语言数或区间直觉不确定语言变量。$\tilde{\pi}_{\tilde{A}}(x)=[1-\mu^U_{\tilde{A}}(x)-v^U_{\tilde{A}}(x),1-\mu^L_{\tilde{A}}(x)-v^L_{\tilde{A}}(x)]$ 为区间直觉不确定语言数的犹豫度或不确定指数。

2. 区间直觉不确定语言数的运算法则

设 $x_1=<[s_{\alpha(x_1)},s_{\beta(x_1)}],[\mu^L(x_1),\mu^U(x_1)],[v^L(x_1),v^U(x_1)]>$ 和 $x_2=<[s_{\alpha(x_2)},s_{\beta(x_2)}],[\mu^L(x_2),\mu^U(x_2)],[v^L(x_2),v^U(x_2)]>$ 为两个任意区间直觉不确定语言数，其运算规则为

$$x_1\oplus x_2=<[s_{\alpha(x_1)+\alpha(x_2)},s_{\beta(x_1)+\beta(x_2)}],[1-(1-\mu^L(x_1))(1-\mu^L(x_2)),1-(1-\mu^U(x_1))(1-\mu^U(x_2))],[v^L(x_1)v^L(x_2),v^U(x_1)v^U(x_2)]>$$

$$x_1\otimes x_2=<[s_{\alpha(x_1)\times\alpha(x_2)},s_{\beta(x_1)\times\beta(x_2)}],[\mu^L(x_1)\mu^L(x_2),\mu^U(x_1)\mu^U(x_2)],[1-(1-v^L(x_1))(1-v^L(x_2)),1-(1-v^U(x_1))(1-v^U(x_2))]>$$

$$\lambda x_1=<[s_{\lambda\alpha(x_1)},s_{\lambda\beta(x_1)}],[1-(1-\mu^L(x_1))^\lambda,1-(1-\mu^U(x_1))^\lambda],[(v^L(x_1))^\lambda,(v^U(x_1))^\lambda]>,\lambda\geqslant 0$$

$$x_1^\lambda=<[s_{(\alpha(x_1))^\lambda},s_{(\beta(x_1))^\lambda}],[(\mu^L(x_1))^\lambda,(\mu^U(x_1))^\lambda],[1-(1-v^L(x_1))^\lambda,1-(1-v^U(x_1))^\lambda]>,\lambda\geqslant 0$$

3. 区间直觉不确定语言数的比较

定义 8-30 设 $\tilde{x}=<[s_{\alpha(\tilde{x})},s_{\beta(\tilde{x})}],[\mu^L(\tilde{x}),\mu^U(\tilde{x})],[v^L(\tilde{x}),v^U(\tilde{x})]>$ 为任意的区间直觉不确定语言数，则 $\tilde{x}$ 的区间直觉不确定语言数的期望 $E(\tilde{x})$ 为

$$E(\tilde{x})=\frac{1}{4}\left[\frac{\mu^L(\tilde{x})+\mu^U(\tilde{x})}{2}+1-\frac{v^L(\tilde{x})+v^U(\tilde{x})}{2}\right]\times(\alpha(\tilde{x})+\beta(\tilde{x})) \tag{8-27}$$

定义 8-31 设 $\tilde{x}=<[s_{\alpha(\tilde{x})},s_{\beta(\tilde{x})}],[\mu^L(\tilde{x}),\mu^U(\tilde{x})],[v^L(\tilde{x}),v^U(\tilde{x})]>$ 为任意的区间直觉不确定语言数，则 $\tilde{x}$ 的区间直觉不确定语言数的精确函数 $H(\tilde{x})$ 为

$$H(\tilde{x})=\frac{1}{4}[\mu^L(\tilde{x})+\mu^U(\tilde{x})+v^L(\tilde{x})+v^U(\tilde{x})]\times(\alpha(\tilde{x})+\beta(\tilde{x})) \tag{8-28}$$

定义 8-32 设 $x_1=<[s_{\alpha(x_1)},s_{\beta(x_1)}],[\mu^L(x_1),\mu^U(x_1)],[v^L(x_1),v^U(x_1)]>$

和 $x_2 = <[s_{\alpha(x_2)}, s_{\beta(x_2)}], [\mu^L(x_2), \mu^U(x_2)], [v^L(x_2), v^U(x_2)]>$ 为两个任意区间直觉不确定语言数，则有

(1)若 $E(x_1) < E(x_2)$，则 $x_1 < x_2$；反之，则 $x_1 > x_2$。

(2)若 $E(x_1) = E(x_2)$，则 ① 若 $H(x_1) < H(x_2)$，则 $x_1 > x_2$；② 若 $H(x_1) = H(x_2)$，则 $x_1 = x_2$；③ 若 $H(x_1) > H(x_2)$，则 $x_1 < x_2$。

8.7.2 区间直觉不确定语言数集结算子

定义 8-33 设 $\tilde{x}_i = <[s_{\alpha(\tilde{x}_i)}, s_{\beta(\tilde{x}_i)}], [\mu^L(\tilde{x}_i), \mu^U(\tilde{x}_i)], [v^L(\tilde{x}_i), v^U(\tilde{x}_i)]>$ $(i = 1, 2, \cdots, n)$ 是一组区间直觉不确定语言数，则区间直觉不确定语言加权算术平均(IVIULGWAA)算子为

$$IVIULGWAA = \bigoplus_{i=1}^{n} w_i \tilde{x}_i = < [s_{\sum_{i=1}^{n} w_i \alpha(\tilde{x}_i)}, s_{\sum_{i=1}^{n} w_i \beta(\tilde{x}_i)}],$$
$$\left[1 - \prod_{i=1}^{n} (1 - \mu^L(\tilde{x}_i))^{w_i}, 1 - \prod_{i=1}^{n} (1 - \mu^U(\tilde{x}_i))^{w_i}\right],$$
$$\left[\prod_{i=1}^{n} v^L(\tilde{x}_i)^{w_i}, \prod_{i=1}^{n} v^U(\tilde{x}_i)^{w_i}\right]> \tag{8-29}$$

8.7.3 评价方法与步骤

假设 $A = \{A_1, A_2, \cdots, A_m\}$ 为一系列方案集，$G = \{G_1, G_2, \cdots, G_n\}$ 为一系列属性集，w_i 是属性 G_i 的权重，满足 $0 \leqslant w_i \leqslant 1$，$\sum_{i=1}^{n} w_i = 1$；$D = \{D_1, D_2, \cdots, D_P\}$ 为相关评价者，其权重为 $\boldsymbol{\omega} = [\omega_1 \ \ \omega_2 \ \ \cdots \ \ \omega_P]^{\mathrm{T}}$，满足 $\omega_i \in [0, 1]$，$\sum_{i=1}^{P} \omega_i = 1$。若评价者 D_k 对方案 A_i 在属性 G_j 下的评价值用区间直觉不确定语言变量(IVIULN)表示为 $\tilde{x}_{ij}^k = <[s_{\alpha_{ij}^k}, s_{\beta_{ij}^k}], [c_{ij}^k, d_{ij}^k], [e_{ij}^k, f_{ij}^k]>$，即评价矩阵为 $\tilde{\boldsymbol{X}}^k = [\tilde{x}_{ij}^k]_{m \times n}$。其中，$s_{\alpha_{ij}^k}$、$s_{\beta_{ij}^k}$ 是不确定语言变量集 S 中的元素，且 $s_{\alpha_{ij}^k} < s_{\beta_{ij}^k}$，$0 \leqslant c_{ij}^k \leqslant 1$，$0 \leqslant d_{ij}^k \leqslant 1$，$c_{ij}^k \leqslant d_{ij}^k$，$e_{ij}^k \leqslant f_{ij}^k$，$e_{ij}^k + f_{ij}^k \leqslant 1$。试给方案排序。

具体评价步骤如下。

(1)使用 IVIULGWAA 算子对 $\tilde{\boldsymbol{X}}^k = [\tilde{x}_{ij}^k]_{m \times n}$ 中第 i 行的属性值进行集成，得到 D_k 对方案 A_i 的综合属性值 $\tilde{x}_i^k$。

$$\tilde{x}_i^k = IVIULGWAA(\tilde{x}_{i1}^k, \tilde{x}_{i2}^k, \cdots, \tilde{x}_{in}^k)$$

(2)使用 IVIULGWWA 算子计算第 k 位评价制定者对方案 A_i 的综合属性值 $\tilde{x}_i^k$，得到全体评价者对方案 A_i 的综合评价值 $\tilde{X}_i$。

$$\widetilde{X}_i = IVIULGWWA(\widetilde{x}_i^1, \widetilde{x}_i^2, \cdots, \widetilde{x}_i^P)$$

(3)使用式(8-27)和式(8-28)计算区间直觉不确定语言变量 $\widetilde{X}_i$ 的期望值 $E(\widetilde{X}_i)$ 和精确函数值 $H(\widetilde{X}_i)$。

(4)根据区间直觉不确定语言变量 $\widetilde{X}_i$ 期望值 $E(\widetilde{X}_i)$ 和精确函数值 $H(\widetilde{X}_i)$，对方案进行排序，从而得出最佳方案。

8.7.4　实例分析

有 3 位专家对 3 幅地图进行评价，主要考虑地图的 7 个方面指标，即位置精度(u_1)、属性精度(u_2)、逻辑一致性(u_3)、完整性(u_4)、现势性(u_5)、装饰质量(u_6)和附件质量(u_7)，其属性权重为 $\boldsymbol{W} = [0.2\ \ 0.3\ \ 0.15\ \ 0.1\ \ 0.1\ \ 0.1\ \ 0.05]^{\mathrm{T}}$。由于多方面因素考虑，给 3 位专家的权重不一样，其专家权重为 $\boldsymbol{\omega} = [0.3\ \ 0.4\ \ 0.3]^{\mathrm{T}}$，专家采用粒度为 7 的语言标度 $S = \{s_{-3}$:很差，s_{-2}:差，s_{-1}:有点差，s_0:一般，s_1:有点好，s_2:好，s_3:很好$\}$，用区间直觉不确定语言数对地图质量进行语言评价。每位专家的语言评价结果如表 8-11 至表 8-13 所示。

表 8-11　专家一的区间直觉不确定语言数评价结果

地图	u_1	u_2
D_1	$<[s_1,s_2],[0.6,0.7],[0.1,0.1]>$	$<[s_0,s_1],[0.6,0.7],[0.1,0.2]>$
D_2	$<[s_2,s_3],[0.5,0.7],[0.2,0.3]>$	$<[s_0,s_1],[0.5,0.6],[0.2,0.3]>$
D_3	$<[s_1,s_2],[0.5,0.6],[0.1,0.2]>$	$<[s_1,s_1],[0.6,0.7],[0.1,0.2]>$
地图	u_3	u_4
D_1	$<[s_0,s_1],[0.7,0.8],[0.1,0.2]>$	$<[s_3,s_3],[0.5,0.6],[0.3,0.4]>$
D_2	$<[s_1,s_2],[0.5,0.6],[0.2,0.2]>$	$<[s_0,s_1],[0.6,0.7],[0.1,0.2]>$
D_3	$<[s_0,s_1],[0.6,0.6],[0.3,0.4]>$	$<[s_0,s_1],[0.6,0.7],[0.2,0.3]>$
地图	u_5	u_6
D_1	$<[s_1,s_2],[0.6,0.7],[0.2,0.3]>$	$<[s_2,s_3],[0.6,0.7],[0.1,0.3]>$
D_2	$<[s_2,s_3],[0.5,0.6],[0.1,0.2]>$	$<[s_1,s_2],[0.7,0.8],[0.1,0.2]>$
D_3	$<[s_2,s_3],[0.6,0.7],[0.2,0.3]>$	$<[s_3,s_3],[0.6,0.7],[0.1,0.2]>$
地图	u_7	
D_1	$<[s_2,s_3],[0.5,0.6],[0.2,0.3]>$	
D_2	$<[s_{-1},s_0],[0.6,0.7],[0.1,0.2]>$	
D_3	$<[s_2,s_3],[0.5,0.7],[0.1,0.3]>$	

表 8-12　专家二的区间直觉不确定语言数评价结果

地图	u_1	u_2
D_1	$<[s_2,s_2],[0.6,0.7],[0.1,0.2]>$	$<[s_0,s_1],[0.5,0.6],[0.3,0.4]>$
D_2	$<[s_1,s_2],[0.5,0.6],[0.3,0.4]>$	$<[s_2,s_2],[0.5,0.6],[0.4,0.4]>$
D_3	$<[s_0,s_1],[0.7,0.7],[0.1,0.2]>$	$<[s_1,s_1],[0.6,0.7],[0.1,0.2]>$

续表

地图	u_3	u_4
D_1	$<[s_2,s_3],[0.5,0.6],[0.3,0.4]>$	$<[s_0,s_1],[0.5,0.6],[0.1,0.2]>$
D_2	$<[s_0,s_1],[0.6,0.8],[0.1,0.1]>$	$<[s_1,s_1],[0.5,0.6],[0.3,0.4]>$
D_3	$<[s_1,s_2],[0.6,0.7],[0.2,0.3]>$	$<[s_1,s_2],[0.6,0.7],[0.1,0.2]>$
地图	u_5	u_6
D_1	$<[s_1,s_2],[0.7,0.8],[0.1,0.2]>$	$<[s_2,s_3],[0.6,0.7],[0.1,0.3]>$
D_2	$<[s_2,s_3],[0.5,0.6],[0.2,0.3]>$	$<[s_1,s_2],[0.7,0.8],[0.1,0.2]>$
D_3	$<[s_2,s_3],[0.5,0.7],[0.2,0.3]>$	$<[s_0,s_1],[0.5,0.6],[0.2,0.3]>$
地图	u_7	
D_1	$<[s_2,s_3],[0.5,0.6],[0.2,0.3]>$	
D_2	$<[s_{-1},s_0],[0.5,0.7],[0.2,0.3]>$	
D_3	$<[s_1,s_2],[0.5,0.6],[0.2,0.3]>$	

表 8-13　专家三的区间直觉不确定语言数评价结果

地图	u_1	u_2
D_1	$<[s_2,s_2],[0.5,0.6],[0.1,0.2]>$	$<[s_0,s_1],[0.6,0.7],[0.2,0.3]>$
D_2	$<[s_1,s_2],[0.6,0.7],[0.2,0.3]>$	$<[s_2,s_2],[0.5,0.6],[0.3,0.4]>$
D_3	$<[s_1,s_1],[0.7,0.7],[0.1,0.2]>$	$<[s_2,s_2],[0.5,0.6],[0.2,0.3]>$
地图	u_3	u_4
D_1	$<[s_1,s_2],[0.5,0.6],[0.3,0.4]>$	$<[s_1,s_1],[0.6,0.7],[0.1,0.2]>$
D_2	$<[s_0,s_0],[0.7,0.8],[0.1,0.1]>$	$<[s_0,s_1],[0.5,0.6],[0.3,0.4]>$
D_3	$<[s_{-2},s_0],[0.5,0.8],[0.1,0.1]>$	$<[s_1,s_1],[0.6,0.7],[0.1,0.2]>$
地图	u_5	u_6
D_1	$<[s_2,s_3],[0.5,0.6],[0.2,0.3]>$	$<[s_2,s_3],[0.5,0.6],[0.1,0.3]>$
D_2	$<[s_1,s_2],[0.7,0.8],[0.1,0.2]>$	$<[s_1,s_3],[0.5,0.7],[0.1,0.2]>$
D_3	$<[s_2,s_3],[0.6,0.7],[0.1,0.2]>$	$<[s_3,s_3],[0.6,0.7],[0.2,0.3]>$
地图	u_7	
D_1	$<[s_3,s_3],[0.5,0.6],[0.2,0.3]>$	
D_2	$<[s_0,s_1],[0.7,0.8],[0.1,0.2]>$	
D_3	$<[s_1,s_2],[0.6,0.7],[0.1,0.3]>$	

由于都是效益型准则,因此对评价矩阵不必进行规范化处理。

按式(8-29)计算各位专家的评价结果为

$$z_1^1 = <[s_{0.9},s_{1.8}],[0.604,0.705],[0.124,0.207]>$$

$$z_2^1 = <[s_{0.8},s_{1.8}],[0.541,0.663],[0.157,0.245]>$$

$$z_3^1 = <[s_{1.1},s_{1.7}],[0.577,0.668],[0.135,0.246]>$$

$$z_1^2 = <[s_{1.1},s_{1.9}],[0.556,0.658],[0.170,0.290]>$$

$$z_2^2 = <[s_{1.15},s_{1.75}],[0.541,0.668],[0.234,0.290]>$$

$$z_3^2 = <[s_{0.8}, s_{1.5}], [0.601, 0.687], [0.132, 0.235]>$$

$$z_1^3 = <[s_{1.2}, s_{1.85}], [0.543, 0.644], [0.161, 0.277]>$$

$$z_2^3 = <[s_1, s_{1.55}], [0.590, 0.702], [0.178, 0.260]>$$

$$z_3^3 = <[s_{1.15}, s_{1.6}], [0.583, 0.692], [0.132, 0.216]>$$

考虑专家权重,综合其评价结果,得到最终评价结果为

$$z_1 = <[s_{1.07}, s_{1.855}], [0.567, 0.669], [0.152, 0.259]>$$

$$z_2 = <[s_1, s_{1.705}], [0.563, 0.677], [0.191, 0.267]>$$

$$z_3 = <[s_{0.995}, s_{1.58}], [0.589, 0.683], [0.132, 0.232]>$$

计算综合评价结果的期望,为

$$E(z_1) = s_{1.044}, E(z_2) = s_{0.941}, E(z_3) = s_{0.936}$$

因此,第三幅地图质量最优。

第9章 结 论

9.1 研究成果

本书主要研究了空间数据质量的语言评价，是空间数据基础理论研究的重要补充，同时也给空间数据评价提供了新的方法和思路。因此，本书研究是非常重要和有意义的。本书的主要研究成果如下。

(1)系统总结了空间数据质量评价指标体系构建的原则，分析其指标体系构建的基本原则和逻辑层次性原则，建立了衡量空间数据指标的函数模型。

(2)二元语义的空间数据质量评价。研究确定语言、不确定语言和多粒度语言的二元语义评价的方法。主要研究了评价语言与二元语义之间的运算；研究了不同粒度语言之间的集成；研究了在三种情况下二元语义评价的原理和方法；用实例对每种情况进行了空间数据质量评价。

(3)模糊语言的空间数据质量评价。主要研究了传统模糊语言(三角模糊数、梯形模糊数等)、直觉模糊语言和犹豫模糊语言等语言形式的空间数据质量评价的方法，包括：模糊语言之间的运算原理，特别是不同模糊语言之间的运算；模糊语言的集成算子；模糊语言评价的原理、方法和步骤；用实例进行了模糊语言的空间数据质量评价。

(4)模糊数的空间数据质量评价。主要是把语言信息转化为模糊数，运用模糊理论进行空间数据质量评价；研究了三角模糊数、梯形模糊数与语言之间的转化。

(5)重点研究了利用 Vague 集理论进行空间数据质量语言评价的方法。研究了三种类型的属性及权重，并以语言值方式给出空间地图质量的综合评价方法：属性权重为确定实数且属性特征为语言值的量化评价方法，属性权重完全未知且属性值为语言值的量化评价方法，属性权重和属性值均为语言的量化评价方法。其中，语言值分为确定型和不确定型两种形式。对于三种类型的属性特征及权重以语言值给出的评价问题，研究了基于距离或记分函数的单人评价和群评价方法。在群评价问题的研究中，为了最大可能地削弱过高或者过低的属性记分值对地图方案最终评价值的影响，采用有序加权平均算子(OWA)的方法。评价结果表明，该方法科学有效。为了在信息集结过程中客观体现地图方案的差别，减少主观因素的影响，本书研究了基于最大最小可能记分值和基于正负理想方案的评价方法。针对属性权重完全未知的评价问题，提出两种确定属性权重的方法：基于属性区分度法和基于地图方案集与正负理想方案的距离法。

(6)针对每一种评价方法，介绍评价步骤的同时给出实例分析，为体现评价方法的有效性，对同一数据大多采用两种及以上的评价方法，结果具有一致性。

(7)直觉语言数的空间数据质量评价。这种方法既利用语言信息又利用模糊理论，把两者相结合起来，对空间数据质量进行评价。主要研究了直觉语言数、直觉不确定语言数、区间直觉语言数和区间直觉不确定语言数等四种情况下用于空间数据质量评价的原理和方法；研究了四种情况下的运算规律；用实例说明了每种情况用于空间数据质量语言评价。

9.2 展望

(1)本书对不同粒度语言集成研究的比较少。实际上，不同粒度语言集成是语言评价的一个难点。如何把专家给出的不同粒度语言评价信息融合在一起，是一个值得研究的问题。

(2)本书还未涉及既有语言数据又有定量数据的评价问题。实际上这类问题很多，应该进行研究。

(3)不完全信息下的空间数据质量语言评价问题。由于实际评价问题的复杂性，评价值给出的评价信息可能是不完全的，如何完善和补充评价信息是一个值得研究的问题。

(4)交互式空间数据质量语言评价问题。随着经济、社会和科技的快速发展，现实世界中的知识和信息量飞速增长，各种评价问题的复杂性明显提高，使得评价者很难在一次评价过程中就做出决断；而是在评价过程中，当评价者对评价结果感到不满意时，需要对某个阶段的一些评价参数值进行修正，再进行评价。因此，这种交互式的评价过程显得十分重要，本书未进行研究。

(5)对于评价指标权重和专家权重是语言形式给出，或者是未知，或者是部分已知，本书略有涉及 Vague 集用于空间数据质量语言评价，但比较简单。在评价过程中，有时权重并不知道，或者是语言形式，如位置精度比属性精度更重要，对于这类问题应引起重视并进行研究。

(6)本书所讨论的地图质量定性评价及其量化问题是理论方面的研究，若是要应用于实践，还需要将研究出来的评估模型进一步细化。本书所进行的研究，只涉及一级质量元素，未对其他级别的质量元素做出研究。

参考文献

[1] 郭亚军. 综合评价理论、方法及拓展[M]. 北京:科学出版社,2012.

[2] 刘思峰,郭本海,方志耕,等. 系统评价:方法、模型、应用[M]. 北京:科学出版社,2015.

[3] 王熙照,翟俊海. 基于不确定的决策树归纳[M]. 北京:科学出版社,2012.

[4] 刘保相. 粗糙集对分析理论与决策模型[M]. 北京:科学出版社,2010.

[5] 安利平. 基于粗集理论的多属性决策分析[M]. 北京:科学出版社,2008.

[6] 付艳华. 基于证据推理的不确定多属性决策方法研究[D]. 沈阳:东北大学,2010.

[7] 刘盾. 基于粗糙集理论的多属性决策方法[D]. 成都:西南交通大学,2010.

[8] 龚本刚. 基于证据理论的不完全信息多属性决策研究[D]. 合肥:中国科学技术大学,2007.

[9] 肖文. 基于证据理论的多属性决策关联问题的研究[D]. 南昌:江西财经大学,2010.

[10] 胡启洲,张卫华. 区间数理论的研究及其应用[M]. 北京:科学出版社,2010.

[11] 刘秀梅,赵克勤. 区间数决策集对分析[M]. 北京:科学出版社,2014.

[12] 张继国,SINGH V P. 信息熵——理论与应用[M]. 北京:中国水利水电出版社,2012.

[13] 周晓光,谭春桥,张强. 基于 Vague 集的决策理论与方法[M]. 北京:科学出版社,2009.

[14] 杨春. 证据理论在决策与评价中的应用研究[D]. 西安:西安交通大学,1999.

[15] 李远远. 基于粗糙集的指标体系构建及综合评价方法研究[D]. 武汉:武汉理工大学,2009.

[16] 何宗宜,屠龙海. 地图质量评判的数学模型[J]. 武汉测绘科技大学学报,1994,19(3):221-226.

[17] 赵书茂,赵永江,黄万华. 地图质量的模糊综合评价[J]. 测绘学院学报,2000,17(1):70-72.

[18] 王烯,李伟. 空间数据质量的模糊综合评价方法探讨[J]. 现代测绘,2011,34(3):31-33.

[19] 鲁铁定,周世健,官云兰. 数字地图质量的模糊综合评价[J]. 城市勘测,2001(1):23-25.

[20] 李大军,陈荣清,赵宝贵. DLG 产品质量的模糊综合评判[J]. 华东地质学院学报,2002,25(3):250-253.

[21] 李爱国,胡圣武. 基于直觉模糊集多属性决策的空间数据质量评价研究[J]. 测绘通报,2014(3):46-50.

[22] 刘慧敏,邓敏,樊子德,等. 地图信息度量方法及其应用分析[J]. 地理与地理信息科学,2012,28(6):1-6.

[23] 罗胜,刘萍,何乔. 影像地图质量的多层次模糊综合评价方法研究[J]. 海洋测绘,2007,27(5):66-69.

[24] 史文中. 空间数据与空间分析不确定性原理 [M]. 2 版. 北京:科学出版社,2015.

[25] 刘大杰,刘春. GIS 数字产品质量抽样检验方案探讨[J]. 武汉测绘科技大学,2000,25(4):348-353.

[26] 刘春. GIS 属性数据的精度度量及质量控制的抽样原理与方法[D]. 上海:同济大学,2000.

[27] 刘春,史文中,刘大杰. GIS 属性数据精度的缺陷率度量统计模型[J]. 测绘学报,2003,32(1):36-41.

[28] HUNTER G J,GOODCHILD M F. A new model for handling vector data uncertainty in geographic information systems [J]. Journal of the Urban and Regional Information Systems Association,1996,8(1):51-57.

[29] DAN L. Temporal data mining methodologies in a geo-spatial decision support system[D]. University of Nebraska,2005.

[30] 陈静.基于GIS的空间多准则决策方法及其防灾应用研究[D].北京:中国矿业大学,2009.

[31] 黄崇福.自然灾害风险评价理论与实践[M].北京:科学出版社,2006.

[32] 张朝忙,刘庆生,刘高焕,等.中国地区SRTM3 DEM高程精度质量评价[J].测绘工程,2014,23(4):14-19.

[33] 单杰,秦昆,黄长青,等.众源地理数据处理与方法探讨[J].武汉大学学报(信息科学版),2014,39(4):390-396.

[34] 侯丽娜.航测数字化地形图数据质量控制方法研究[D].西安:西安科技大学,2014.

[35] 李卉,钟成,李德仁,等.投影变换过程的可靠性评价[J].武汉理工大学学报(交通科学与工程),2011,35(1):83-86.

[36] 曾衍伟,龚健雅.空间数据质量控制与评价及实现技术[J].武汉大学学报(信息科学版),2004,29(8):686-690.

[37] 孙雅荣.城市绿地信息提取及空间数据质量评价分析[D].上海:上海师范大学,2007.

[38] 胡小静.空间数据质量控制与评价方法研究[D].昆明:昆明理工大学,2011.

[39] 李兴东.基于直觉模糊集的空间数据质量评价研究[D].焦作:河南理工大学,2014.

[40] 谢歆.基于区间直觉模糊集的空间数据质量评价研究[D].焦作:河南理工大学,2015.

[41] 胡圣武.GIS质量评价与可靠性分析[M].北京:测绘出版社,2006.

[42] 王庆国.4D产品质量的模糊综合评判[D].武汉:武汉大学,2004.

[43] 李大军,龚健雅,谢刚生.DLG产品质量的模糊综合评判[J].地矿测绘,2002,18(1):1-3.

[44] 刘大杰,史文中,童小华,等.GIS空间数据的精度分析与质量控制[M].上海:上海科学技术文献出版社,1999.

[45] GOODCHILD M F, HUNTER G J. A simple positional accuracy measure for linear features[J]. International Journal of Geographical Information Science, 1997, 11(3): 299-306.

[46] 刘春,刘大杰,史文中.基于缺陷率的GIS属性数据的质量限差探讨[J].同济大学学报(自然科学版),2002,30(11):1355-1360.

[47] 徐泽水.基于语言信息的决策理论与方法[M].北京:科学出版社,2008.

[48] 姜艳萍,樊治平.基于判断矩阵的决策理论与方法[M].北京:科学出版社,2008.

[49] 丁勇.语言型多属性群决策方法及其应用[D].合肥:合肥工业大学,2011.

[50] 王坚强.几类信息不完全确定的多准则决策方法研究[D].长沙:中南大学,2005.

[51] 王欣荣.基于语言评价信息的群决策理论与方法研究[D].沈阳:东北大学,2003.

[52] 张震.具有残缺和不确定信息的群决策方法研究[D].大连:大连理工大学,2014.

[53] 彭定洪.模糊语言群体多准则决策方法研究[D].哈尔滨:哈尔滨理工大学,2010.

[54] 尤天慧,张尧,樊治平,等.信息不完全确定的多指标决策理论与方法[M].北京:科学出版社,2010.

[55] 卫贵武.基于模糊信息的多属性决策理论与方法[M].北京:中国经济出版社,2010.

[56] 卫贵武.基于不确定信息的风险投资项目评估模型研究[M].成都:西南交通大学出版社,2013.

[57] YAGER R R. On ordered weighted averaging aggregation operators in multi-criteria decision making[J]. IEEE Transactions on Systems, Man and Cybernetics, 1998, 18: 183-190.

[58] 徐泽水. 直觉模糊集信息集成理论及其应用[M]. 北京:科学出版社,2008.

[59] 彭勃. 纯语言多属性群决策方法及其应用研究[D]. 上海:上海理工大学,2014.

[60] WANG C H. A study of membership function on mamdani-type fuzzy inference system for industrial decision making[D]. Lehigh University,2015.

[61] 汪新凡. 基于直觉语言的多准则决策方法研究[D]. 长沙:中南大学,2014.

[62] 王伟平. 基于 Vague 集的语言型多准则决策方法[M]. 北京:经济科学出版社,2013.

[63] 黄灏然. 多属性消错决策方法研究[D]. 广州:广东工业大学,2014.

[64] 吴坚. 基于 OWA 算子理论的混合型多属性群决策研究[M]. 合肥:合肥工业大学出版社,2012.

[65] 裴植. 模糊多属性决策方法及其在制造业中的应用[D]. 北京:清华大学,2011.

[66] 雷英杰,赵杰,路艳丽,等. 直觉模糊集理论及其应用(上册)[M]. 北京:科学出版社,2014.

[67] 雷英杰,赵杰,路艳丽,等. 直觉模糊集理论及其应用(下册)[M]. 北京:科学出版社,2014.

[68] 张振华. 几类特殊模糊集的理论与应用研究[D]. 南京:南京理工大学,2012.

[69] 慈铁军. 基于决策者偏好的区间数多属性决策方法研究[D]. 天津:河北工业大学,2014.

[70] 熊文涛. 区间数多准则决策方法及其应用研究[D]. 武汉:华中科技大学,2011.

[71] 杨恶恶. 基于双语言信息的多准则决策方法研究[D]. 长沙:中南大学,2013.

[72] 李鹏. 直觉模糊信息决策方法研究[D]. 镇江:江苏大学,2014.

[73] 陶志富. 语言型广义多属性决策模型及其应用[D]. 合肥:安徽大学,2015.

[74] 赵萌,李刚,陈凯. 基于熵的多属性决策方法及在区域经济评价中的应用[M]. 北京:经济科学出版社,2014.

[75] HERRERA F, HERRERA-VIEDMA E, MARTINEZ L. A fusion approach for managing multi-granularity linguistic terms set in decision making[J]. Fuzzy Set and Systems, 2000, 114(1):43-58.

[76] HERRERA F, MARTINEZ L. A 2-tuple fuzzy linguistic representation model for computing with words[J]. IEEE Transactions on Fuzzy Systems, 2000, 8(12):746-752.

[77] 骆达荣. 基于熵和消错理论的不确定型多属性决策研究[D]. 广州:广东工业大学,2015.

[78] 任海平. 基于直觉模糊信息的多属性决策理论与应用研究[D]. 南昌:江西财经大学,2015.

[79] 苗晓娟. 基于模糊信息的多属性决策扩展模型研究[D]. 大连:大连理工大学,2015.

[80] 任剑. 模糊环境下信息不完全的随机多准则决策方法研究[D]. 长沙:中南大学,2010.

[81] 李登峰. 模糊多目标多人决策与对策[M]. 北京:国防工业出版社,2003.

[82] 李登峰. 直觉模糊集决策与对策分析方法[M]. 北京:国防工业出版社,2012.

[83] 王鬻华. 基于灰色决策的语言评价信息集结模型及其应用研究[D]. 南京:南京航空航天大学,2013.

[84] 王伟. 基于 Vague 集理论的推荐与模糊决策相应算法研究[D]. 西安:西北大学,2014.

[85] 张丽媛. 复杂偏好下多属性大群体决策方法研究[D]. 长沙:中南大学,2013.

[86] 周庆健. 三种典型属性值类型下的不确定型决策研究[D]. 大连:大连理工大学,2014.

[87] 周礼刚. 几类广义信息集成算子及其在多属性决策中的应用[D]. 合肥：安徽大学，2014.

[88] 郝晶晶. 多阶段语言信息的集结模型及应用研究[D]. 南京：南京航空航天大学，2004.

[89] 孙卫星，胡圣武. 基于 Vague 集的地图质量不确定语言评价研究[J]. 河南城建学院学报，2015，24(2)：69-73.

[90] 胡圣武，范印，叶险峰. 基于 Vague 集的地图质量不确定语言群评价研究[J]. 河南理工大学学报，2016，35(2)：212-217.

[91] 王桂祥. 模糊数理论及其应用[M]. 北京：国防工业出版社，2011.

[92] 王新洲，史文中，王树良. 模糊空间信息处理[M]. 武汉：武汉大学出版社，2003.

[93] TORRA V. Hesitant fuzzy sets[J]. International Journal of Intelligent Systems，2010，25：529-539.

[94] TORRA V，NARUKAWA Y. On hesitant fuzzy sets and decision[C] //The 18th IEEE International Conference on Fuzzy Systems. Jeju Island，Korea，2009：1378-1382.

[95] XU Z S，XIA M M. Distance and similarity measures for hesitant fuzzy sets[J]. Information Sciences，2011，181：2128-2138.

[96] 张小路. 基于犹豫模糊信息的多属性决策方法研究[D]. 南京：东南大学，2015.

[97] 史文中. 空间数据误差处理的理论和方法[M]. 北京：科学出版社，1998.

[98] AHLQVIST O，KEUKELAAR J，OUKBIR K. Rough classification and accuracy assessment[J]. International Journal of Geographical Information Science，2000，14(5)：126-13.

[99] ALTMAN D. Fuzzy set theoretic approaches for handling imprecision in spatial analysis[J]. International Journal of Geographical Information Systems，1994，8(3)：231-243.

[100] LIU K F. A framework for modeling uncertain relationships between spatial objects in GIS based on fuzzy topology [D]. Hong Kong：The Hong Kong Polytechnic University，2005.

[101] CHEUNG C K. Assessing positional and modeling uncertainties in vector-based spatial process and analyses in geographic information systems[D]. Hong Kong：The Hong Kong Polytechnic University，2003.

[102] 邬伦，高振季，史文中，等. 地理信息系统中的不确定性问题[M]. 北京：电子工业出版社，2010.

[103] 陶本藻，蓝阅明. GIS 叠置不确定度的统计估计方法[J]. 武汉大学学报(信息科学版)，2001，26(2)：101-104.

[104] 胡圣武，王新洲，陶本藻，等. GIS 的不确定性研究[J]. 测绘通报，2004(9)：13-16.

[105] 李大军. 基于信息熵的空间数据位置不确定性模型的研究[D]. 武汉：武汉大学，2003.

[106] 冯弟飞，任勤，胡圣武. 高斯正算坐标误差研究[J]. 河南理工大学学报(自然科学版)，2015，34(6)：802-806.

[107] 易俐娜. 面向对象遥感影像分类不确定性分析[D]. 武汉：武汉大学，2011.

[108] 雷伟刚，刘大杰，童小华. GIS 中曲线综合平差模型的建立[J]. 测绘科学，2005，30(3)：61-63.

[109] 胡圣武，孙清娟，冯弟飞. 曲线位置误差及精度研究[J]. 河南理工大学学报(自然科学版)，

2015,34(4):498-504.

[110] 徐丰,牛继强.空间数据多尺度表达不确定性研究进展[J].信阳师范学院学报(自然科学版),2012,25(2):276-280.

[111] 李晓印,邢立亭.面状实体在矢栅互换中的信息损失问题[J].济南大学学报(自然科学版),2014,28(2):157-160.

[112] 朱庆,李德仁.多波束测深数据的误差分析与处理[J].武汉测绘科技大学学报,1998,23(1):1-5.

[113] 李德仁,彭美兰,张菊清.估计 GIS 中面要素定位误差精度指标[J].武汉测绘科技大学学报,1996,21(2):134-139.

[114] 杨元喜.卫星导航的不确定性、不确定度与精度若干注记[J].测绘学报,2012,41(5):646-650.

[115] GOODCHILD M F, GOPAL S. Accuracy of spatial database[M]. London and New York: Taylor and Francis,1989.

[116] 史文中,童小华,刘大杰. GIS 中一般曲线的不确定性模型[J].测绘学报,2000,29(1):52-58.

[117] 刘大杰,刘春. GIS 空间数据不确定性与质量控制的研究现状[J].测绘工程,2001,10(3):6-10.

[118] 张海荣. GIS 中数据不确定性研究综述[J].徐州师范大学学报,2001,19(4):66-68.

[119] 赵耀龙,赵俊三,董非. GIS 空间数据质量控制和模糊信息处理[J].地矿测绘,2002,18(1):15-17.

[120] ALESHEIKH A A. Modeling and managing uncertainty in object-based geospatial information system [D]. The University of Calgary,1998.

[121] 胡圣武,王新洲,陶本藻,等. GIS 不确定性的基本理论及需解决的问题[J].测绘科学,2007,32(2):15-19.

[122] 胡圣武,吴军超,冯弟飞.系统误差对参数估值的影响研究[J].河南理工大学学报(自然科学版),2016,35(1):55-58.

[123] 薛洁.关于 GIS 不确定性传播问题的若干研究[D].西安:长安大学,2013.

[124] 杨铁利. GIS 地图产品不确定性研究[D].长春:吉林大学,2007.

[125] 王桥,龙毅,秦建荣. DEM 数据内插的分形方法及其试验研究[J].武汉测绘科技大学学报,1996,21(2):159-162.

[126] 包黎莉,秦承志,朱阿兴,等. DEM 误差对滑坡危险性评价模型的影响[J].地理科学进展,2012,31(10):1326-1333.

[127] 肖宇鹏,何云斌,万静,等.基于模糊 C-均值的空间不确定数据聚类[J].计算机工程,2015,41(10):47-52.

[128] GOLDBERG D W. Spatial approaches to reducing error in geocoded data [D]. University of Southern California,2010.

[129] 梅士员.基于特征的空间数据不确定性表达理论与方法研究[D].南京:南京大学,2004.

[130] 童小华,史文中,刘大杰. GIS 中圆曲线的不确定模型[J].测绘学报,1999,28(4):325-329.

[131] 刘文宝,戴洪磊,徐泮林,等.平面线位误差带几何形状的解析表达[J].测绘学报,1998,27(3):231-237.

[132] 戴洪磊,刘文宝,徐伴林.矢量 GIS 中随机折线定位不确定性的可视化模型[J].测绘学报,1999,28(3):239-243.

[133] 梁敏中,洪友堂,钟永松. 遥感图像点线元位置不确定性的可视化研究[J].地矿测绘,2014,30(3):4-7.

[134] 阿依姑丽·托合提,瓦哈甫·哈力克,玛依拉·麦麦提艾力.遥感信息专题分类不确定性的可视化研究[J].新疆大学学报(自然科学版),2013,30(1):100-105.

[135] 刘文宝.空间数据不确定性理论[D].武汉:武汉测绘科技大学,1995.

[136] 戴洪磊.矢量 GIS 中位置不确定性度量与传播的理论与方法[D].武汉:武汉测绘科技大学,2000.

[137] 游扬声.一般分布模式下 GIS 位置数据的不确定性研究[D].武汉:武汉大学,2005.

[138] 张菊清.空间几何数据质量控制的理论与方法研究[D].西安:长安大学,2009.

[139] 靳燕.GIS 空间位置数据的区间不确定性研究[D].西安:长安大学,2014.

[140] MAFFINI G, ARNO M, BITTERLICH W. Observations and comments on the generation and treatment of error in digital GIS data[C] //In: Goodchild M F and Gopal S (ed.), Accuracy of Spatial Databases. New York: Taylor and Francis,1989.

[141] 刘文宝,戴洪磊,徐泮林,等.GIS 中平面面位误差环的解析模型[J].测绘学报,1998,27(4):338-344.

[142] 刘二永.数字高程模型的随机误差模型[D].徐州:中国矿业大学,2012.

[143] 李大军,龚健雅,于海龙,等.GIS 线元的平均熵不确定带[J].遥感学报,2004,8(1):9-13.

[144] 杨元喜.关于"新的点位误差度量"的讨论[J].测绘学报,2009,38(3):280-282.

[145] 史文中,王树良.GIS 中数据属性不确定性的处理方法及其发展[J].遥感学报,2002,6(5):393-400.

[146] 刘文宝,邓敏,夏宗国.矢量 GIS 中属性数据的不确定性分析[J].测绘学报,2000,29(1):76-82.

[147] 刘大杰,刘春.GIS 数字产品质量抽样检验方案探讨[J].武汉测绘科技大学学报,2000,25(4):348-353.

[148] 刘春.GIS 属性数据的精度度量及质量控制的抽样原理与方法[D].上海:同济大学,2000.

[149] HUNTER G J, GOODCHILD M F. A new model for handling vector data uncertainty in GIS[J]. Journal of the Urban and Regional Information Systems Association,1996,8(1):254-248.

[150] 竞霞,魏曼,王纪华,等.基于边界域修正粗糙熵模型的遥感影像分类不确定性评价[J].中国农业科学,2014,47(11):2135-2141.

[151] 史玉峰,史文中,靳奉祥.GIS 中空间数据不确定性的混合熵模型研究[J].武汉大学学报(信息科学版),2006,31(1):82-85.

[152] GIORGI F, MEARNS L O. Calculation of average, uncertainty range, reliability of regional climate changes from AOGOM simulations via the "reliability ensemble

averaging"(REA) method[J]. Journal of Climate,2001,15(10):1141-1158.

[153] BIESEMANS J,MEIRVENNE M V,GABIELS D. Extending the RUSLE with the Monte Carlo error propagation technique to predict long-term average off-site sediment accumulation[J]. Journal of Soil & Water Conservation,2000,55 (1):35-42.

[154] VOUDOURIS V. Geospatial modeling of indeterminate phenomena: the objected-field model with uncertainty and semantics[D]. City University London,2008.

[155] 胡圣武.测量平差模型误差对平差结果的影响[J].测绘科学,2013,38(3):54-57.

[156] 杨元喜.动态 Kalman 滤波模型误差的影响[J].测绘科学,2006,31(1):17-19.

[157] 冯克忠,万庆,励惠国,等.时空数据模型及时空地理信息系统框架[J].地球信息科学,2004,6(1):49-52.

[158] PEUQUET D J. It's about time: a conceptual framework for the representation of temporal dynamics in geographic information systems[J]. Annals of the Association of American Geograph,2015,84(3):41-46.

[159] 唐新明,吴岚.时空数据库模型和时间地理信息系统框架[J].遥感信息,1999(1):4-8.

[160] 张保钢.空间数据现势度的概念[J].测绘信息与工程,2000(2):13-15.

[161] SALAH A M. Stochastic spatial-temporal uncertainty in GIS-based water modeling of the land water interface[D]. Brigham Young University,2009.

[162] 高蒙.时空不确定性传播问题的若干研究[D].西安:长安大学,2015.

[163] BURROUGH P A, FRANK A U. Geographic objects with indeterminate boundaries [A] // In: Proceedings of GIS Data Specialist Meeting on Spatial Objects with Undetermined Boundaries[C]. London: Taylor and Francis,1996.

[164] WANG F, HALL G B. Fuzzy representation of geographical boundaries in GIS[J]. International Journal of Geographical Information Systems. 1996,10:278-288.

[165] 张景雄,杜道生.基于模糊场的 ε 误差带模型[J].武汉测绘科技大学学报,1997,22(3):212-215.

[166] 邓敏. GIS 中模糊数据分析与不确定性拓扑空间关系[D].泰安:山东科技大学,2000.

[167] 刘文宝,邓敏.矢量 GIS 中模糊地理边界的分析[J].山东科技大学学报(自然科学版),2000,19(1):28-32.

[168] 胡圣武,张光胜.论 GIS 的模糊性[J].测绘科学与技术,2007,24(3):164-166.

[169] 胡圣武,王新洲,潘正风,等.论 GIS 中的模糊不确定性以及处理方法[J].武汉大学学报(信息科学版),2005,30(5):417-421.

[170] 胡圣武,郭增长,王新洲,等.论遥感数据的模糊不确定性及基于 Rough 集的处理方法[J].中国铁道科学,2006,31(2):132-137.

[171] 唐新明.模糊空间对象模型理论及其应用[M].北京:测绘出版社,2006.

[172] 杜世宏,王桥,杨一鹏,等.空间方向关系模糊描述[J].计算机辅助设计与图形学学报,2005,17(8):1744-1752.

[173] 肖平,李德仁. GIS 模糊栅格数据隶属度的解算和地理多边形边界锐度[J].解放军测绘学院学报,1998,15(3):204-206.

[174] 梁洪有,胡圣武,李爱国,等.论 GIS 产品的模糊不确定性[J].测绘科学,2005,30(5):

50-53.

[175] 胡圣武.测绘产品精度分配的模糊数学方法[J]. 测绘科学,2008,33(1):68-71.

[176] 胡圣武,王新洲,许辉,等.论 GIS 的模糊不确定性及其表示[J].测绘通报,2006(1):18-21.

[177] 程涛,林晖.模糊目标的概念模型和应用[J].遥感学报,2001,5(4):248-254.

[178] 杜世宏.空间关系模糊描述及组合推理的理论和方法研究[D].北京:中国科学院遥感所,2004.

[179] GOODCHILD M F, HUNTER G J. A simple positional accuracy measure for linear features[J]. International Journal of Geographical Information Science, 1997, 11(3): 116-128.

[180] 胡圣武,余旭.空间数据不确定性研究进展[J].河南理工大学学报(自然科学版),2016,35(6):815-822.

[181] 王宗军.综合评价的方法、问题及其研究趋势[J].管理科学学报,1998,1(1):73-79.

[182] 汤光华,曾宪报.构建指标体系的原理与方法[J].河北经贸大学学报,1997(4):60-65.

[183] 沈澄.现代技术评价理论与方法研究[D].长春:吉林大学,2007.

[184] 冯珊.多目标综合评价的指标体系[J].系统工程与电子技术,1994(6):17-24.

[185] 邱东,汤光华.对综合评价几个阶段的再思考[J].统计教育,1997(4):25-27.

[186] 张于心,智明光.综合评价指标体系和评价方法[J].北方交通大学学报,1995(3):393-400.

[187] 苏为华.多指标综合评价理论与方法问题研究[D].厦门:厦门大学,2000.

[188] 赵丽萍,徐维军.综合评价指标的选择方法及实证分析[J].宁夏大学学报(自然科学版),2002,23(2):144-146.

[189] 王璐,包革军,王雪峰.综合评价指标体系的一种新的建构方法[J].统计与信息论坛,2002,17(6):41-44.

[190] 郝奕,张强.基于 Vague 集和属性综合评价的股票投资价值分析方法[J].中国管理科学,2005,13(2):15-21.

[191] 李崇明,丁烈云.复杂系统评价指标的筛选方法[J].统计与决策,2004(9):8-9.

[192] 陈海英,郭巧,徐力.基于神经网络的指标体系优化方法[J].计算机仿真,2004,21(7):107-109.

[193] 蔡炜凌,黄元生.基于信息熵供应链评价指标约简的研究[J].科技创新导报,2007(36):174-176.

[194] 陈洪涛,周德群,黄国良.基于粗糙集理论的企业效绩评价指标属性约简[J].计算机应用研究,2007,24(12):109-111.

[195] 丁雷,车彦巍.粗糙集方法在优化煤炭企业信息化评价指标体系中的应用[J].中国煤炭,2008,34(1):35-36.

[196] 徐强.组合评价法研究[J].江苏统计,2002(10):1-12.

[197] 王伟.基于熵的财税政策相对优异性评价[J].数量经济技术经济研究,2000,17(3):45-48.

[198] 毛定祥.一种最小二乘意义下主客观评价一致的组合评价方法[J].中国管理科学,2000,

10(5):95-97.

[199] 林元庆.方法群评价中权重集化问题的研究[J].中国管理科学,2002,12(10):20-22.

[200] 李随成,陈敬东,赵海刚.定性决策指标体系评价研究[J].系统工程理论与实践,2001,21(9):22-28.

[201] 邵立周,白春杰.系统综合评价指标体系构建方法研究[J].海军工程大学学报,2008,20(3):48-52.

[202] 刘丽莉.评价指标选取方法研究[J].河北建筑工程学院学报,2004,22(1):134-136.

[203] 田飞.用结构方程模型建构指标体系[J].安徽大学学报(哲学社会科学版),2007,31(6):92-95.

[204] 曾珍香,李艳双.复杂系统评价指标体系研究[J].河北工业大学学报,2001,30(1):70-73.

[205] 邵强,李友俊,田庆旺.综合评价指标体系构建方法[J].大庆石油学院学报,2004,28(3):74-76.

[206] 邵立周,白春杰.系统综合评价指标体系构建方法研究[J].海军工程大学学报,2008(3):48-52.

[207] 曾珍香,李艳双.复杂系统评价指标体系研究[J].河北工业大学学报,2001,30(1):70-73.

[208] 谢福泉.财政科技投入产出绩效评价指标的选择[J].统计与信息论坛,2008,23(8):15-21.

[209] 游海燕.基于原理的指标体系建立模型方法研究[D].重庆:第三军医大学,2004.

[210] 侯鹏,罗玉屏,许宏伟.基于敏感性分析的公路隧道交通环境评价指标体系研究[J].公路交通科技(应用技术版),2007(5):144-147.

[211] HERRERA F, MARTINEZ L. A 2-tuple fuzzy linguistic representation model for computing with words [J]. IEEE Transactions. on Fuzzy Systems, 2000, 8(6): 746-752.

[212] 徐泽水,吴岱.基于模糊语言判断矩阵和FIOWA算子的有限方案决策法[J].模糊系统与数学,2004,18(1): 76-80.

[213] HERRERA F, HERRERA-VIEDMA E. Aggregation operators for linguistic weighted information[J]. IEEE Transactions on Systems, Man and Cybernetics Part A: Systems and Humans, 1997, 27(5): 646-656.

[214] 史文中.空间数据与空间分析不确定性原理[M].2版.北京:科学出版社,2015.

[215] 王坚强,李寒波.基于直觉语言集结算子的多准则决策方法[J].控制与决策,2010,25(10):1571-1574.

[216] HONG D H,CHOI C H. Multicriteria fuzzy decision-making problem based on Vague set theory[J]. Fuzzy Sets and Systems,2000,114(1):103-113.